本書の構成と使い

構　　成	
教科書の整理	教科書のポイントをわかりやすく整理し，**重要語句**と**重要公式**をピックアップしています。日常の学習やテスト前の復習に活用してください。 発展的な学習の箇所には **発展** の表示を入れています。
実験・探究のガイド	教科書の「**実験**」「**探究**」「**TRY**」「**ぽけっとラボ**」を行う際の留意点や結果の例，考察に参考となる事項を解説しています。準備やまとめに活用してください。
問・類題・練習のガイド	教科書の問や類題などを解く上での重要事項や着眼点を示しています。解答の指針や使う公式は **ポイント** に，解法は **解き方** を参照して，自分で解いてみてください。
節末問題のガイド	問・類題・練習のガイドと同様に，節末問題を解く上での重要事項や着眼点を示しています。

ここに注意…間違いやすいことや誤解しやすいことの注意を促しています。

もっと詳しく…解説をさらに詳しく補足しています。

テストに出る…定期テストで問われやすい内容を示しています。

思考力UP↑…実験結果や与えられた問題を考える上でのポイントを示しています。

表現力UP↑…グラフや図に表すときのポイントを扱っています。

読解力UP↑…文章の読み取り方のポイントを扱っています。

目次

序章 物理量の測定と扱い方

教科書の整理

教科書 p.6～9

A 物理量の表し方

①**物理量**　数値に単位を組みあわせて表される量。物理量は，基準となる量(単位)の何倍であるかで表される。mは距離を表す単位で，100 m は 1 m の 100 倍である。

物理量＝数値×単位

②**単位の組み立て**　速さ〔m/s〕$=\dfrac{\text{移動距離〔m〕}}{\text{経過時間〔s〕}}$ のように，物理量を用いた計算では単位でも等式が成り立つ($\dfrac{\mathrm{m}}{\mathrm{s}}=\mathrm{m/s}$)。

③**大きい数値と小さい数値の表し方**　大きい数値や小さい数値は，それぞれ $\square\times10^{n}$，$\square\times10^{-n}$ の形で表される。

④**数式の表し方**　物理では量と量の関係が数式で表される。たとえば，速さを v，経過時間を t，移動距離を x とおくと，$v=\dfrac{x}{t}$ のようになる。

> **ここに注意**
> 物理で扱う単位には，m(距離)，s(時間)，kg(質量)，A(電流)などがある。

B 物理量の測定　—誤差と有効数字—

①**測定による誤差**　測定値と真の値の間には常に差があり，その差を誤差(絶対誤差)という。また，真の値に対する誤差の割合を相対誤差という。

②**有効数字**　測定値 36.7 mm の 3，6，7 は，測定で得られた意味のある数字であり，これを有効数字といい，有効数字は 3 桁であるという。有効数字の最も下の位(36.7 mm の 0.7 mm)には誤差を含む。

③**測定値の計算**　測定値の計算では，誤差が含まれるため，有効数字の桁数を考慮しなければならない。

①足し算・引き算では，計算結果の末位を最も末位の高いものにそろえる。

計算例　12.3 cm＋2.55 cm＝14.85 cm≒14.9 cm

②掛け算・割り算では，計算結果の桁数を有効数字の桁数が最も少ないものにそろえる。

> **ここに注意**
> 測定値である 0.030 m の最初の 0.0 は位取りを表し，有効数字には含まれない。この場合は 3.0×10^{-2} m であり，有効数字 2 桁である。

計算例　$48.1\ \mathrm{cm} \times 6.8\ \mathrm{cm} = 327.08\ \mathrm{cm}^2 \fallingdotseq 3.3 \times 10^2\mathrm{cm}^2$

③ π や $\sqrt{2}$ のような定数は，測定値の桁数より 1 桁多くとって計算に使う。

計算例　$\pi \times 2.6\ \mathrm{cm} = 3.14 \times 2.6\ \mathrm{cm} = 8.164\ \mathrm{cm}$
$\fallingdotseq 8.2\ \mathrm{cm}$

もっと詳しく

測定値の計算

①途中計算の結果は，有効数字の桁数よりも 1 桁多くとり，その数値を次の計算に使う。最後に得られた数値を，有効数字の桁数にあわせる。

②たとえば，円周を表す「$2\pi r$」の中の「2」のような数値は，正確な値であり，有効数字を考慮しなくてよい。

実験・探究のガイド

教科書 p.8　ぽけっとラボ　1. 長さの測定

ガイド　最小目盛りの $\frac{1}{10}$ まで目分量で読み取るので，最小目盛りが 1 mm のものさしを使う場合は，0.1 mm の単位のところまで読み取る。同じものさしを使って測定したとしても，0.1 mm の単位の部分には測定者によってばらつきが生じる。

教科書 p.9　TRY　面積の計算をしよう

ガイド

方法　最小目盛りが 1 mm のものさしではかる場合，長方形の縦，横の長さを最小目盛りの $\frac{1}{10}$ である 0.1 mm までそれぞれ読み取り，面積を計算する。

処理　たとえば，縦 9.9 mm，横 17.2 mm と読み取れた場合，有効数字 2 桁として計算する。面積は，

$$9.9\ \mathrm{mm} \times 17.2\ \mathrm{mm} = 170.28\ \mathrm{mm}^2 \fallingdotseq 1.7 \times 10^2\ \mathrm{mm}^2$$

問のガイド

教科書 p.7 問 1

1000000 m，0.00004 m を，□$\times 10^{n}$，または□$\times 10^{-n}$ の形でそれぞれ表せ。

解き方 1000000 m＝1×10^{6} m

0.00004 m＝4×10^{-5} m

答 1×10^{6} **m**，4×10^{-5} **m**

教科書 p.9 問 2

有効数字を考慮して，次の測定値の計算をせよ。

(1)　5.0＋2.45　(2)　4.26−2.3　(3)　2.0×3.00　(4)　$10.0\div3.0$

(5)　$2.0\times\pi$

解き方 (1)　5.0＋2.45＝7.45≒7.5

(2)　4.26−2.3＝1.96≒2.0

(3)　$2.0\times3.00=6.0$

(4)　$10.0\div3.0=3.33\cdots\fallingdotseq3.3$

(5)　$2.0\times\pi=2.0\times3.14=6.28\fallingdotseq6.3$

答 (1)　**7.5**　(2)　**2.0**　(3)　**6.0**　(4)　**3.3**　(5)　**6.3**

第I章　運動とエネルギー

第1節　物体の運動

教科書の整理

① 速度　教科書 p.12〜23

A 速さ

①**速さ**　単位時間あたりに移動する距離。物体が距離 x〔m〕を時間 t〔s〕で移動するとき，その速さ v は，

■ **重要公式 1-1**

$$v=\frac{x}{t}\qquad\left(\text{速さ〔m/s〕}=\frac{\text{移動距離〔m〕}}{\text{経過時間〔s〕}}\right)$$

②**瞬間の速さ**　各瞬間における速さ。

③**平均の速さ**　単位時間あたりの平均の移動距離。

B 等速直線運動

①**等速直線運動**　一定の速さで直線上を進む運動。速さ v〔m/s〕の等速直線運動で，t〔s〕間の移動距離 x〔m〕は，

■ **重要公式 1-2**

$$x=vt$$

C 速度

①**速度**　速さと運動の向きをあわせもつ量。

②**等速度運動**　等速直線運動を等速度運動ともいう。

D 位置と変位

①**位置**　基準点からの向きと距離で表される。

②**変位**　物体の位置の変化を表す量。

E 平均の速度と瞬間の速度

①**平均の速度**　単位時間あたりの変位。

■ **重要公式 1-3**

$$\bar{v}=\frac{x_2-x_1}{t_2-t_1}=\frac{\Delta x}{\Delta t}\qquad\left(\text{平均の速度〔m/s〕}=\frac{\text{変位〔m〕}}{\text{経過時間〔s〕}}\right)$$

②**瞬間の速度**　ある時刻での速度。x-tグラフの接線の傾きは，その瞬間の速度を表す。

もっと詳しく

速さの単位はメートル毎秒(m/s)。日常生活ではキロメートル毎時(km/h)なども用いられる。

⚠ここに注意

等速直線運動の x-t グラフは原点を通る直線，v-t グラフは t 軸に平行な直線。

もっと詳しく

大きさと向きをあわせもつ量をベクトルという。

F 速度の合成

①直線上の速度の合成 速度 v_1 と速度 v_2 の合成速度 v は,

■ **重要公式 1-4**

$v=v_1+v_2$

> **ここに注意**
> 直線上の速度では,負の向きの速度は負の値で表す。

② **発展** **平行四辺形の法則** 合成速度 $\vec{v}$ は,速度 $\vec{v_1}$ と $\vec{v_2}$ を隣りあう2辺とする平行四辺形の対角線となる。

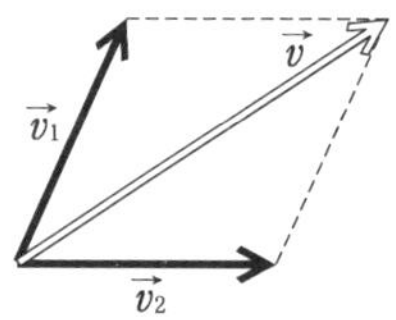

③ **発展** **速度の分解** 速度 $\vec{v}$ を互いに垂直な2方向に分ける。x 軸,y 軸の方向に分けた成分を v_x,v_y,$\vec{v}$ の大きさを v とすると,

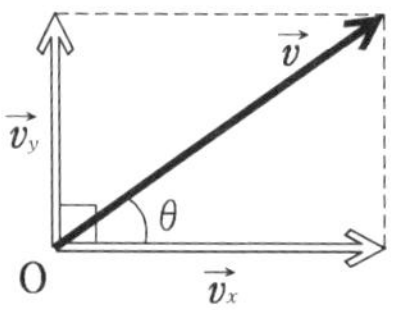

■ **重要公式 1-5**

$v_x=v\cos\theta$ $v_y=v\sin\theta$

$v=\sqrt{v_x{}^2+v_y{}^2}$

> **もっと詳しく**
> 分解された速度の成分をそれぞれ分速度という。
> 速度の x,y 軸方向の成分をそれぞれ速度の x 成分,y 成分という。

G 相対速度

①直線上の相対速度 物体Aから見た物体Bの速度をAに対するBの相対速度という。Aに対するBの相対速度 v_{AB} は,

■ **重要公式 1-6**

$v_{AB}=v_B-v_A$ v_A:Aの速度 v_B:Bの速度

> **ここに注意**
> 「Aに対する~」は「Aから見た~」の意味である。

② **発展** **平面上の相対速度** 速度 $\vec{v_A}$ の物体Aに対する速度 $\vec{v_B}$ の物体Bの相対速度 $\vec{v_{AB}}$ は,

■ **重要公式 1-7**

$\vec{v_{AB}}=\vec{v_B}-\vec{v_A}$

② 加速度

教科書 p.24~35

A 速度が変化する運動

①加速度 単位時間あたりの速度の変化。

B 加速度

①平均の加速度,瞬間の加速度 平均の加速度 $\bar{a}$ は,

■ **重要公式 2-1**

$\bar{a}=\dfrac{v_2-v_1}{t_2-t_1}=\dfrac{\Delta v}{\Delta t}$ $\left(\text{平均の加速度〔m/s}^2\text{〕}=\dfrac{\text{速度の変化〔m/s〕}}{\text{経過時間〔s〕}}\right)$

限りなく t_2 を t_1 に近づけたときの平均の加速度を,時刻 t_1 での瞬間の加速度(または単に加速度)という。

> **もっと詳しく**
> 加速度の単位は,メートル毎秒毎秒(m/s²)。

②**v-t グラフと加速度**　v-t グラフの接線の傾きは，その瞬間の加速度を表す。

③**加速度の向き**　加速度はベクトルで大きさと向きをもつ。

ここに注意

直線上の加速度では，負の向きの加速度は負の値で表す。

C 等加速度直線運動

①**等加速度直線運動**　加速度が一定の直線運動。

D 等加速度直線運動の式

①**等加速度直線運動の式**　時刻 0 s での速度（初速度）を v_0〔m/s〕，変位を 0 m，時刻 t〔s〕での速度を v〔m/s〕，変位を x〔m〕，加速度を a〔m/s^2〕とすると，

■ **重要公式 2-2**

$$v=v_0+at \qquad x=v_0t+\frac{1}{2}at^2 \qquad v^2-{v_0}^2=2ax$$

②**負の加速度の運動**　加速度が負の場合にも，重要公式 2-2 は成り立つ。

ここに注意

変位は位置の変化のことで，移動した距離と変位が一致するとは限らない。

テストに出る

v-t グラフと t 軸で囲まれる面積は，移動した距離を表す。また，v が負の部分の面積は，負の向きに移動した距離を表す。

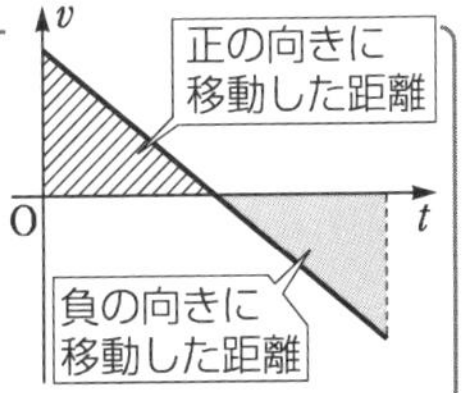

③ 落下運動

教科書 p.36～47

A 落下の加速度

①**重力加速度**　自由落下する物体の加速度。物体の質量によらず一定で，鉛直下向きであり，大きさ $g≒9.8$ m/s^2。

もっと詳しく

重力の方向を鉛直方向という。

B 自由落下

①**自由落下**　静止していた物体が，重力だけを受けて落下する運動。鉛直下向きを正として，

■ **重要公式 3-1**

$$v=gt \qquad y=\frac{1}{2}gt^2 \qquad v^2=2gy \qquad y：位置$$

もっと詳しく

重要公式 3-1 は，重要公式 2-2 に $v_0=0$，$a=g$，$x=y$ を代入したもの。

C 鉛直投射

①**鉛直投げおろし**　速さ v_0〔m/s〕で鉛直下向きに投げおろした物体の運動は，加速度が鉛直下向きに大きさ g〔m/s^2〕の等加速度直線運動である。鉛直下向きを正として，

■ 重要公式 3-2

$v=v_0+gt \qquad y=v_0t+\frac{1}{2}gt^2 \qquad v^2-v_0{}^2=2gy$

②**鉛直投げ上げ** 速さ v_0〔m/s〕で鉛直上向きに投げ上げた物体の運動は，加速度が鉛直下向きに大きさ g〔m/s²〕の等加速度直線運動である。鉛直上向きを正として，

■ 重要公式 3-3

$v=v_0-gt \qquad y=v_0t-\frac{1}{2}gt^2 \qquad v^2-v_0{}^2=-2gy$

テストに出る

最高点に達したとき，物体の速さは0になる。
投げ上げてから最高点に達するまでの時間と，最高点からもとの位置に落下するまでの時間は等しい。また，物体が同じ高さにあるときには同じ速さであり，もとの位置に落下してきたときの速さは投げ上げたときの速さと等しい。

ここに注意

鉛直投げ上げの式では，鉛直上向きを正としているので，加速度は $-g$〔m/s²〕である。

もっと詳しく

$v>0$ は鉛直上向きに，$v<0$ は鉛直下向きに運動していることを表す。

D 水平投射

①**水平投射** 水平に投射された物体の運動。初速度の大きさを v_0〔m/s〕とすると，水平方向には速さ v_0〔m/s〕の等速直線運動を，鉛直方向には自由落下と同じ運動をする。

②**発展 水平投射の式** 鉛直方向は下向きを正として，

■ 重要公式 3-4

$$\begin{cases} v_x=v_0 \\ v_y=gt \end{cases} \qquad \begin{cases} x=v_0t \\ y=\frac{1}{2}gt^2 \end{cases} \qquad y=\frac{g}{2v_0{}^2}x^2$$

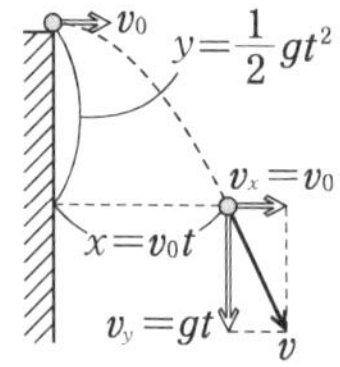

E 斜方投射

①**発展 斜方投射** 水平と角 θ をなす斜め上方に投射された物体の運動。初速度の大きさを v_0〔m/s〕とすると，水平方向には速さ $v_0\cos\theta$〔m/s〕の等速直線運動を，鉛直方向には初速度の大きさ $v_0\sin\theta$〔m/s〕の鉛直投げ上げと同じ運動をする。

②**発展 斜方投射の式** 鉛直方向は上向きを正として，

■ 重要公式 3-5

$$\begin{cases} v_x=v_0\cos\theta \\ v_y=v_0\sin\theta-gt \end{cases} \qquad \begin{cases} x=v_0\cos\theta\cdot t \\ y=v_0\sin\theta\cdot t-\frac{1}{2}gt^2 \end{cases}$$

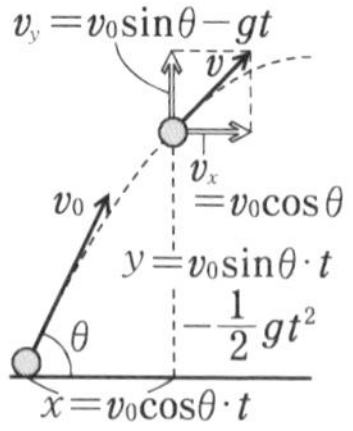

もっと詳しく

落下運動は，加速度が一定の「等加速度運動」である。

③**放物運動** 水平投射や斜方投射された物体の運動。物体の描く軌跡を放物線という。

実験・探究のガイド

教科書 p.13　TRY　グラフを読み取ろう

ガイド　教科書 p.13 図 2 より，速さの最大値は 25 m/s である。また，出発してから 60 s 後と読み取れるので，この間の平均の速さは，

$$\frac{600\ \mathrm{m}-0\ \mathrm{m}}{60\ \mathrm{s}-0\ \mathrm{s}}=10\ \mathrm{m/s}$$

教科書 p.15　TRY　グラフの特徴を説明しよう

ガイド　等速直線運動では，移動距離 x〔m〕，速さ v〔m/s〕，経過時間 t〔s〕の間には $x=vt$ の関係があるので，x-t グラフの傾きは速さ v〔m/s〕となり，v-t グラフの斜線部分の面積は移動距離 x〔m〕となる。

教科書 p.16　TRY　移動距離と変位を求めよう

ガイド　移動距離は，200 m＋200 m＝400 m

また，変位は移動した経路に関係なく位置の変化を表すので，

$$\sqrt{(200\ \mathrm{m})^2+(200\ \mathrm{m})^2}=200\sqrt{2}\ \mathrm{m}=200\times1.414\cdots\ \mathrm{m}\fallingdotseq283\ \mathrm{m}$$　（北東向き）

教科書 p.17　TRY　グラフを読み取ろう

ガイド　**ア**：一定の速さだと，x-t グラフの傾きが一定なので B。

イ：だんだん速くなると，x-t グラフの傾きが大きくなっていくので C。

ウ：だんだん遅くなると，x-t グラフの傾きが小さくなっていくので A。

教科書 p.18　探究　1. 歩行運動の解析

ガイド

データの処理 平均の速さ $\overline{v}$〔m/s〕は，記録テープ上の打点間隔の距離を打点する時間で割ると求められる。

考察 ❶ x-t グラフはほぼ原点を通る直線になるので，人の移動距離は時間に比例していて，人はほぼ一定の速さで歩いていることがわかる。ただし，v-t グラフは直線にはならない。人の瞬間の速さは小刻みに変動していることがわかる。

❷ 歩幅を変えると，瞬間の速度の変動のようすが変わり，v-t グラフの小刻みな変動のようすが変わると予想される。また，急ぎ足で歩くと，平均の速さが大きくなるので移動距離も大きくなり，x-t グラフの傾きが大きくなると予想される。

教科書 p.22　TRY　v_{AB} と v_{BA} の関係を考えよう

ガイド

$v_{AB}=v_B-v_A$，$v_{BA}=v_A-v_B$ より，$v_{AB}=-v_{BA}$ とわかる。

教科書 p.23　TRY　雨滴の落下速度を考えよう

ガイド

観測者の速度を $\overrightarrow{v_A}$，雨滴の速度を $\overrightarrow{v_B}$ とすると，観測者から見た雨滴の落下速度 $\overrightarrow{v_{AB}}$ は右図のようになるので，$\overrightarrow{v_A}$ が大きくなると $\overrightarrow{v_{AB}}$ も大きくなり，観測者の運動とは逆向きに傾きが大きくなる。

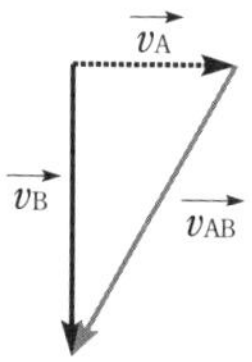

教科書 p.26　TRY　v-t グラフを読み取ろう

ガイド

v-t グラフの傾きより，t は $0\sim t_1$〔s〕，$t_2\sim t_3$〔s〕で加速し，$t=t_1\sim t_2$〔s〕で減速している。$t=t_3$〔s〕以降は等速直線運動をしている。

教科書 p.27　実験　1. 斜面を下る力学台車の運動

ガイド

データの処理　記録テープに打点された間隔 $\varDelta x$〔cm〕を時間で割り，単位を cm/s から m/s に変換すると，その区間の平均の速度 $\bar{v}$〔m/s〕が求められる。v-t グラフは，各区間の中央時刻 t〔s〕と平均の速度 $\bar{v}$〔m/s〕の関係をグラフ上に(・)で記入し，すべての(・)の近くを通る直線，またはなめらかな曲線を描く。

考察　v-t グラフは直線となるので，力学台車の加速度はほぼ一定とわかる。

教科書 p.28　TRY　v-t グラフを読み取ろう

ガイド

v-t グラフが原点を通らないのは，教科書 p.28 図 25 (a) より，$x=1.1$ cm のときを時刻 $t=0$ s としており，$t=0$ s のときの速度が 0 m/s ではないからと考えられる。

教科書 p.32　TRY　運動のグラフを描こう

ガイド

v-t グラフの傾きが加速度 a なので，$t=0\sim10$ s では $a=0$ m/s^2，$t=10\sim20$ s では，

$$a=\frac{0\ \text{m/s}-5.0\ \text{m/s}}{20\ \text{s}-10\ \text{s}}=-0.50\ \text{m/s}^2$$

また，$t=0\sim10$ s では等速直線運動より，$x=5.0\,t$，$t=10\sim20$ s では等加速度直線運動より，$T=t-10$〔s〕として，

$$x=50+5.0\times T+\frac{1}{2}\times(-0.50)\times T^2=-0.25\,T^2+5.0\,T+50$$

$$=-0.25(T-10)^2+75=-0.25(t-20)^2+75\ \text{〔m〕}$$

したがって，a-t グラフと x-t グラフは次図のようになる。

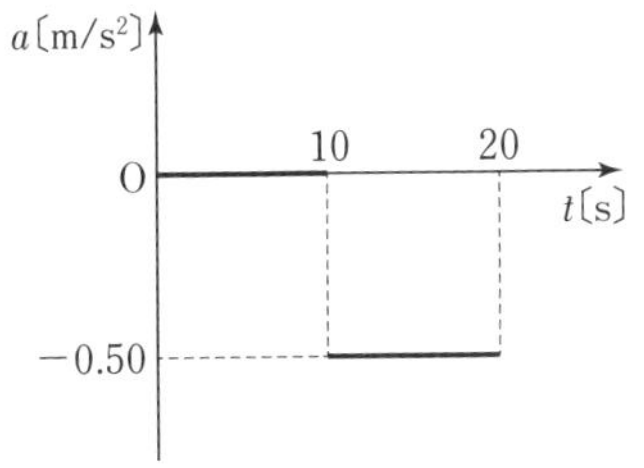

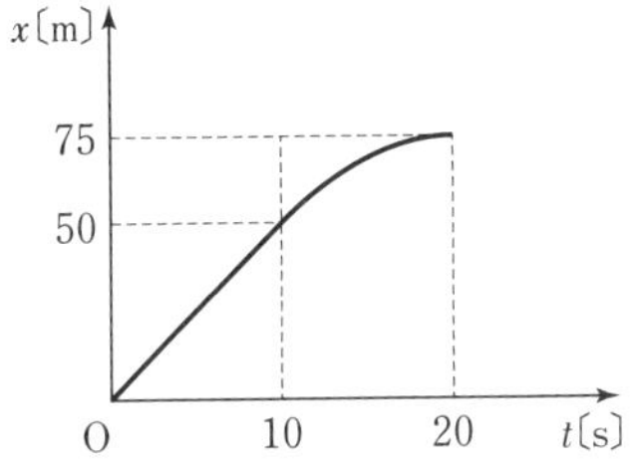

教科書 p.33　探究　2. 加速度運動とグラフ

ガイド　**考察**　❶ v-t グラフは教科書 p.33 図 b のようになり，刻々と速さが変化している。そこで，図 c のように考えておおまかな傾向をつかむ。速度が増加している区間，速度が一定の範囲内でのみ変化している区間，速度が減少している区間に分けることができる。乗り物の移動距離は v-t グラフと t 軸で囲まれた面積，加速度は v-t グラフの傾きで表される。

❷ 他の乗り物でも，動き始めてからしばらくは速度が増加して，ある速度に達すると一定の速度(一定の範囲内での速度)で運動し，やがて速度が減少して止まる。

教科書 p.37　TRY　グラフを読み取ろう

ガイド　重力加速度の大きさ g は，教科書 p.36 図 32 より，

$$g=\frac{2.30\ \mathrm{m/s}-0\ \mathrm{m/s}}{7.0\times\dfrac{1}{30}\ \mathrm{s}-0\ \mathrm{s}}\fallingdotseq 9.86\ \mathrm{m/s^2}$$

教科書 p.39　TRY　加速度を考えよう

ガイド　教科書 p.39 図 37 (a)の v-t グラフは傾きが負で一定なので，速度が 0 になっても物体の加速度は鉛直下向きで一定である。

教科書 p.41　ぽけっとラボ　2. 水平投射と自由落下

ガイド　水平にしたものさしを曲げてはなすと，一方のコインは自由落下し，もう一方のコインは水平投射される。水平投射は，鉛直方向には自由落下と同じ運動をするので，両方のコインはほぼ同時に床に落ちる。

教科書 p.43　TRY　小球が落下する位置を考えよう

ガイド　台車が一定の速さで動いている場合，台車から見ると真上に打ち上げているが，静止した観測者から見ると，小球は水平方向には台車と同じ速度で運動している。したがって，小球は台車の発車装置の位置に落下する。

教科書 p.46　探究　3. 重力加速度の測定

ガイド　**データの処理**　❹　教科書 p.47 表 a から v-t グラフを描くと，教科書 p.47 図 c のようになる。また，y-t グラフの例を描くと，右図のようになる。

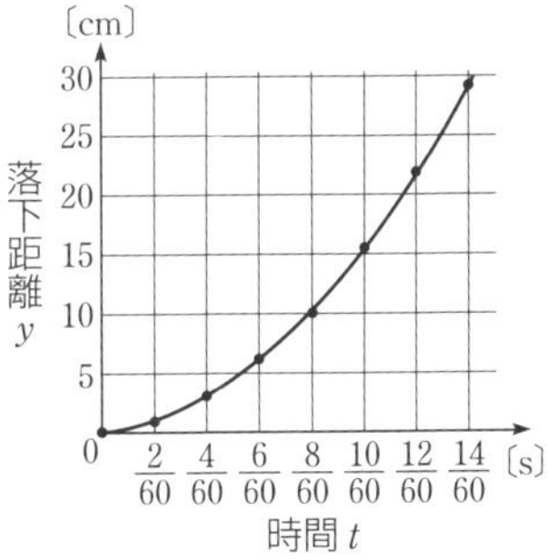

考察　❶　y-t グラフから，時間の2乗に比例するようにおもりの落下距離 y は増加していることがわかる。また，教科書 p.47 図 c の v-t グラフから，時間に比例しておもりの速さは増加しているとしてよい。

❷，❸　教科書 p.47 図 c の v-t グラフの傾きの大きさは加速度の大きさ a を表す。これを計算して求めると，

$$a=\frac{2.02\ \text{m/s}-0.45\ \text{m/s}}{\frac{12}{60}\text{s}-\frac{2}{60}\text{s}}=9.42\ \text{m/s}^2$$

重力加速度の大きさはほぼ $9.8\ \text{m/s}^2$ であるから，実験で得られた値は小さくなっていることがわかる。これは，落下するおもりに空気抵抗や記録テープの走行抵抗などがはたらいているためと考えられる。大きさが小さく，質量の大きなおもりを用いると，空気抵抗や記録テープの走行抵抗の影響が小さくなるので，実験の精度は高くなると考えられる。

問・類題・練習のガイド

教科書 p.12 問 1

一定の速さで，10 m を 4.0 秒で移動した。このときの速さは何 m/s か。

ポイント　**速さ＝移動距離÷経過時間**

解き方　速さ v は，$v=\dfrac{10\ \text{m}}{4.0\ \text{s}}=2.5\ \text{m/s}$

答 **2.5 m/s**

教科書 p.12 問 2

10 m/s は何 km/h か。また，54 km/h は何 m/s か。

ポイント　**$1\ \text{h}=60\times60\ \text{s}=3.6\times10^3\ \text{s}$　　$1\ \text{km}=1000\ \text{m}=10^3\ \text{m}$**

解き方

$$10\ \text{m/s}=10\times10^{-3}\ \text{km}\div\frac{1}{60\times60}\ \text{h}=36\ \text{km/h}$$

$$54\ \text{km/h}=\frac{54\times10^3\ \text{m}}{60\times60\ \text{s}}=15\ \text{m/s}$$

答 **36 km/h，15 m/s**

教科書 p.13 問 3

100 m の距離を往復するのに，行きは一定の速さ 1.0 m/s で歩き，すぐに折り返して，帰りは一定の速さ 4.0 m/s で走った。出発してからもどるまでの間の平均の速さは何 m/s か。

ポイント　**平均の速さ＝移動距離÷経過時間**

解き方　経過時間＝移動距離÷速さ　であるから，

行きにかかった時間は，

$100\ \text{m}\div1.0\ \text{m/s}=100\ \text{s}$

帰りにかかった時間は，

$100\ \text{m}\div4.0\ \text{m/s}=25\ \text{s}$

よって，往復の平均の速さは，

$$\frac{100\ \text{m}+100\ \text{m}}{100\ \text{s}+25\ \text{s}}=1.6\ \text{m/s}$$

ここに注意
求める平均の速さは，$\dfrac{1.0\ \text{m/s}+4.0\ \text{m/s}}{2}$ ではないことに注意する。

答 **1.6 m/s**

教科書 p.14 **問 4**

一定の速さ 4.0 m/s で直線上を走るとき，15 秒間で進む距離は何 m か。

ポイント 等速直線運動では，$x = vt$

解き方 進む距離 x は，$x = 4.0\ \mathrm{m/s} \times 15\ \mathrm{s} = 60\ \mathrm{m}$

答 **60 m**

教科書 p.15 **問 5**

ある物体が等速直線運動をしており，その移動距離 x〔m〕と経過時間 t〔s〕の関係は，図のように示される。この物体の速さは何 m/s か。

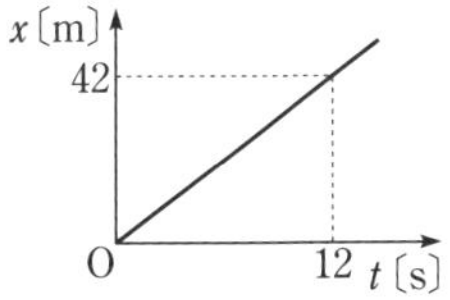

ポイント x-t グラフの傾きの大きさは，速さを表す。

解き方 速さ v は，$v = \dfrac{42\ \mathrm{m} - 0\ \mathrm{m}}{12\ \mathrm{s} - 0\ \mathrm{s}} = 3.5\ \mathrm{m/s}$

答 **3.5 m/s**

教科書 p.15 **問 6**

自動車Aが東向きに 10 m/s，自動車Bが西向きに 15 m/s で運動している。東向きを正としたとき，それぞれの自動車の速度を，符号をつけて表せ。

ポイント 速度は大きさと向きをあわせもつベクトル

解き方 正の向きの速度は正の値で，負の向きの速度は負の値で表す。

答 A…**10 m/s**(または **+10 m/s**)，B…**−15 m/s**

教科書 p.16 **問 7**

図のような x 軸上において，物体が点 A → B → C と移動した。この間の物体の移動距離は何mか。また，変位は何mか。

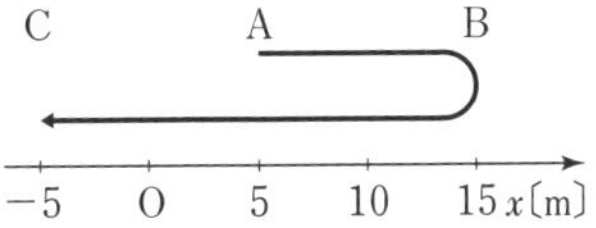

ポイント 変位＝移動後の位置－移動前の位置

解き方 移動距離＝AB＋BC＝10 m＋20 m＝30 m

変位＝Cの位置－Aの位置＝−5 m−(+5 m)＝−10 m

答 移動距離…**30 m**，変位…**−10 m**

教科書 p.17 問 8

教科書 p.17 図 10 の x-t グラフにおいて，時刻 3.0 秒から 5.0 秒の間の平均の速度と，時刻 3.0 秒における瞬間の速度は，それぞれ何 m/s か。

ポイント

平均の速度＝変位÷経過時間
瞬間の速度＝x-t グラフの接線の傾き

解き方 図 10 より，平均の速度は，$\dfrac{12.0\,\text{m}-4.0\,\text{m}}{5.0\,\text{s}-3.0\,\text{s}}=4.0\,\text{m/s}$

また，瞬間の速度は，$\dfrac{8.8\,\text{m}-4.0\,\text{m}}{5.0\,\text{s}-3.0\,\text{s}}=2.4\,\text{m/s}$

答 平均の速度…**4.0 m/s**，瞬間の速度…**2.4 m/s**

教科書 p.20 類題 1

静水の場合に速さ 1.5 m/s で進む船が，速さ 2.5 m/s で流れる川を川上に向けて出発した。岸で静止する人が見たときの，船の速度を求めよ。

ポイント

合成速度 $v=v_1+v_2$

解き方 川上に向かう向きを正とすると，静水の場合の船の速度は +1.5 m/s，川の流れの速度は −2.5 m/s である。よって，船の速度は，

$+1.5\,\text{m/s}+(-2.5\,\text{m/s})=-1.0\,\text{m/s}$ （川下の向き）

答 **川下の向きに 1.0 m/s**

教科書 p.20 問 9

静水の場合に速さ 2.0 m/s で進む船が，流れの速さ 1.5 m/s の川を，船首を流れに直角に向けて渡る。このとき，岸で静止する人が見た船の速さは何 m/s か。

ポイント

合成速度 $\vec{v}=\vec{v_1}+\vec{v_2}$

解き方 岸で静止する人が見た船の速度は，川の流れに直角の向きに速さ 2.0 m/s の速度と，川の流れの向きに速さ 1.5 m/s の速度を合成した速度である。よって，船の速さは，

$$\sqrt{(2.0\,\text{m/s})^2+(1.5\,\text{m/s})^2}=\frac{\sqrt{25}}{2}\,\text{m/s}=2.5\,\text{m/s}$$

答 **2.5 m/s**

教科書 p.21 問 10

教科書 p.21 図 14 において，$v=10$ m/s，$\theta=30°$ であるとき，$\vec{v}$ の x 成分，y 成分は，それぞれ何 m/s か。

ポイント　**x成分　$v_x = v\cos\theta$　　y成分　$v_y = v\sin\theta$**

解き方　速度 $\vec{v}$ の x 成分，y 成分を v_x，v_y とすると，

$$v_x = 10\ \mathrm{m/s} \times \cos 30^\circ = 10\ \mathrm{m/s} \times \frac{\sqrt{3}}{2} \fallingdotseq 5.0\ \mathrm{m/s} \times 1.73 \fallingdotseq 8.7\ \mathrm{m/s}$$

$$v_y = 10\ \mathrm{m/s} \times \sin 30^\circ = 10\ \mathrm{m/s} \times \frac{1}{2} = 5.0\ \mathrm{m/s}$$

答 x 成分…**8.7 m/s**，y 成分…**5.0 m/s**

教科書 **p.22**　**問 11**

東向きに 20 m/s で走行する電車に対する，次の自動車の相対速度を求めよ。

(1)　東向きに 10 m/s で走行する自動車

(2)　西向きに 20 m/s で走行する自動車

ポイント　**Aに対するBの相対速度　$v_{AB} = v_B - v_A$**

解き方 (1)　東向きを正とすると，電車に対する自動車の相対速度は，

10 m/s－20 m/s＝－10 m/s　(西向き)

(2)　東向きを正とすると，電車に対する自動車の相対速度は，

(－20 m/s)－20 m/s＝－40 m/s　(西向き)

答 (1)　**西向きに 10 m/s**　　(2)　**西向きに 40 m/s**

教科書 **p.23**　**問 12**

鉛直下向きに落下する雨滴を，水平方向に速さ 5.0 m/s で進む電車の中から見たとき，図のように，雨滴は鉛直方向から 30° 傾いて落下するように見えた。地面で静止する人が見る雨滴の速さは何 m/s か。

ポイント　**Aに対するBの相対速度　$\overrightarrow{v_{AB}} = \overrightarrow{v_B} - \overrightarrow{v_A}$**

解き方　電車の速度を $\overrightarrow{v_A}$，地面で静止する人が見る雨滴の速度を $\overrightarrow{v_B}$ とすると，電車の中から見た雨滴の速度 $\overrightarrow{v_{AB}}$ は，$\overrightarrow{v_{AB}} = \overrightarrow{v_B} - \overrightarrow{v_A}$ と表される。右図より，

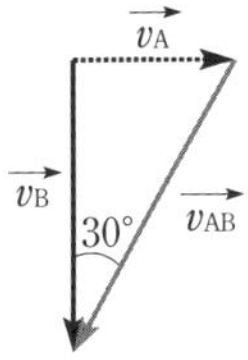

$$v_B = \frac{v_A}{\tan 30^\circ} \fallingdotseq 5.0\ \mathrm{m/s} \times 1.73 \fallingdotseq 8.7\ \mathrm{m/s}$$

答 **8.7 m/s**

教科書 p.26 **問 13**

東西方向の直線の道路を走行する自動車の速度が，5.0 秒間で(1)，(2)のように変化した。各自動車の平均の加速度は，どちら向きに何 $\mathrm{m/s^2}$ か。

(1) 東向きに 10 m/s から，東向きに 20 m/s になった。

(2) 東向きに 20 m/s から，東向きに 5.0 m/s になった。

ポイント **平均の加速度＝速度の変化÷経過時間**

解き方 (1) 東向きを正とすると，自動車の平均の加速度は，

$$\frac{20\ \mathrm{m/s}-10\ \mathrm{m/s}}{5.0\ \mathrm{s}}=2.0\ \mathrm{m/s^2}\quad（東向き）$$

(2) 東向きを正とすると，自動車の平均の加速度は，

$$\frac{5.0\ \mathrm{m/s}-20\ \mathrm{m/s}}{5.0\ \mathrm{s}}=-3.0\ \mathrm{m/s^2}\quad（西向き）$$

答 (1) **東向きに 2.0 $\mathrm{m/s^2}$** (2) **西向きに 3.0 $\mathrm{m/s^2}$**

教科書 p.30 **問 14**

東向きに速さ 10 m/s で走行する自動車が，等加速度直線運動を始め，4.0 秒後に，東向きに速さ 20 m/s になった。次の各問に答えよ。

(1) この間の加速度は，どちら向きに何 $\mathrm{m/s^2}$ か。

(2) この間の自動車の変位は，どちら向きに何mか。

ポイント **等加速度直線運動** $v=v_0+at$，$x=v_0t+\dfrac{1}{2}at^2$，$v^2-v_0^2=2ax$

解き方 (1) 東向きを正として，加速度を a とすると，

$$a=\frac{20\ \mathrm{m/s}-10\ \mathrm{m/s}}{4.0\ \mathrm{s}-0\ \mathrm{s}}=2.5\ \mathrm{m/s^2}\quad（東向き）$$

(2) 変位を x とすると，

$$x=10\ \mathrm{m/s}\times4.0\ \mathrm{s}+\frac{1}{2}\times2.5\ \mathrm{m/s^2}\times(4.0\ \mathrm{s})^2=60\ \mathrm{m}\quad（東向き）$$

答 (1) **東向きに 2.5 $\mathrm{m/s^2}$** (2) **東向きに 60 m**

教科書 p.32 **類題 2**

速さ 3.0 m/s で右向きに運動している物体が，一定の割合で減速し始め，10 秒後に静止した。次の各問に答えよ。

(1) 減速している間の加速度は，どちら向きに何 $\mathrm{m/s^2}$ か。

(2) 減速し始めてから，物体が静止するまでの移動距離は何mか。

ポイント **等加速度直線運動** $v=v_0+at$，$x=v_0t+\dfrac{1}{2}at^2$，$v^2-v_0^2=2ax$

解き方 (1)　右向きを正として，加速度を a とすると，

$$0\ \mathrm{m/s}=3.0\ \mathrm{m/s}+a\times10\ \mathrm{s}$$

よって，$a=-0.30\ \mathrm{m/s^2}$　(左向き)

(2)　移動距離 $=3.0\ \mathrm{m/s}\times10\ \mathrm{s}+\dfrac{1}{2}(-0.30\ \mathrm{m/s^2})\times(10\ \mathrm{s})^2=15\ \mathrm{m}$

答 (1)　**左向きに 0.30 m/s²**　　(2)　**15 m**

教科書 p.34 **練習 1**

(1)～(6)の運動は，等加速度直線運動である。次の各問に答えよ。

(1)　右向きに速さ 2.0 m/s で進んでいた物体が，右向きの加速度 $1.6\ \mathrm{m/s^2}$ で 4.0 秒間進んだ。このときの速度は，どちら向きに何 m/s か。

(2)　東向きに速さ 12 m/s で進んでいた物体が，西向きの加速度 $1.2\ \mathrm{m/s^2}$ の運動を始めた。速度が西向きに 18 m/s になるのは何秒後か。

(3)　右向きに速さ 4.0 m/s で進んでいた物体が，右向きの加速度 $2.0\ \mathrm{m/s^2}$ で 3.0 秒間進んだ。この間の物体の変位はどちら向きに何 m か。

(4)　x 軸を正の向きに速さ 4.0 m/s で進んでいた物体が，加速度 $-2.0\ \mathrm{m/s^2}$ で 7.0 秒間進んだ。この間の物体の変位は何 m か。

(5)　原点Oで静止していた物体が，x 軸の正の向きに加速度 $2.0\ \mathrm{m/s^2}$ の運動を始め，$x=9.0\ \mathrm{m}$ の位置に達した。このとき，物体の速度は何 m/s か。

(6)　x 軸を正の向きに速さ 6.0 m/s で進んでいた物体が，9.0 m 進んで静止した。この間の物体の加速度は何 $\mathrm{m/s^2}$ か。

ポイント　**等加速度直線運動**　$v=v_0+at$，$x=v_0t+\dfrac{1}{2}at^2$，$v^2-v_0^2=2ax$

解き方 (1)　右向きを正とすると，4.0 秒後の物体の速度 v は，

$$v=2.0\ \mathrm{m/s}+1.6\ \mathrm{m/s^2}\times4.0\ \mathrm{s}=8.4\ \mathrm{m/s}\quad(\text{右向き})$$

(2)　東向きを正とし，速度が $-18\ \mathrm{m/s}$ になるまでの時間を t とすると，

$$-18\ \mathrm{m/s}=12\ \mathrm{m/s}+(-1.2\ \mathrm{m/s^2})\times t\qquad \text{よって，}t=25\ \mathrm{s}$$

(3)　右向きを正として，この 3.0 秒間の変位を x とすると，

$$x=4.0\ \mathrm{m/s}\times3.0\ \mathrm{s}+\frac{1}{2}\times2.0\ \mathrm{m/s^2}\times(3.0\ \mathrm{s})^2=21\ \mathrm{m}\quad(\text{右向き})$$

(4)　この 7.0 秒間の変位を x とすると，

$$x=4.0\ \mathrm{m/s}\times7.0\ \mathrm{s}+\frac{1}{2}\times(-2.0\ \mathrm{m/s^2})\times(7.0\ \mathrm{s})^2=-21\ \mathrm{m}$$

(5) この間の変位は 9.0 m である。$x=9.0\ \mathrm{m}$ での速度を v とすると,

$$v^2-0^2=2\times2.0\ \mathrm{m/s^2}\times9.0\ \mathrm{m}$$

よって, $v=\sqrt{2\times2.0\ \mathrm{m/s^2}\times9.0\ \mathrm{m}}=2.0\times3.0\ \mathrm{m/s}=6.0\ \mathrm{m/s}$

(6) 加速度を a とすると,

$$0^2-(6.0\ \mathrm{m/s})^2=2\times a\times9.0\ \mathrm{m}$$

よって, $a=\dfrac{-(6.0\ \mathrm{m/s})^2}{2\times9.0\ \mathrm{m}}=-2.0\ \mathrm{m/s^2}$

答 (1) **右向きに 8.4 m/s** (2) **25 秒後** (3) **右向きに 21 m**
(4) **−21 m** (5) **6.0 m/s** (6) **$-2.0\ \mathrm{m/s^2}$**

教科書 p.35 **練習 2**

図①, ②は, x 軸上を運動する物体の速度 v〔m/s〕と時間 t〔s〕の関係を示す v-t グラフである。それぞれの図について, 次の各問に答えよ。

図①

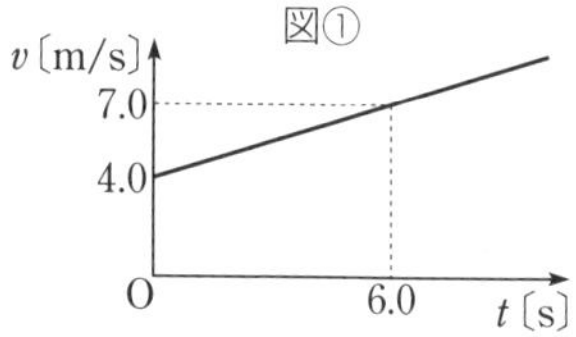

(1) 物体の加速度は何 $\mathrm{m/s^2}$ か。

(2) $t=0$ から 6.0 秒までの変位は何mか。

図②

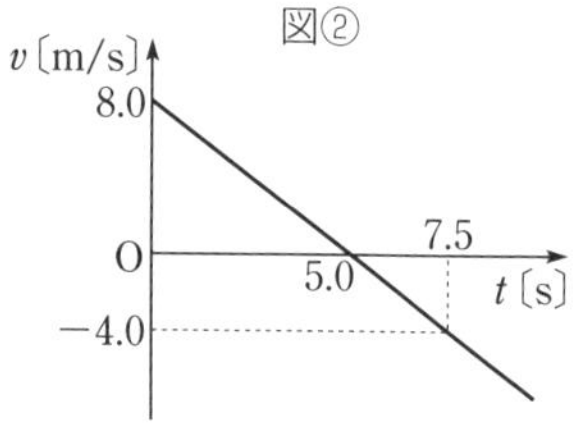

(1) 物体の加速度は何 $\mathrm{m/s^2}$ か。

(2) $t=0$ から 5.0 秒, 0 から 7.5 秒までの変位は, それぞれ何mか。

(3) 物体の変位 x〔m〕と時間 t〔s〕の関係を表す x-t グラフを描け。

ポイント

v-t グラフの傾きは加速度
v-t グラフと t 軸で囲まれる $v\geqq0$ ($v\leqq0$) の範囲の面積は正(負)の向きへの移動距離

解き方 図① (1) 加速度を a_1 とすると, グラフの傾きより,

$$a_1=\frac{7.0\ \mathrm{m/s}-4.0\ \mathrm{m/s}}{6.0\ \mathrm{s}-0\ \mathrm{s}}=0.50\ \mathrm{m/s^2}$$

(2) 変位を x_1 とすると, グラフと t 軸で囲まれた台形の面積より,

$$x_1=\frac{(4.0+7.0)\times6.0}{2}\ \mathrm{m}=33\ \mathrm{m}$$

図② (1) 加速度を a_2 とすると, グラフの傾きより,

$$a_2=\frac{0\ \mathrm{m/s}-8.0\ \mathrm{m/s}}{5.0\ \mathrm{s}-0\ \mathrm{s}}=-1.6\ \mathrm{m/s^2}$$

(2)　$t=0\sim5.0$ s の変位を x_2 とすると，

$$x_2=\frac{1}{2}\times8.0\times5.0\ \mathrm{m}=20\ \mathrm{m}$$

$t=0\sim7.5$ s の変位は，$t=0\sim5.0$ s の正の向きの移動距離から $t=5.0\sim7.5$ s の負の向きの移動距離を引いたものだから，

$$20\ \mathrm{m}-\frac{1}{2}\times4.0\times(7.5-5.0)\ \mathrm{m}=15\ \mathrm{m}$$

(3)　変位 x は，

$$x=8.0\ \mathrm{m/s}\times t+\frac{1}{2}\times(-1.6\ \mathrm{m/s^2})\times t^2$$
$$=-0.80(t-5.0)^2+20\,[\mathrm{m}]$$

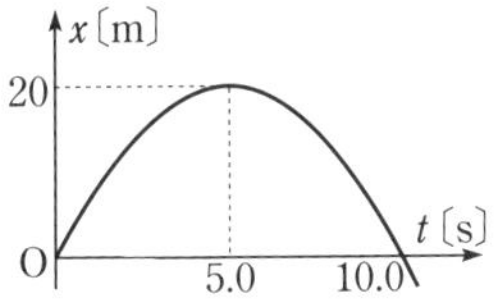

グラフは右図のようになる。

答 図①(1)　**$0.50\ \mathrm{m/s^2}$**　(2)　**33 m**　図②(1)　**$-1.6\ \mathrm{m/s^2}$**
(2)　0から5.0秒…**20 m**　0から7.5秒…**15 m**　(3)　**解き方** の図参照

教科書 p.37 **問 15**

ビルの屋上から小球を静かに落としたところ，3.0秒後に地面に落下した。地面からのビルの高さは何 m か。また，小球が地面に達する直前の速さは何 m/s か。ただし，重力加速度の大きさを $9.8\ \mathrm{m/s^2}$ とする。

ポイント

自由落下　$v=gt$，$y=\frac{1}{2}gt^2$，$v^2=2gy$

解き方　ビルの屋上を基準とし，鉛直下向きを正とする。地面からのビルの高さを y とすると，

$$y=\frac{1}{2}\times9.8\ \mathrm{m/s^2}\times(3.0\ \mathrm{s})^2=44.1\ \mathrm{m}\fallingdotseq44\ \mathrm{m}$$

地面に達する直前の小球の速さを v とすると，

$$v=9.8\ \mathrm{m/s}\times3.0\ \mathrm{s}=29.4\ \mathrm{m/s}\fallingdotseq29\ \mathrm{m/s}$$

答 ビルの高さ…**44 m**，速さ…**29 m/s**

読解力UP
地面からのビルの高さは，小球の3.0秒間の落下距離と等しいことを読み取ろう。

教科書 p.37 問 16

海面からの高さが 4.9 m の橋の上から，小球を自由落下させた。小球が海面に達する直前の速さは何 m/s か。また，海面に達するまでの時間は何秒か。ただし，重力加速度の大きさを 9.8 m/s² とする。

ポイント

自由落下 $v=gt$，$y=\frac{1}{2}gt^2$，$v^2=2gy$

解き方 橋の上を基準とし，鉛直下向きを正とする。海面に達する直前の速さを v とすると，

$$v^2=2\times9.8\ \mathrm{m/s^2}\times4.9\ \mathrm{m}$$

よって，$v=\sqrt{2\times(2.0\times4.9)\ \mathrm{m/s^2}\times4.9\ \mathrm{m}}=9.8\ \mathrm{m/s}$

海面に達するまでの時間を t とすると，

$$4.9\ \mathrm{m}=\frac{1}{2}\times9.8\ \mathrm{m/s^2}\times t^2 \qquad \text{よって，} t=1.0\ \mathrm{s}$$

答 速さ…**9.8 m/s**，時間…**1.0 秒**

教科書 p.38 問 17

水面からの高さが 14.7 m の橋の上から，ある初速度で小球を鉛直下向きに投げたところ，1.0 秒後に水面に達した。小球の初速度の大きさと，水面に達する直前の速さは何 m/s か。ただし，重力加速度の大きさを 9.8 m/s² とする。

ポイント

鉛直投げおろし $v=v_0+gt$，$y=v_0t+\frac{1}{2}gt^2$，$v^2-v_0^2=2gy$

解き方 橋の上を基準とし，鉛直下向きを正とする。初速度の大きさを v_0 とすると，

$$14.7\ \mathrm{m}=v_0\times1.0\ \mathrm{s}+\frac{1}{2}\times9.8\ \mathrm{m/s^2}\times(1.0\ \mathrm{s})^2$$

よって，$v_0=9.8\ \mathrm{m/s}$

水面に達する直前の速さを v とすると，

$$v=9.8\ \mathrm{m/s}+9.8\ \mathrm{m/s^2}\times1.0\ \mathrm{s}=19.6\ \mathrm{m/s}$$

答 初速度の大きさ…**9.8 m/s**，水面に達する直前の速さ…**19.6 m/s**

教科書 p.38 **問 18**

ビルの屋上から小球Aを自由落下させ，その 1.0 秒後に，小球Bを速さ 19.6 m/s で鉛直下向きに投げおろした。Bを投げてから，何秒後にBがAに追いつくか。また，そのときのBの速さは何 m/s か。ただし，重力加速度の大きさを 9.8 m/s^2 とする。

ポイント

自由落下　$v=gt$，$y=\frac{1}{2}gt^2$，$v^2=2gy$

鉛直投げおろし　$v=v_0+gt$，$y=v_0t+\frac{1}{2}gt^2$，$v^2-v_0^2=2gy$

BがAに追いつくとき，A，Bの落下距離は等しい。

解き方　ビルの屋上を基準とし，鉛直下向きを正とする。Bを投げてからBがAに追いつくまでの時間を t とする。BがAに追いついたとき，A，Bの落下距離は等しく，Aは $t+1.0$ s の時間だけ自由落下しているので，

$$\frac{1}{2}\times9.8\ \mathrm{m/s^2}\times(t+1.0\ \mathrm{s})^2=19.6\ \mathrm{m/s}\times t+\frac{1}{2}\times9.8\ \mathrm{m/s^2}\times t^2$$

よって，$t=0.50$ s

Aに追いついたときのBの速さを v とすると，

$$v=19.6\ \mathrm{m/s}+9.8\ \mathrm{m/s^2}\times0.50\ \mathrm{s}=24.5\ \mathrm{m/s}$$

答 時間…**0.50 秒後**，速さ…**24.5 m/s**

教科書 p.40 **類題 3**

鉛直上向きに発射した小球が，高さ 4.9 m の最高点に達した。小球の初速度の大きさは何 m/s か。また，発射されてから最高点に達するまでの時間は何秒か。ただし，重力加速度の大きさを 9.8 m/s^2 とする。

ポイント

鉛直投げ上げ　$v=v_0-gt$，$y=v_0t-\frac{1}{2}gt^2$，$v^2-v_0^2=-2gy$

解き方　鉛直上向きを正とする。初速度の大きさを v_0 とし，最高点に達するまでの時間を t とする。最高点では小球の速さは 0 m/s になるので，

$(0\ \mathrm{m/s})^2-v_0^2=-2\times9.8\ \mathrm{m/s^2}\times4.9\ \mathrm{m}$　　よって，$v_0=9.8$ m/s

$0\ \mathrm{m/s}=9.8\ \mathrm{m/s}-9.8\ \mathrm{m/s^2}\times t$　　よって，$t=1.0$ s

答 初速度の大きさ…**9.8 m/s**，時間…**1.0 秒**

教科書 p.42 類題 4

ある高さから，水平方向に速さ 9.8 m/s で小球を打ち出したところ，1.0 秒後に地面に落下した。小球を打ち出した地点の高さは何mか。また，打ち出した地点から落下した地点までの水平距離は何mか。ただし，重力加速度の大きさを $9.8\ \mathrm{m/s^2}$ とする。

ポイント **水平方向は等速直線運動，鉛直方向は自由落下と同じ運動**

解き方　鉛直方向には自由落下と同じ運動をするので，求める高さ h は，

$$h=\frac{1}{2}\times 9.8\ \mathrm{m/s^2}\times(1.0\ \mathrm{s})^2=4.9\ \mathrm{m}$$

また，水平方向には等速直線運動をするので，求める水平距離 x は，

$$x=9.8\ \mathrm{m/s}\times 1.0\ \mathrm{s}=9.8\ \mathrm{m}$$

答 高さ…**4.9 m**，水平距離…**9.8 m**

教科書 p.45 類題 5

水平な地面上で，水平とのなす角が 30° の向きに，速さ 19.6 m/s で小球を投げ上げた。投げ上げてから地面に達するまでの時間は何秒か。また，そのときの水平到達距離は何mか。ただし，重力加速度の大きさを $9.8\ \mathrm{m/s^2}$ とする。

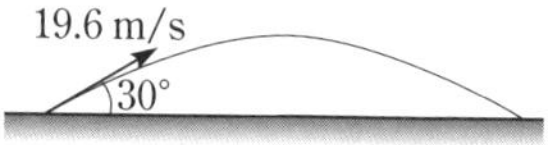

ポイント **水平方向は等速直線運動，鉛直方向は鉛直投げ上げと同じ運動**

解き方　鉛直方向には鉛直投げ上げと同じ運動をする。地面に達したときの鉛直方向の変位は 0 m なので，地面に達するまでの時間を t とすると，

$$0=19.6\ \mathrm{m/s}\times\sin 30^\circ\cdot t-\frac{1}{2}\times 9.8\ \mathrm{m/s^2}\times t^2\qquad t>0\ より，t=2.0\ \mathrm{s}$$

水平方向には等速直線運動をする。水平到達距離を x とすると，

$$x=19.6\ \mathrm{m/s}\times\cos 30^\circ\times 2.0\ \mathrm{s}=19.6\times\sqrt{3}\ \mathrm{m}\fallingdotseq 19.6\times 1.73\ \mathrm{m}\fallingdotseq 34\ \mathrm{m}$$

答 時間…**2.0 秒**，水平到達距離…**34 m**

節末問題のガイド

教科書 p.48～49

❶ x-t グラフ

関連：教科書 p.14

ある物体が，x 軸上で等速直線運動をしている。この物体の位置 x〔m〕と時刻 t〔s〕との関係は，図のようになった。次の各問に答えよ。

(1)　この物体の速さは何 m/s か。

(2)　$t=30$ s のときの物体の位置は何 m か。

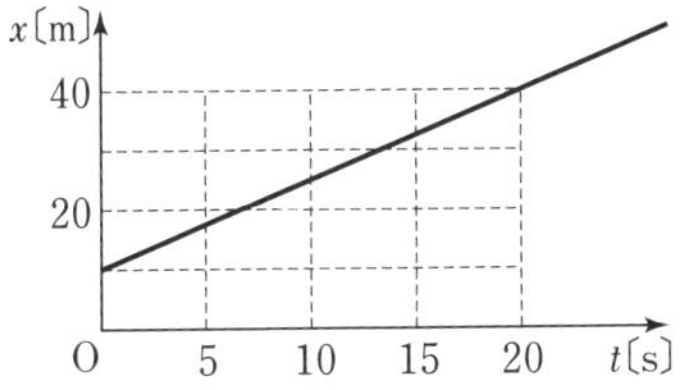

ポイント　**x-t グラフの傾きの大きさが速さを表す。**
$t=0$ s の位置に 30 s 間の移動距離を加えると，$t=30$ s の位置になる。

解き方　(1)　この物体の速さを v とすると，x-t グラフの傾きの大きさが速さを表すので，

$$v=\frac{40\ \mathrm{m}-10\ \mathrm{m}}{20\ \mathrm{s}-0\ \mathrm{s}}=1.5\ \mathrm{m/s}$$

(2)　図より，物体は $t=0$ s に位置 $x=10$ m にあり，速さ $v=1.5$ m/s で等速直線運動をしているので，$t=30$ s のときの物体の位置を x_1 とすると，

$$x_1=10\ \mathrm{m}+1.5\ \mathrm{m/s}\times30\ \mathrm{s}=55\ \mathrm{m}$$

答　(1)　**1.5 m/s**　　(2)　**55 m**

❷ 合成速度

関連：教科書 p.20 例題 1

流れの速さ 2.0 m/s の川を，静水に対する速さ 4.0 m/s の船が，流れに沿って 60 m の距離を往復する。最初，船は川上に向かい，すぐに向きを変えて川下にもどってきた。往復の平均の速さは何 m/s か。

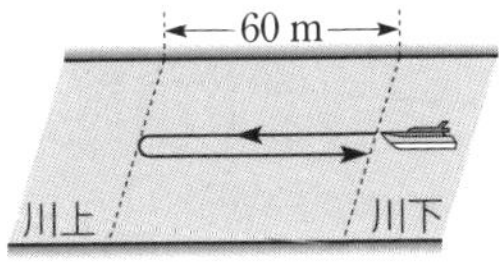

ポイント　**静水に対する船の速度と川の流れの速度を合成する。**

解き方　船が川上に向かうとき，川上の向きを正とすると，岸から見た船の速度は 4.0 m/s−2.0 m/s=2.0 m/s なので，船が 60 m 進む時間は 60 m÷2.0 m/s=30 s となる。船が川下に向かうとき，川下の向きを正とすると，岸から見た船の速度は 4.0 m/s+2.0 m/s=6.0 m/s なので，船が 60 m 進む時間は 60 m÷6.0 m/s=10 s となる。

したがって，船の往復の平均の速さは，$\dfrac{60\ \mathrm{m}+60\ \mathrm{m}}{30\ \mathrm{s}+10\ \mathrm{s}}=3.0\ \mathrm{m/s}$

答 **3.0 m/s**

❸ 相対速度

関連：教科書 p.22

自動車が，直線の道路を西に向かって 50 km/h で走っている。次の各問に答えよ。

(1)　この自動車に乗った人が，ガソリンスタンドに停車しているトラックを見たとする。このとき，トラックはどのような速度で進んでいるように見えるか。

(2)　この自動車に乗った人には，電車が東向きに 20 km/h の速さで進んでいるように見えた。地面に対する電車の速度を求めよ。

ポイント　**A に対する B の相対速度 v_{AB} は，$v_{AB}=v_B-v_A$ である。**

解き方　(1)　西向きを正とすると，自動車に対するトラックの相対速度(自転車に乗った人から見たトラックの速度)は，

$0\ \mathrm{km/h}-50\ \mathrm{km/h}=-50\ \mathrm{km/h}$　(東向き)

読解力UP↑
何に対する何の相対速度かをよく確認しよう。

(2)　東向きを正とすると，自動車に対する電車の相対速度が 20 km/h であるから，地面に対する電車の速度を v とすると，

$20\ \mathrm{km/h}=v-(-50\ \mathrm{km/h})$

$v=20\ \mathrm{km/h}+(-50\ \mathrm{km/h})=-30\ \mathrm{km/h}$　(西向き)

答 (1)　**東向きに 50 km/h**　　(2)　**西向きに 30 km/h**

❹ 記録タイマーの実験

関連：教科書 p.27

図は，等加速度直線運動をする物体の運動について，打点間隔 $\frac{1}{10}$ s の記録タイマーで測定した結果である。

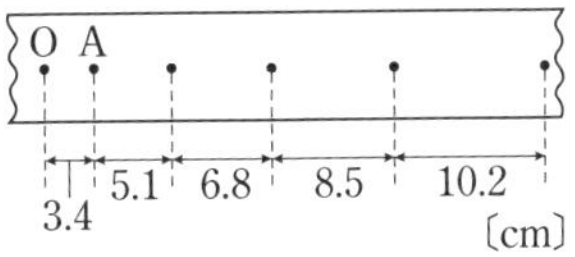

(1)　OA 間の平均の速さは何 m/s か。

(2)　打点Oの時刻を 0 とし，横軸に時間 t〔s〕，縦軸に速さ v〔m/s〕をとり，運動のようすを表す v-t グラフを描け。

(3)　この物体の加速度の大きさは何 m/s^2 か。

ポイント　**打点の間隔は $\frac{1}{10}$ s 間の移動距離だから，打点の間隔を $\frac{1}{10}$ s で割れば，その間の平均の速さを求めることができる。**

解き方　(1)　$3.4\text{ cm} \div \frac{1}{10}\text{ s} = 34\text{ cm/s} = 0.34\text{ m/s}$

(2)　打点の間の平均の速さは，

A～3 打点目…0.51 m/s

3 打点目～4 打点目…0.68 m/s

4 打点目～5 打点目…0.85 m/s

5 打点目～6 打点目…1.02 m/s

v-t グラフを描くと，右図のようになる。

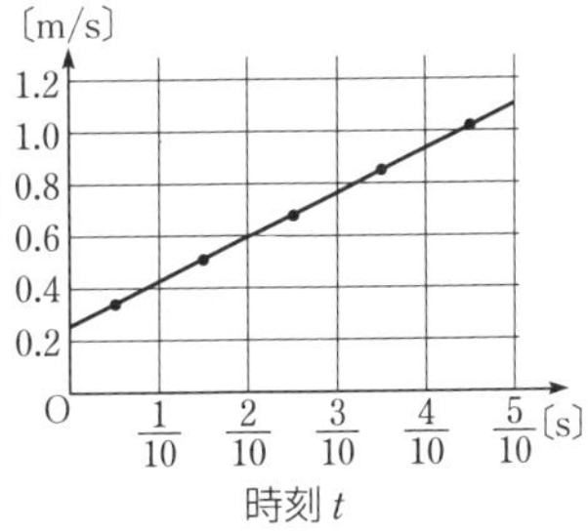

(3)　v-t グラフの傾きは加速度を表すので，(2)より物体の加速度の大きさは，

$$(1.02\text{ m/s} - 0.34\text{ m/s}) \div \frac{4}{10}\text{ s} = 1.7\text{ m/s}^2$$

表現力UP
グラフは，各点に最も近いところを通るように直線を引こう。

答　(1)　**0.34 m/s**　(2)　**解き方** の図参照　(3)　**1.7 m/s^2**

❺ 等加速度直線運動

関連：教科書 p.32 例題 2

等加速度直線運動をしている物体が，点Aを右向きに速さ 12.0 m/s で通過し，4.0 秒後に左向きに速さ 4.0 m/s になった。点Aを原点とし，右向きを正として，次の各問に答えよ。

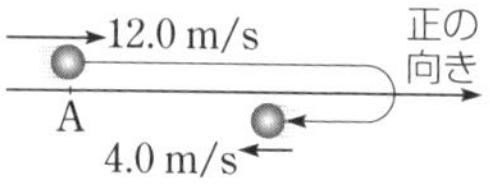

(1)　この物体の加速度はいくらか。

(2)　点Aを通過してから，2.0 秒後の速度はいくらか。また，そのときの位置はどこか。

(3)　速さが 0 となるのは，点Aを通過してから何秒後か。また，そのときの位置はどこか。

(4)　4.0 秒後の位置と，この 4.0 秒間に移動した距離はそれぞれいくらか。

ポイント　**等加速度直線運動では，　$v=v_0+at$，　$x=v_0t+\frac{1}{2}at^2$，　$v^2-v_0{}^2=2ax$**
移動した距離は，右向きと左向きに移動した距離の合計。

解き方　(1)　加速度を a とすると，$a=\dfrac{-4.0\text{ m/s}-12.0\text{ m/s}}{4.0\text{ s}}=-4.0\text{ m/s}^2$

(2)　2.0 秒後での速度を v_1，位置を x_1 とすると，

$$v_1=12.0\text{ m/s}+(-4.0\text{ m/s}^2)\times2.0\text{ s}=4.0\text{ m/s}\quad（右向き）$$

$$x_1=12.0\text{ m/s}\times2.0\text{ s}+\frac{1}{2}\times(-4.0\text{ m/s}^2)\times(2.0\text{ s})^2=16\text{ m}$$

(3)　点Aを通過してから速さが 0 m/s となるまでの時間 t_2 は，

$$0\text{ m/s}=12.0\text{ m/s}+(-4.0\text{ m/s}^2)\times t_2\qquad よって，t_2=3.0\text{ s}$$

そのときの位置 x_2 は，

$$x_2=12.0\text{ m/s}\times3.0\text{ s}+\frac{1}{2}\times(-4.0\text{ m/s}^2)\times(3.0\text{ s})^2=18\text{ m}$$

(4)　4.0 秒後の位置を x_3 とすると，

$$x_3=12.0\text{ m/s}\times4.0\text{ s}+\frac{1}{2}\times(-4.0\text{ m/s}^2)\times(4.0\text{ s})^2=16\text{ m}$$

物体は，(3)より速さが 0 m/s になるまで右向きに 18 m 移動し，折り返して 4.0 秒後に位置 $x_3=16$ m を通過する。よって，4.0 秒間に移動した距離は，18 m＋(18−16) m＝20 m である。

答　(1)　**−4.0 m/s²**　　(2)　速度…**4.0 m/s**，位置…**16 m**

(3)　時間…**3.0 秒後**，位置…**18 m**　　(4)　位置…**16 m**，距離…**20 m**

❻ v-t グラフ

関連：教科書 p.35 特講

図は，直線運動をする物体について，速度の時間変化を示したものである。

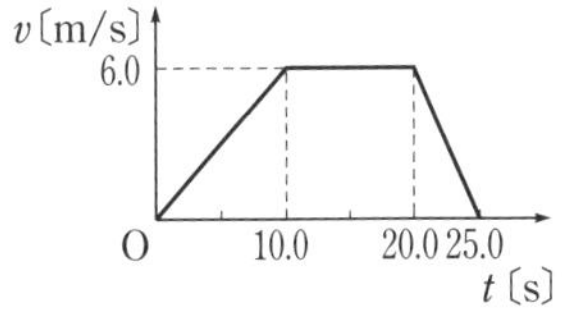

(1)　$t=0\sim10.0$ s，$10.0\sim20.0$ s，$20.0\sim25.0$ s のそれぞれの区間において，物体の加速度 a〔m/s^2〕はいくらか。

(2)　$t=0$ s のときの位置を $x=0$ m とすると，$t=10.0$ s，20.0 s，25.0 s のそれぞれで，物体の位置 x〔m〕はいくらか。

(3)　$t=0\sim25.0$ s の間について，a-t グラフおよび x-t グラフを描け。

ポイント　**v-t グラフの傾きは加速度を表す。**
v-t グラフと t 軸で囲まれた部分の面積は移動距離を表す。

解き方　(1)　v-t グラフの傾きは加速度を表す。加速度を a とすると，

$$t=0\sim10.0\text{ s では，}a=\frac{6.0\text{ m/s}-0\text{ m/s}}{10.0\text{ s}-0\text{ s}}=0.60\text{ m/s}^2$$

$$t=10.0\sim20.0\text{ s では，}a=\frac{6.0\text{ m/s}-6.0\text{ m/s}}{20.0\text{ s}-10.0\text{ s}}=0\text{ m/s}^2$$

$$t=20.0\sim25.0\text{ s では，}a=\frac{0\text{ m/s}-6.0\text{ m/s}}{25.0\text{ s}-20.0\text{ s}}=-1.2\text{ m/s}^2$$

(2)　v-t グラフと t 軸で囲まれた部分の面積は移動距離を表すので，

$$t=10.0\text{ s では，}x=\frac{10.0\times6.0}{2}\text{ m}=30\text{ m}$$

$$t=20.0\text{ s では，}x=\frac{\{(20.0-10.0)+20.0\}\times6.0}{2}\text{ m}=90\text{ m}$$

$$t=25.0\text{ s では，}x=\frac{\{(20.0-10.0)+25.0\}\times6.0}{2}\text{ m}=105\text{ m}$$

(3)　$t=0\sim10.0$ s では加速度が正の等加速度直線運動，$t=10.0\sim20.0$ s では等速直線運動，$t=20.0\sim25.0$ s では加速度が負の等加速度直線運動をしている。(1)，(2)の結果より，a-t グラフ，x-t グラフは下図のようになる。

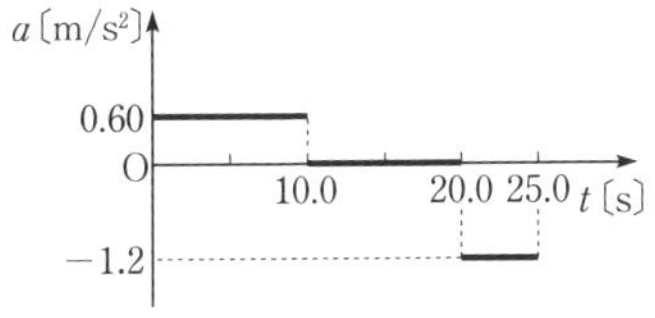

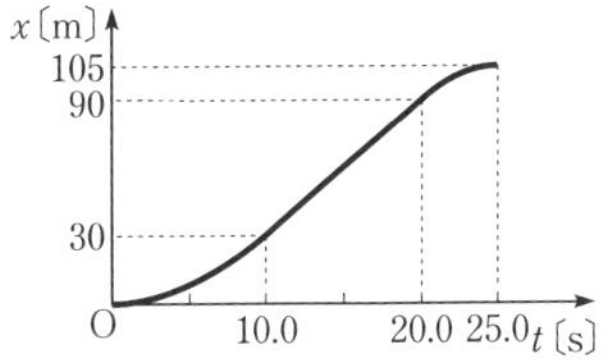

答 (1) $t=0$〜$10.0\,\mathrm{s}$…**0.60 m/s²**，$t=10.0$〜$20.0\,\mathrm{s}$…**0 m/s²**，
$t=20.0$〜$25.0\,\mathrm{s}$…**−1.2 m/s²**

(2) $t=10.0\,\mathrm{s}$…**30 m**，$t=20.0\,\mathrm{s}$…**90 m**，$t=25.0\,\mathrm{s}$…**105 m**

(3) **解き方** の図参照

❼ 自由落下と鉛直投げ上げ

関連：教科書 p.37，40 例題 3

ある高さから小球Aを自由落下させると同時に，その真下の地面から，小球Bを速さ 9.8 m/s で鉛直に投げ上げると，高さ 4.9 m の位置で両者が衝突した。鉛直上向きを正とし，重力加速度の大きさを 9.8 m/s² とする。

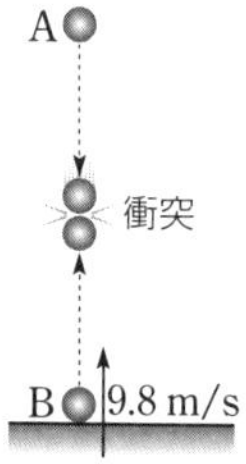

(1) A，B が衝突するのは，B を投げてから何秒後か。

(2) 衝突直前の A，B のそれぞれの速度は何 m/s か。

(3) Aを落下させ始めた点の高さは何 m か。

ポイント **自由落下（鉛直下向きを正）** $v=gt,\ y=\dfrac{1}{2}gt^2,\ v^2=2gy$

鉛直投げ上げ（鉛直上向きを正）

$$v=v_0-gt,\ y=v_0t-\frac{1}{2}gt^2,\ v^2-v_0^2=-2gy$$

解き方 (1) A，B が衝突するまでの時間を t_1 とする。B が地面から鉛直上向きに 4.9 m の位置になるときを考えて，

$$4.9\,\mathrm{m}=9.8\,\mathrm{m/s}\times t_1-\frac{1}{2}\times 9.8\,\mathrm{m/s^2}\times t_1^2 \qquad t_1^2-2t_1+1=0$$

よって，$(t_1-1)^2=0$　　$t_1>0$ より，$t_1=1.0\,\mathrm{s}$

(2) 鉛直下向きを正，衝突直前（$t_1=1.0\,\mathrm{s}$）のAの速度を v_A とすると，

$$v_A=9.8\,\mathrm{m/s^2}\times t_1=9.8\,\mathrm{m/s^2}\times 1.0\,\mathrm{s}=9.8\,\mathrm{m/s}$$

鉛直上向きを正として答えるので，−9.8 m/s である。

鉛直上向きを正として衝突直前のBの速度を v_B とすると，

$$v_B=9.8\,\mathrm{m/s}-9.8\,\mathrm{m/s^2}\times t_1=9.8\,\mathrm{m/s}-9.8\,\mathrm{m/s^2}\times 1.0\,\mathrm{s}=0\,\mathrm{m/s}$$

(3) はじめのAの高さを h とすると，A が衝突するまでに落下した距離とBの地面からの変位の大きさ（4.9 m）の和である。よって，

$$h=\frac{1}{2}\times 9.8\,\mathrm{m/s^2}\times(1.0\,\mathrm{s})^2+4.9\,\mathrm{m}=9.8\,\mathrm{m}$$

思考力UP↑
はじめのAの地面からの高さがどのように表されるかを考えよう。

答 (1) **1.0 秒後**　(2) A…**−9.8 m/s**，B…**0 m/s**　(3) **9.8 m**

❽ 気球からの投射

関連：教科書 p.40 例題 3

気球が，地上から初速度 0 で鉛直上向きに一定の加速度で上昇し，40 秒後に高さ 98 m に達した。このとき，気球から小球を静かにはなした。重力加速度の大きさを 9.8 m/s^2 として，次の各問に答えよ。

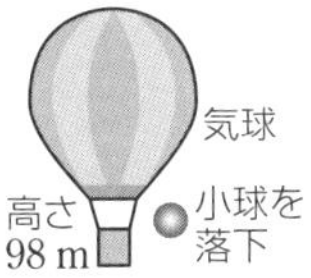

(1)　気球の加速度の大きさは何 m/s^2 か。

(2)　地上から見て，小球をはなしたときの小球の速度を求めよ。

(3)　地上から見て，小球が最高点に達するのは，小球をはなしてから何秒後か。

(4)　小球が地面に達するのは，小球をはなしてから何秒後か。

ポイント　**気球から小球を静かにはなしたときの気球と小球の速度は同じ。静かにはなされた後，小球は鉛直に投げ上げられた運動を行う。小球が最高点に達したときの速度は 0 である。**

解き方　(1)　気球の加速度の大きさを a とすると，

$$98\ \mathrm{m}=\frac{1}{2}\times a\times(40\ \mathrm{s})^2 \qquad よって，\ a=\frac{98}{800}\ \mathrm{m/s^2}\fallingdotseq 0.12\ \mathrm{m/s^2}$$

(2)　小球を静かにはなしたとき，気球と小球の速度は同じ。鉛直上向きを正として，小球の初速度を v_0 とすると，気球の速度を考えて，

$$v_0=0\ \mathrm{m/s}+a\times 40\ \mathrm{s}=\frac{98}{800}\ \mathrm{m/s^2}\times 40\ \mathrm{s}=4.9\ \mathrm{m/s}\quad（鉛直上向き）$$

(3)　地上から見ると，小球は高さ 98 m の位置から初速度の大きさ 4.9 m/s で鉛直に投げ上げられた運動を行う。小球をはなしてから最高点に達するまでの時間を t_1 とすると，最高点で小球の速度は 0 m/s になるので，

$$0\ \mathrm{m/s}=4.9\ \mathrm{m/s}-9.8\ \mathrm{m/s^2}\times t_1 \qquad よって，\ t_1=0.50\ \mathrm{s}$$

(4)　小球をはなした位置を基準として，鉛直上向きを正とすると，地面に達したときの小球の変位は −98 m と表される。小球をはなしてから地面に達するまでの時間を t_2 とすると，

$$-98\ \mathrm{m}=4.9\ \mathrm{m/s}\times t_2-\frac{1}{2}\times 9.8\ \mathrm{m/s^2}\times {t_2}^2$$

よって，${t_2}^2-t_2-20=0$ より，$(t_2+4)(t_2-5)=0$

$t_2>0$ より，$t_2=5.0\ \mathrm{s}$

答　(1)　**0.12 m/s^2**　(2)　**鉛直上向きに 4.9 m/s**

(3)　**0.50 秒後**　(4)　**5.0 秒後**

❾ 鉛直投げ上げ

関連：教科書 p.38

時刻 $t=0$ のときに，地面から小球をある速さで鉛直上向きに投げ上げた。小球は時刻 t_1 で最高点に達した後，時刻 t_2 で地面に落下した。

(1) 小球の地面からの高さ y と時刻 t との関係を表すグラフとして最も適当なものを1つ選べ。また，その理由も答えよ。

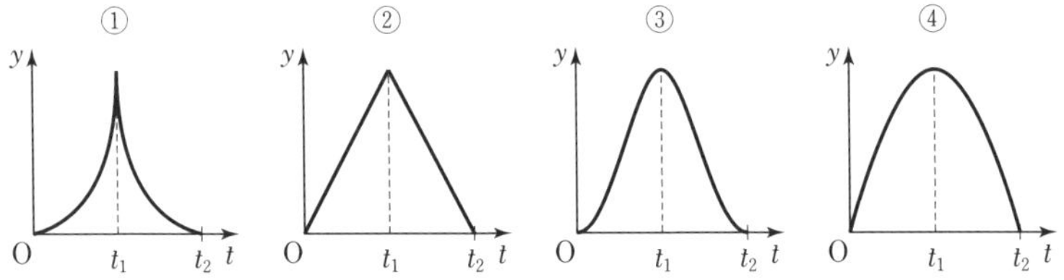

(2) 地面から最高点までの高さは h〔m〕であった。月面上でこの小球と同じ速さで投げ上げた場合，最高点の高さは何mか。ただし，月面上における重力加速度の大きさは地上の $\frac{1}{6}$ とする。

ポイント ***y-t* グラフの接線の傾きが小球の速度を表すので，鉛直投げ上げでの速度変化を考える。**

解き方 (1) y-t グラフの接線の傾きが小球の速度を表す。鉛直投げ上げでは，初速度が最も大きく，やがて徐々に速度が小さくなり，最高点では0になる。最高点に達する前後で y-t グラフは左右対称であり，④のようになる。

(2) 鉛直上向きを正として小球の初速度を v_0，重力加速度の大きさを g とすると，最高点では速度0なので，鉛直投げ上げの式より，

$$0^2-{v_0}^2=2(-g)h \qquad \text{よって，}\ h=\frac{{v_0}^2}{2g}$$

月面上での最高点の高さを h' とすると，月面上での重力加速度の大きさは $\frac{1}{6}g$ なので，上式と同様に考えて，

$$h'=\frac{{v_0}^2}{2\times\frac{1}{6}g}=6\times\frac{{v_0}^2}{2g}=6h$$

答 (1) ④　(2) **6*h*〔m〕**

第2節 力と運動の法則

教科書の整理

① さまざまな力

教科書 p.50〜53

A 力

①**力の表し方**　力は大きさと向きをもつベクトルである。力がはたらく点を作用点といい，作用点を通り，力の方向に引いた直線を作用線という。

②**力の３要素**　力のはたらきは，力の大きさ，向き，作用点によって決まり，これらを力の３要素という。

③**力の大きさの単位**　単位はN(ニュートン)が用いられる。

B 重力

①**重力**　地球から鉛直下向きにはたらく力。質量は物体に固有の量であり，重力の大きさ(重さ)は質量に比例する。質量をm〔kg〕，重力加速度の大きさをg〔m/s^2〕とすると，重力の大きさW〔N〕は，

■ **重要公式 1-1**

$$W = mg$$

C 面からはたらく力

①**垂直抗力**　接触面から面と垂直にはたらく力。

②**摩擦力**　接触面から面と平行にはたらき，物体の運動を妨げようとする力。静止している物体にはたらく静止摩擦力と，運動している物体にはたらく動摩擦力がある。

D 糸の張力

①**糸の張力**　糸が物体を引く力。

E ばねの弾性力

①**弾性**　変形したばねがもとに戻ろうとする性質を弾性といい，そのときに物体におよぼす力を弾性力という。

②**フックの法則**　ばねの弾性力の大きさF〔N〕は，ばねの自然の長さからの伸び，または縮みx〔m〕に比例する。比例定数k〔N/m〕をばね定数という。

もっと詳しく
質量は物体に固有の量であり，場所によって値は変わらない。
重さは重力の大きさであり，場所によって値は変わる。

もっと詳しく
面からはたらく垂直抗力，摩擦力をまとめて抗力という。

ここに注意
質量が無視できる糸やばねを「軽い糸」，「軽いばね」と表す。

■ **重要公式 1-2**

$F=kx$

② 力の合成・分解とつりあい

教科書 p.54~63

A 力の合成と分解

①**力の合成** 複数の力と同じはたらきをする1つの力を求めることを力の合成といい，合成した力を合力という。2つの力 $\vec{F_1}$，$\vec{F_2}$ の合力 $\vec{F}$ は $\vec{F}=\vec{F_1}+\vec{F_2}$ と表され，平行四辺形の法則を用いて求められる。

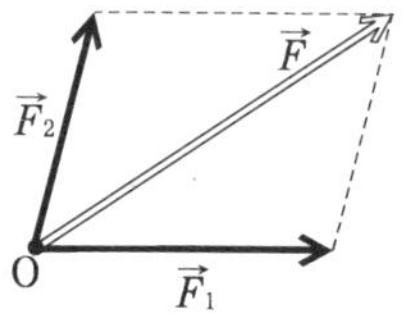

②**力の分解** 1つの力をそれと同じはたらきをする複数の力に分けることを力の分解といい，分けられた力を分力という。分力は，平行四辺形の法則を用いて求められる。

③**力の成分** 力 $\vec{F}$ を互いに垂直な x 軸，y 軸の方向に分解したとき，それぞれの分力の大きさに向きを表す符号をつけた F_x，F_y を，それぞれ x 成分，y 成分という。また，x 成分，y 成分を力の成分という。

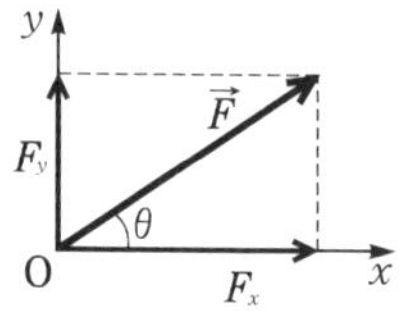

■ **重要公式 2-1**

$F_x=F\cos\theta \qquad F_y=F\sin\theta$

$F=\sqrt{F_x{}^2+F_y{}^2}$

θ：$\vec{F}$ と x 軸のなす角

④**力の成分と合力** 2つの力 $\vec{F_1}$，$\vec{F_2}$ の成分から，合力 $\vec{F}$ の x 成分 F_x と y 成分 F_y は，

■ **重要公式 2-2**

$F_x=F_{1x}+F_{2x} \qquad F_y=F_{1y}+F_{2y}$

B 力のつりあい

①**2力のつりあい** 物体に力がはたらいていても静止しているとき，はたらく力はつりあっているといい，物体はつりあいの状態にあるという。物体に2つの力 $\vec{F_1}$，$\vec{F_2}$ がはたらいてつりあっているとき，2つの力は同一作用線上にあり，互いに逆向きで，大きさが等しい。$\vec{F_1}+\vec{F_2}=\vec{0}$ である。

②**3力のつりあい** 物体に力 $\vec{F_1}$，$\vec{F_2}$，$\vec{F_3}$ がはたらいてつりあっているとき，$\vec{F_1}+\vec{F_2}+\vec{F_3}=\vec{0}$ である。物体がつりあいの状態にあるとき，力 $\vec{F_1}$，$\vec{F_2}$，$\vec{F_3}$，…の合力は $\vec{0}$ である。

■ **重要公式 2-3**

物体がつりあいの状態のとき，$\vec{F_1}+\vec{F_2}+\vec{F_3}+\cdots=\vec{0}$

$$\begin{cases} x\text{成分} & F_{1x}+F_{2x}+F_{3x}+\cdots=0 \\ y\text{成分} & F_{1y}+F_{2y}+F_{3y}+\cdots=0 \end{cases}$$

C 作用・反作用の法則

①**作用・反作用**　AがBに力をおよぼすと，BもAに力をおよぼす。2つの物体の間でおよぼしあう2つの力の一方を作用といい，もう一方を反作用という。

②**作用・反作用の法則**　AからBに力$\vec{F}$がはたらくとき，BからAにも，同一作用線上で逆向きに，同じ大きさの力$-\vec{F}$がはたらく。これを作用・反作用の法則という。作用・反作用の法則は，重力や静電気力などの空間を隔ててはたらく力についても成り立ち，物体が運動しているときにも常に成り立つ。

③**つりあう2力と作用・反作用の2力の違い**　つりあう2力と作用・反作用の2力は，どちらも同一作用線上にあって逆向きで大きさが等しい2力である。ただし，つりあう2力は，着目する1つの物体が受ける2力である。一方，作用・反作用の2力は，異なる2つの物体がおよぼしあう2力である。

テストに出る

物体が受ける力の見つけ方

物体の運動を分析するためには，物体が受ける力をすべて見つけることが重要である。次の2点に留意すれば，力をすべて見つけることができる。

①地球上のすべての物体は，鉛直下向きに重力を受ける。

②空間を隔ててはたらく力(重力や静電気力など)以外の力は，接触している他の物体から受ける。

まず，①より，重力が見つかる。次に，他の空間を隔ててはたらく力(静電気力など)を受けていないかを考える。最後に，物体が接触している他の物体を確認し，接触している他の物体から受ける力を見つける。

③ 運動の3法則

教科書 p.64～69

A 慣性の法則

①**慣性の法則** 物体が外から力を受けないとき，あるいは，力を受けていてもそれらがつりあっているとき，静止している物体は静止し続け，運動している物体は等速直線運動を続ける。これを慣性の法則(運動の第1法則)という。

②**慣性** 物体の運動状態を保ち続けようとする性質。

ここに注意
静止している物体だけでなく，等速直線運動をする物体にはたらく力はつりあっている。

B 運動の法則

①**力と加速度の関係** 物体の加速度の大きさは，物体が受ける力の大きさに比例する。

②**質量と加速度の関係** 物体の加速度の大きさは，物体の質量に反比例する。

③**運動の法則** 力を受ける物体は，その力の向きに加速度を生じる。この加速度の大きさは，受ける力の大きさに比例し，物体の質量に反比例する。これを運動の法則(運動の第2法則)という。

④**運動の法則を表す式** 質量mの物体が力$\vec{F}$を受けているときに，物体に生じる加速度を$\vec{a}$，比例定数をkとして，運動の法則は，$\vec{a}=k\dfrac{\vec{F}}{m}$ と表される。

C 運動方程式

①**力の単位** 上式で $k=1$ となるように定められた力の単位がニュートン(N)。1 N は，質量 1 kg の物体に，1 m/s^2 の大きさの加速度を生じさせる力の大きさである。

②**運動方程式** 質量mの物体が力(合力)$\vec{F}$を受けて加速度が$\vec{a}$となるとき，m，$\vec{a}$，$\vec{F}$の単位にそれぞれ kg，m/s^2，N を用いて，運動方程式は，

■ **重要公式 3-1**

$$m\vec{a}=\vec{F}$$

ここに注意
直線上の運動の運動方程式は $ma=F$ と表される。

③**重力** 重力の大きさWは，運動方程式で $a=g$，$F=W$ として，$W=mg$ である。

教科書の整理 第2節

④**運動の３法則**　慣性の法則(運動の第１法則)，運動の法則(運動の第２法則)，作用・反作用の法則(運動の第３法則)をあわせて，ニュートンの運動の法則(運動の３法則)という。

もっと詳しく

質量，長さ，時間の単位などの基本となる単位を基本単位といい，速度，加速度の単位のように基本単位から導かれる単位を組立(くみたて)単位という。質量に kg，長さに m，時間に s を用いた単位系を MKS 単位系といい，この単位系を拡張したものに国際単位系(SI)がある。

組立単位が基本単位からどのように組み立てられているかを示すには，次元が用いられる。質量，長さ，時間の次元はそれぞれ[M]，[L]，[T]の記号で表される。これを用いると，速度(m/s)の次元は$[LT^{-1}]$，加速度(m/s^2)の次元は$[LT^{-2}]$，力($N=kg \cdot m/s^2$)の次元は$[MLT^{-2}]$となる。

もっと詳しく

物体の加速度の向きと受ける力の合力の向きは一致する。しかし，速度の向き(運動の向き)が一致するとは限らない。

４ 運動方程式の利用

教科書 p.70～74

A 運動方程式の立て方

①**運動方程式を立てる手順**　次の手順で立てる。

①どの物体について運動方程式を立てるかを決める。

②着目する物体が受ける力を図示する。

③正の向きを定め，加速度を a とする。運動する向きを正とすることが多い。

④物体が受ける運動方向の力の成分の和を求め，運動方程式($ma=F$)に代入する。

B 斜面上における物体の運動

①**斜面上での物体の運動方程式**　①斜面に平行な方向と垂直な方向に分けて考え，各方向で正の向きを定める。②それぞれの方向で力の成分の和を求め，運動方程式または力のつりあいの式を立てる。

C 連結している２つの物体の運動

①**接触している物体**　①物体ごとに分けて受ける力を考える。物体の間でおよぼしあう力は，作用と反作用の関係にある。②それぞれの物体について運動方程式を立てる。このとき，２つの物体の加速度の大きさは等しい。

もっと詳しく

重力などの空間を隔ててはたらく力以外の力は接触しているものからはたらくので，何と接触しているかに注目する。

②**糸で連結された物体** 複数の物体が軽い糸でつながれて運動するときも，物体ごとに運動方程式を立てる。このとき，糸が両端でおよぼす張力の大きさは等しく，各物体に生じる加速度の大きさも等しい。

ここに注意
糸はたるむと力をおよぼさなくなる。

⑤ 摩擦力を受ける運動

教科書 p.75～79

A 静止摩擦力

①**静止摩擦力** 静止している物体がすべり出そうとするのを妨げるように面からはたらく力。静止摩擦力の大きさは，物体に加えた力の大きさに応じて変化する。物体は静止しているので，静止摩擦力は面に平行な方向の力のつりあいの式から求める。

②**最大摩擦力** 静止摩擦力の大きさには限界があり，物体が面に対してすべり始める直前の静止摩擦力のこと。最大摩擦力の大きさ F_0〔N〕は，物体が面から受ける垂直抗力の大きさを N〔N〕とすると，

■ 重要公式 5-1

$F_0 = \mu N$　　μ：静止摩擦係数

静止摩擦係数 μ は接触する面どうしの種類や状態で決まる定数であり，接触する面の大小にはほとんど関係しない。

もっと詳しく
物体が面から受ける力をまとめて抗力という。摩擦力がはたらく場合は，摩擦力と垂直抗力の合力が抗力である。

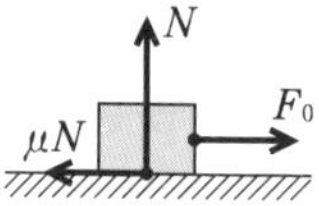

③**摩擦角** 粗い板の上に物体をのせ，板を徐々に傾けていくとき，物体がすべり始める直前の板の水平からの角のこと。摩擦角を θ_0，物体と板との間の静止摩擦係数を μ とすると，$\mu = \tan\theta_0$ の関係が成り立つ。

B 動摩擦力

①**動摩擦力** 粗い面上を運動する物体にはたらく摩擦力。動摩擦力の大きさ F'〔N〕は，物体が面から受ける垂直抗力の大きさを N〔N〕とすると，

■ 重要公式 5-2

$F' = \mu' N$　　μ'：動摩擦係数

動摩擦係数 μ' は接触する面どうしの種類や状態で決まる定数であり，物体の速さや接触する面の大小にはほとんど関係しない。

テストに出る

引く力と摩擦力の関係

右図のように，粗い水平面上に置いた物体に水平方向の力 f を加え，f を徐々に大きくしていくとき，物体にはたらく摩擦力を考える。はじめは f と同じ大きさの静止摩擦力がはたらいて，それらがつりあって静止している。f が最大摩擦力を超えると物体は動き出し，物体には一定の動摩擦力がはたらくようになる。

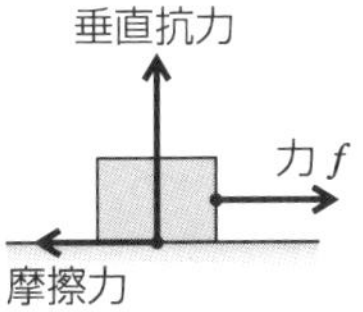

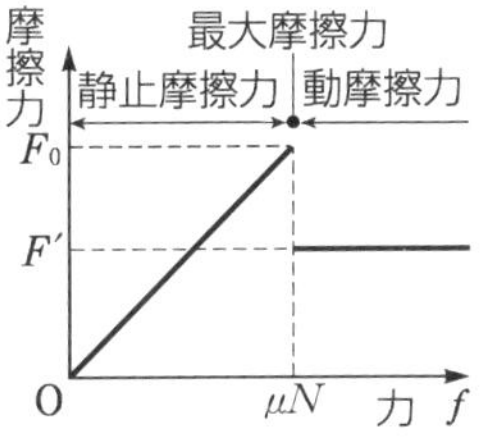

もっと詳しく
一般に，動摩擦係数 μ' は静止摩擦係数 μ よりも小さく，動摩擦力は最大摩擦力より小さい。

⑥ 液体や気体から受ける力

教科書 p.80～85

A 圧力

①**圧力**　面が単位面積あたりに垂直に受ける力の大きさである。圧力の単位は Pa(パスカル)で，1 Pa＝1 N/m^2 である。

■ **重要公式 6-1**

$$p=\frac{F}{S}$$

p〔Pa〕：圧力　F〔N〕：面に垂直な力の大きさ
S〔m^2〕：面積

ここに注意
力と圧力は異なる物理量である。力の単位は N，圧力の単位は Pa（＝N/m^2）。

B 流体中における圧力

①**流体**　液体や気体の総称。

②**大気圧**　大気による圧力。大気圧の大きさは，大気の重さによる圧力であり，地上では約 1.0×10^5 Pa である。

③**水圧**　水中で物体が受ける圧力。水圧は水による圧力と大気圧 p_0〔Pa〕の和になる。深さ h〔m〕における水圧 p〔Pa〕は，水の密度を ρ〔kg/m^3〕，重力加速度の大きさを g〔m/s^2〕として，

■ **重要公式 6-2**

$$p=p_0+\rho hg$$

もっと詳しく
流体を構成する分子などの粒子は，不規則な運動をしている。流体による圧力は，これらの多数の粒子が物体の面に衝突して生じる。

C 浮力

①**浮力** 流体中の物体が，流体から鉛直上向きに受ける力。

②**アルキメデスの原理** 浮力の大きさは，物体が押しのけた流体の重さ(重力の大きさ)に等しい。これをアルキメデスの原理という。浮力の大きさ F〔N〕は，流体の密度を ρ〔kg/m^3〕，物体の流体中にある部分の体積を V〔m^3〕，重力加速度の大きさを g〔m/s^2〕とすると，

■ 重要公式 6-3

$F=\rho Vg$

浮力の大きさ F

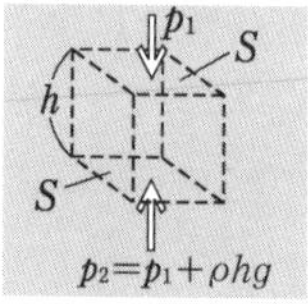

$F=Sp_2-Sp_1$
$=\rho hSg=\rho Vg$

D 空気抵抗と終端速度

①**空気抵抗** 空気中を運動する物体にはたらく抵抗力。質量 m の物体が空気抵抗を受けながら落下するとき，鉛直下向きを正として加速度を a，空気抵抗の大きさを f とすると，物体の運動方程式は，$ma=mg-f$ となる。

②**終端速度** 空気抵抗の大きさは，速さが大きいほど大きい。物体が落下していくと，落下する速さとともに上式の f が大きくなっていき，やがて $mg=f$ となって物体の加速度は $a=0$ となる。このとき，物体は一定の速度で落下するようになる。この一定の速度を終端速度という。

■ 重要公式 6-2 発展

$f=kv \qquad v_{\rm f}=\dfrac{mg}{k}$

k：球の半径で決まる比例定数 v：速度

$v_{\rm f}$：終端速度

⚠ここに注意

空気抵抗は物体の形状に関係する。小さい球状の物体の場合，速さが小さい範囲では，空気抵抗の大きさは速さに比例する。

実験・探究のガイド

教科書 p.53　TRY　グラフを読み取ろう

ガイド　ばね定数をkとすると，$F=kx$ より，kはF-xグラフの傾きに等しい。したがって，傾きの大きいAのほうがばね定数も大きい。

教科書 p.59　ぽけっとラボ　3. 3つの力のつりあい

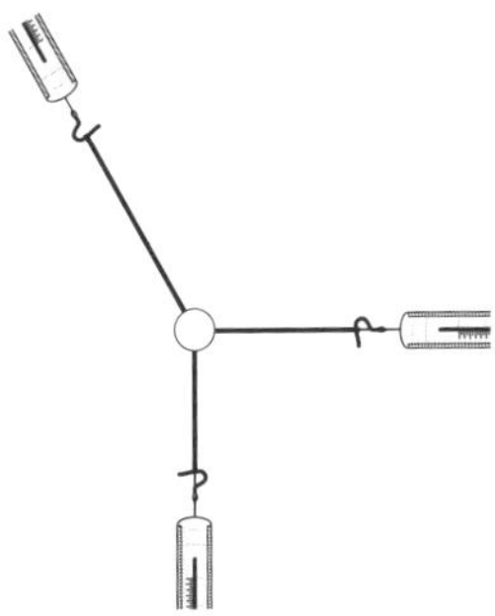

ガイド　右図のように，リングを3方向から水平に引く。リングが静止しているとき，3つのばねはかりが引く力を$\vec{F_1}$，$\vec{F_2}$，$\vec{F_3}$として，$\vec{F_1}+\vec{F_2}+\vec{F_3}=\vec{0}$ が成り立つことを確かめる。

そのためには，水平面上に紙を敷いておいて，その上でリングを水平に3方向から引き，その3方向を紙に記入する。そして，引く力を矢印で紙に記入し，3力がつりあっているかどうかを作図して確かめればよい。力の矢印の長さは力の大きさに比例するように描き，例えば$\vec{F_1}$と$\vec{F_2}$の合力を平行四辺形の法則によって求めて，その合力が$\vec{F_3}$とつりあっているかどうかを確かめる。

教科書 p.60　ぽけっとラボ　4. ばねの引きあい

ガイド　作用・反作用の法則より，左側のばねが右側のばねを引く力の大きさF_1と，右側のばねが左側のばねを引く力の大きさF_2は等しい。

教科書 p.60　TRY　力の大きさを比べよう

ガイド　作用・反作用の法則より，AからBに力がはたらくとき，質量に関係なく逆向きで同じ大きさの力がBからAにはたらくので，$F_1=F_2$ である。

教科書 p.64　ぽけっとラボ　5. 慣性

ガイド　カードを強く弾き飛ばすと，慣性の法則よりコインは静止し続けようとするが，カードがなくなったので，重力によってコップの中に落ちる。

教科書 p.64 TRY **力の大きさを比べよう**

ガイド 慣性の法則より，力がつりあうと等速直線運動をするので，(イ)$F_A = F_B$

教科書 p.65 実験 **2. 力と質量と加速度の関係**

ガイド **|データの処理|** 方法④のように，台車を引く力の大きさFを２倍，３倍，４倍にして，加速度の大きさaとの関係を調べると，例えばv-tグラフとa-Fグラフは次のようになる。

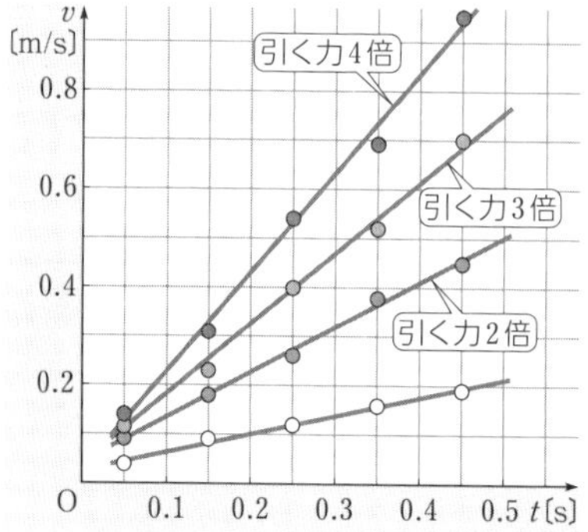

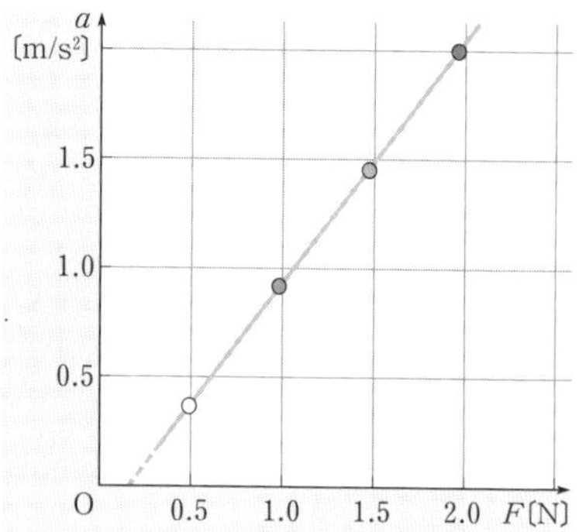

また，方法⑤のように，台車の質量mを２倍，３倍，４倍にして，v-tグラフの傾きからa-mグラフを描くと曲線になり，a-$\frac{1}{m}$グラフを描くと直線になる。

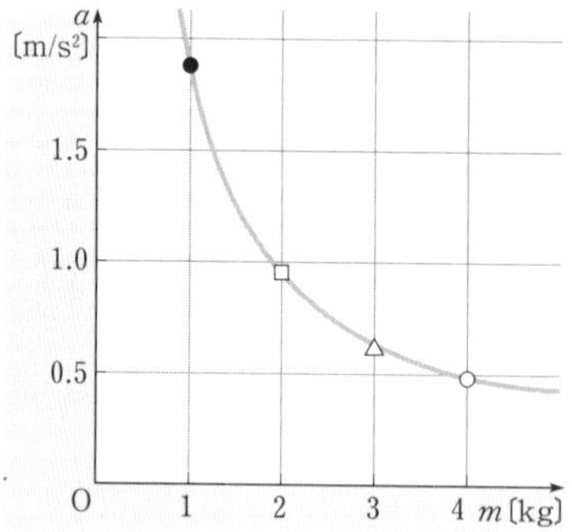

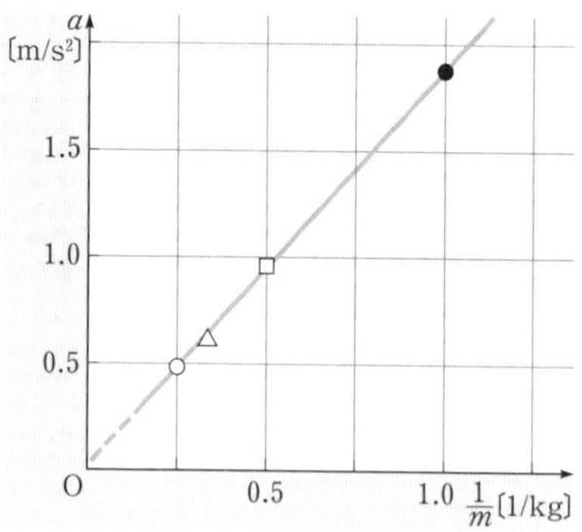

|考察| 方法④においてa-Fグラフは直線となり，ややずれるが原点Oに近い位置を通るので，aとFは比例するといえる。

また，方法⑤においてa-$\frac{1}{m}$グラフは直線となり，aと$\frac{1}{m}$が比例していることがわかる。つまり，aとmは反比例しているといえる。

教科書 p.67　TRY　グラフを描こう

ガイド　v-t グラフの傾きが加速度 a を表すので，教科書 p.66 図 60 (b)の v-t グラフの傾きと力 F の関係から a-F グラフを描いて，図 60 (c)のようになることを確かめる。また，教科書 p.67 図 62 の v-t グラフの傾きと質量 m の関係から a-$\frac{1}{m}$ グラフを描いて，教科書 p.67 図 61 (c)のようになることを確かめる。

教科書 p.69　TRY　力と加速度の向きを考えよう

ガイド　(a)，(b)，(c)とも，小球には鉛直下向きの重力のみがはたらいている。また，加速度の向きは力の向きと等しいので，(a)，(b)，(c)とも鉛直下向きである。

教科書 p.78　実験　3. 初速度と移動距離の関係

ガイド　**考察**　x-v グラフは曲線になり，x と v の関係は見極めづらい。x-v^2 グラフを描くと原点近くを通る直線になり，x と v^2 は比例するといえる。

なお，キャップの質量を m，動摩擦力の大きさを f とすると，第 3 節で学習する「運動エネルギーの変化と仕事」を用いて，$\frac{1}{2}mv^2=fx$ が成り立つことがわかる。

教科書 p.82　ぽけっとラボ　7. 浮力の測定

ガイド　おもりが水から受ける浮力の大きさは，ばねばかりで測定したおもりの重さ W_1 から，おもりを水中に沈めたときのばねはかりが示す値 W_2 を引いて求める。

また，水の密度 $\rho=1.0\times10^3\,\mathrm{kg/m^3}$，重力加速度の大きさ $g=9.8\,\mathrm{m/s^2}$ として，体積 V〔$\mathrm{m^3}$〕を用いて，浮力の大きさを ρVg からも計算する。

これらより，W_1-W_2 の値と ρVg の値がほぼ一致することを確かめる。

思考力UP↑

おもりの一部分だけが水に沈むようにして，ばねはかりが示す値 W_3 を測定してみよう。水に沈む部分が小さくなると，おもりにはたらく浮力も小さくなることから，$W_3>W_2$ であることを確認しよう。

教科書 p.84　TRY　**水中のピンポン玉を観察しよう**

ガイド　水を注いでいくうちにやがてピンポン玉は水に浮かび，ふさいでいたペットボトルの口から水が流れる。単位時間あたりに注ぐ水の体積とペットボトルの口から出る水の体積によって，ピンポン玉の高さは変わる。注ぐ水とペットボトルの口から出る水の体積を同じにすると，ピンポン玉は同じ高さで浮かび続ける。

問・類題・練習のガイド

教科書 p.51　**問 19**

右図のように，空中に投げ上げられたボールにはたらく力を矢印で示せ。

ポイント　**空中を飛ぶボールにはたらく力は重力だけである。**

解き方　重力は鉛直下向きにはたらく。

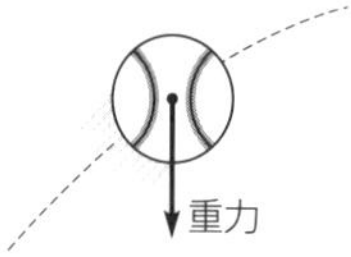

答 右図参照

教科書 p.51　**問 20**

質量 50 kg の物体にはたらく重力の大きさは何 N か。ただし，重力加速度の大きさを 9.8 m/s^2 とする。

ポイント　**重力の大きさ〔N〕＝質量〔kg〕×重力加速度の大きさ〔m/s^2〕**

解き方　重力加速度の大きさは 9.8 m/s^2 であるから，

重力の大きさ＝50 kg×9.8 m/s^2＝490 N＝4.9×10^2 N

答 4.9×10^2 N

教科書 p.53　**問 21**

ばね定数 2.0×10^2 N/m のばねを，0.10 m だけ手で押し縮めたとき，ばねが手におよぼす弾性力の大きさは何Nか。

ポイント　**ばねの弾性力の大きさ　$F=kx$　（フックの法則）**

解き方　弾性力の大きさ＝2.0×10^2 N/m×0.10 m＝20 N

答 20 N

教科書 p.54 問 22

次の 2 力を合成せよ。

ポイント

**ベクトルの和を作図して求める。
平行四辺形の法則から，対角線が合力を表す。**

解き方 ベクトルの和を作図する。(3)では，平行四辺形の法則から平行四辺形の対角線が合力を表す。

答

(1)

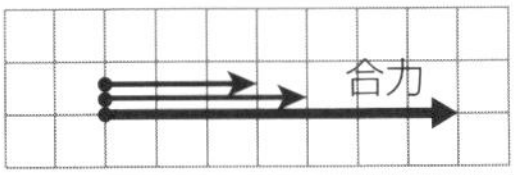

(2)

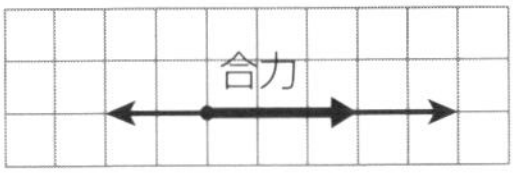

(3)

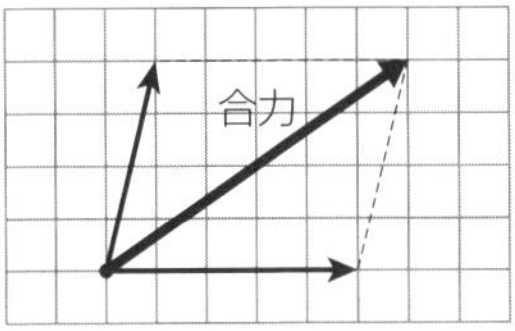

教科書 p.54 問 23

次の力を破線で示された 2 つの方向に分解せよ。

ポイント

平行四辺形の法則を用いる。もとの力のベクトルが平行四辺形の対角線になるように平行四辺形の 2 辺を考える。

解き方 ベクトルの分解を作図する。平行四辺形の法則から，平行四辺形の 2 辺が分力を表す。

答

(1)

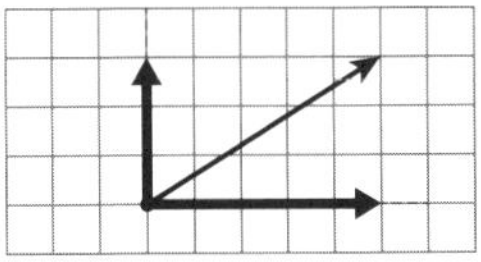

(2)

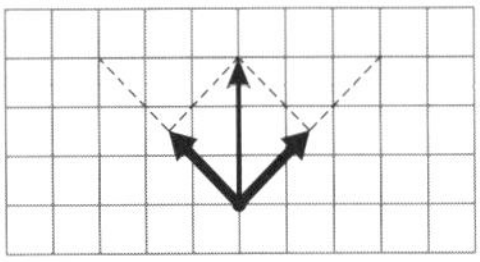

(3)

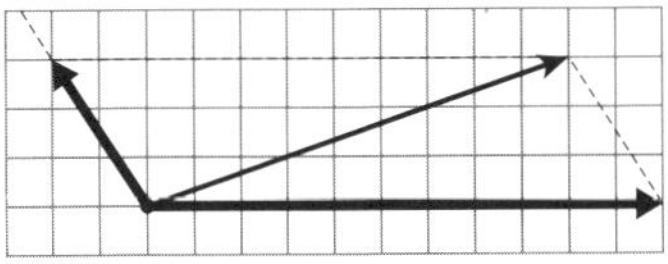

教科書 p.55 **問 24**

図のように，互いに垂直な方向に x 軸と y 軸をとり，水平から 30° の向きに，物体に 2.0 N の大きさの力を加えた。この力の x 成分と y 成分は，それぞれ何Nか。

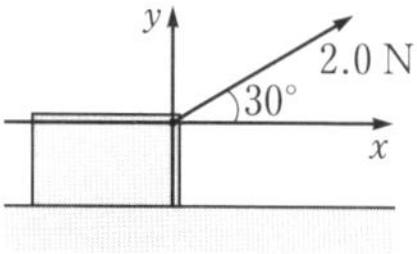

ポイント　**力の成分**　$F_x=F\cos\theta$　$F_y=F\sin\theta$　θ：$\vec{F}$ と x 軸のなす角

解き方　x 成分　$F_x=2.0\,\text{N}\times\cos 30°=2.0\,\text{N}\times\dfrac{\sqrt{3}}{2}\fallingdotseq 2.0\,\text{N}\times\dfrac{1.73}{2}\fallingdotseq 1.7\,\text{N}$

y 成分　$F_y=2.0\,\text{N}\times\sin 30°=2.0\,\text{N}\times\dfrac{1}{2}=1.0\,\text{N}$

答 x 成分…**1.7 N**，y 成分…**1.0 N**

教科書 p.55 **問 25**

図の xy 平面上における 2 つの力 $\vec{F_1}$，$\vec{F_2}$ の合力 $\vec{F}$ の x 成分，y 成分は，それぞれ何Nか。また，合力の大きさ F は何Nか。ただし，図の 1 目盛りを 1 N とする。

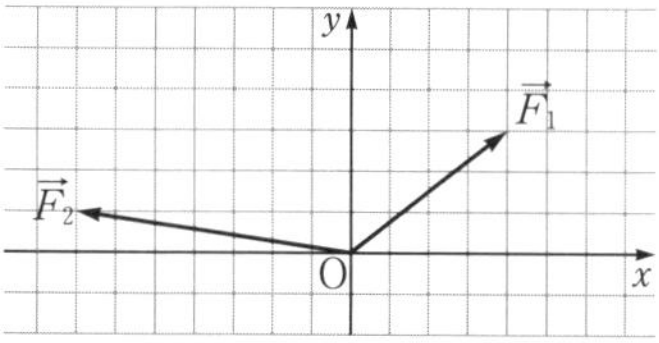

ポイント　**力の合成**　$F_x=F_{1x}+F_{2x}$　　$F_y=F_{1y}+F_{2y}$
合力の大きさ　$F=\sqrt{F_x{}^2+F_y{}^2}$

解き方　$\vec{F_1}$ の x 成分は 4 N，y 成分は 3 N であり，$\vec{F_2}$ の x 成分は −7 N，y 成分は 1 N である。よって，合力 $\vec{F}$ の x 成分 F_x，y 成分 F_y は，

$F_x=4\,\text{N}+(-7\,\text{N})=-3\,\text{N}$

$F_y=3\,\text{N}+1\,\text{N}=4\,\text{N}$

また，合力の大きさ F は，

$F=\sqrt{F_x{}^2+F_y{}^2}=\sqrt{(-3\,\text{N})^2+(4\,\text{N})^2}=\sqrt{25}\,\text{N}=5\,\text{N}$

答 x 成分…**−3 N**，y 成分…**4 N**，合力の大きさ…**5 N**

教科書 p.56 **練習 1**

次の直角三角形の sinθ, cosθ, tanθ をそれぞれ求めよ。答えは分数のままでよく，ルートをつけたままでよい。図には各辺の長さの比を示している。

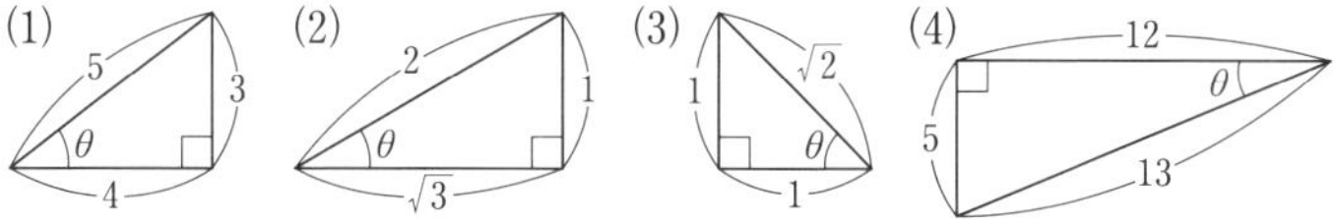

答 (1)　$\sin\theta=\dfrac{3}{5}$，$\cos\theta=\dfrac{4}{5}$，$\tan\theta=\dfrac{3}{4}$

(2)　$\sin\theta=\dfrac{1}{2}$，$\cos\theta=\dfrac{\sqrt{3}}{2}$，$\tan\theta=\dfrac{1}{\sqrt{3}}$　($\theta=30^\circ$)

(3)　$\sin\theta=\dfrac{1}{\sqrt{2}}$，$\cos\theta=\dfrac{1}{\sqrt{2}}$，$\tan\theta=1$　($\theta=45^\circ$)

(4)　$\sin\theta=\dfrac{5}{13}$，$\cos\theta=\dfrac{12}{13}$，$\tan\theta=\dfrac{5}{12}$

教科書 p.57 **練習 2**

右図の(1)～(2)で示された力について，互いに垂直な x 方向，y 方向に分解し，各方向の成分を求めよ。

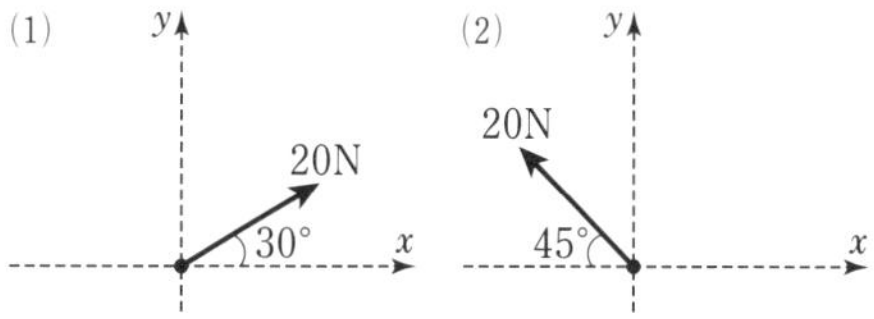

ポイント　**符号に気をつけて，三角比を用いて各成分を求める。**

解き方　それぞれの力の x 成分を F_x，y 成分を F_y とする。

(1)　$F_x=20\ \text{N}\times\cos 30^\circ=20\ \text{N}\times\dfrac{\sqrt{3}}{2}=20\ \text{N}\times\dfrac{1.73}{2}\fallingdotseq 17\ \text{N}$

$F_y=20\ \text{N}\times\sin 30^\circ=20\ \text{N}\times\dfrac{1}{2}=10\ \text{N}$

(2)　$F_x=-20\ \text{N}\times\cos 45^\circ=-20\ \text{N}\times\dfrac{\sqrt{2}}{2}=-20\ \text{N}\times\dfrac{1.41}{2}\fallingdotseq -14\ \text{N}$

$F_y=20\ \text{N}\times\sin 45^\circ=20\ \text{N}\times\dfrac{\sqrt{2}}{2}=20\ \text{N}\times\dfrac{1.41}{2}\fallingdotseq 14\ \text{N}$

答 (1)　x 成分…**17 N**，y 成分…**10 N**

(2)　x 成分…**−14 N**，y 成分…**14 N**

教科書 p.57 **練習 3**

右図の(1)〜(2)で示された力について，斜面に平行な方向（x 方向）と，斜面に垂直な方向（y 方向）に分解し，各方向の成分を求めよ。

(1)

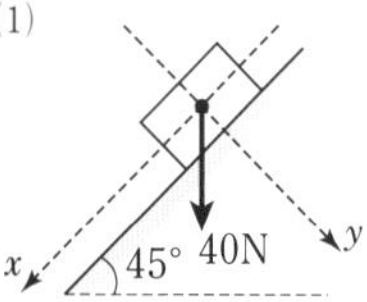

(2)

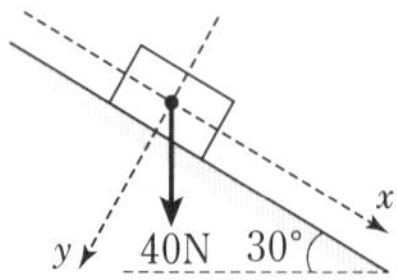

ポイント　**力の成分　$F_x=F\cos\theta$　$F_y=F\sin\theta$　θ；$\vec{F}$ と x 軸のなす角**

解き方　それぞれの力の x 成分を F_x，y 成分を F_y とする。

(1)　右図のように力を分解して，

$$F_x=40\ \mathrm{N}\times\sin 45°=40\ \mathrm{N}\times\frac{\sqrt{2}}{2}$$

$$\fallingdotseq 40\ \mathrm{N}\times\frac{1.41}{2}\fallingdotseq 28\ \mathrm{N}$$

$$F_y=40\ \mathrm{N}\times\cos 45°=40\ \mathrm{N}\times\frac{\sqrt{2}}{2}\fallingdotseq 28\ \mathrm{N}$$

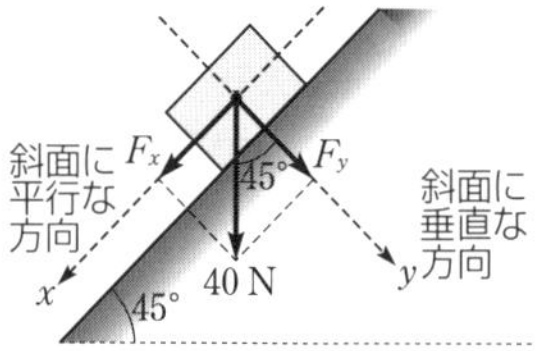

(2)　右図のように力を分解して，

$$F_x=40\ \mathrm{N}\times\sin 30°=40\ \mathrm{N}\times\frac{1}{2}=20\ \mathrm{N}$$

$$F_y=40\ \mathrm{N}\times\cos 30°=40\ \mathrm{N}\times\frac{\sqrt{3}}{2}$$

$$\fallingdotseq 40\ \mathrm{N}\times\frac{1.73}{2}\fallingdotseq 35\ \mathrm{N}$$

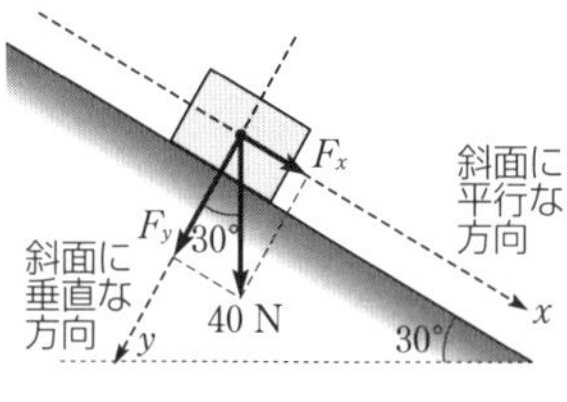

答 (1)　x 成分…**28 N**，y 成分…**28 N**　　(2)　x 成分…**20 N**，y 成分…**35 N**

教科書 p.58 **問 26**

重さ 5.0 N のおもりを糸につるして静止させた。おもりにはたらく糸の張力の大きさは何Nか。

ポイント　**おもりにはたらく重力と糸の張力がつりあっている。**

解き方　おもりにはたらく力は重力と糸の張力で，これらはつりあっている。糸の張力の大きさを T とすると，力のつりあいの式より，

$T-5.0\ \mathrm{N}=0$　　よって，$T=5.0\ \mathrm{N}$

答 **5.0 N**

教科書 p.59 類題 6

一端を壁に固定した長さ 0.50 m の糸Aに，重さ 12 N の物体をつるし，図のように，別の糸Bで引くと，物体は壁から水平に 0.30 m はなれて静止した。糸 A，B の張力の大きさは，それぞれ何Nか。

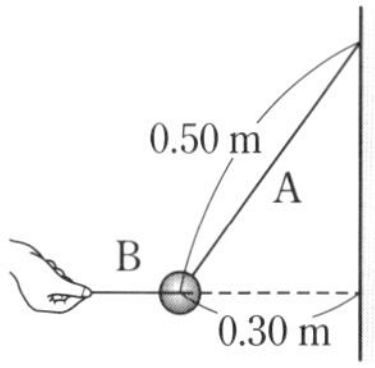

ポイント **鉛直方向と水平方向の力のつりあいを考える。**

解き方 物体にはたらく力は，重力と糸 A，B の張力である。糸Aの張力の大きさを T_A，糸Bの張力の大きさを T_B とする。右図に示した糸Aと水平方向のなす角を θ とすると，

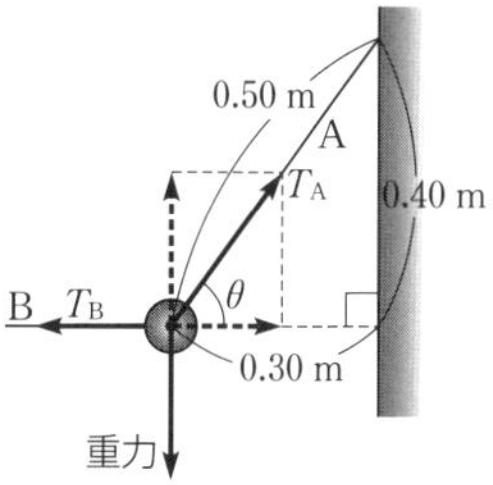

$$\sin\theta=\frac{\sqrt{0.50^2-0.30^2}}{0.50}=\frac{0.40}{0.50}$$

$$\cos\theta=\frac{0.30}{0.50}$$

鉛直方向の力のつりあいの式より，

$T_A\sin\theta-12\,\mathrm{N}=0$　　よって，$T_A=12\,\mathrm{N}\times\dfrac{0.50}{0.40}=15\,\mathrm{N}$

水平方向の力のつりあいの式より，

$T_A\cos\theta-T_B=0$　　よって，$T_B=15\,\mathrm{N}\times\dfrac{0.30}{0.50}=9.0\,\mathrm{N}$

答 A…**15 N**，B…**9.0 N**

教科書 p.60 問 27

ローラースケートを履いた人が壁を押すと，人は壁からはなれる向きに動く。人を動かした力は，何から何にはたらくか。

ポイント **人から壁にはたらく力の反作用で人は動く。**

解き方 人を動かした力は，人から壁にはたらく力の反作用であるから，壁から人にはたらく力である。

答 壁から人

教科書 p.61 **練習 1**

次の図では，物体の受ける力が1つだけ示されている。この力とつりあいの関係にある力，作用・反作用の関係にある力を図示し，それぞれ何が何から受ける力か答えよ。

ポイント **つりあう2つの力は，着目する1つの物体が受ける力。作用・反作用の2つの力は，異なる2つの物体がおよぼしあう力。**

解き方 つりあいの関係にある力を実線，作用・反作用の関係にある力を破線の矢印で表すと，次のようになる。

答

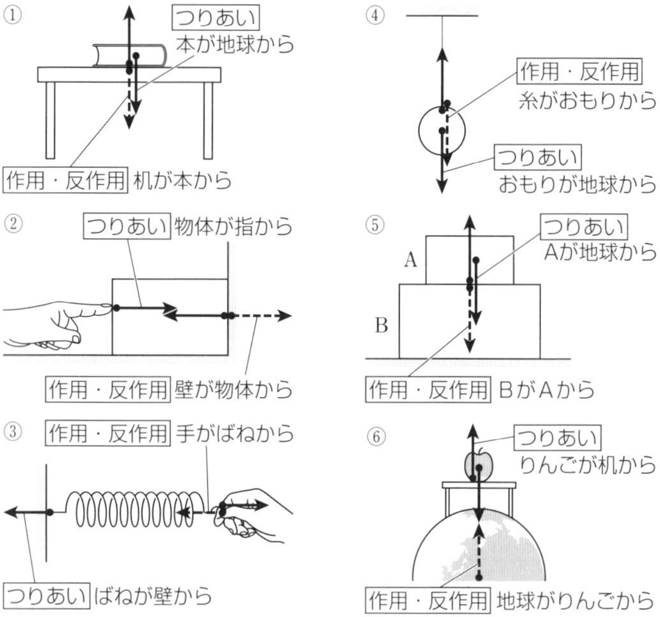

教科書 p.63 **練習 1**

①〜⑧の物体について，物体が受ける力をすべて図示せよ。何から受ける力かも，あわせて示せ。

ポイント **地球上のすべての物体は，鉛直下向きに重力を受ける。重力以外の力は，接触している他の物体から受ける。**

解き方　まず，重力を図示する。次に，物体が接しているものを確認し，その接しているものから受ける力を図示しよう。

答 ①投げ上げられた物体

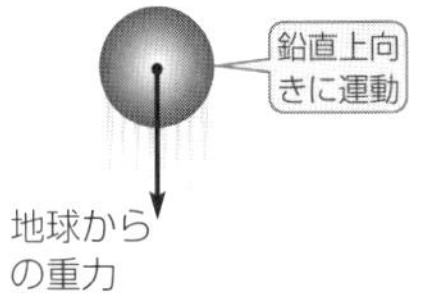

⑤粗い水平面上で静止する物体

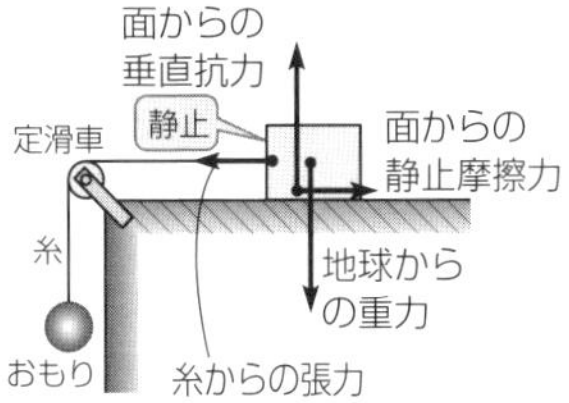

②水平面上で積み重ねられた物体A

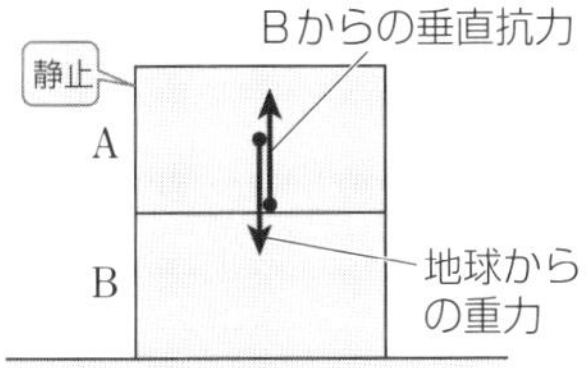

⑥粗い斜面上をすべり上がる物体

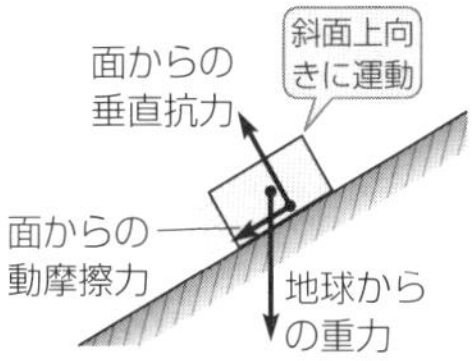

③水平面上で積み重ねられた物体B

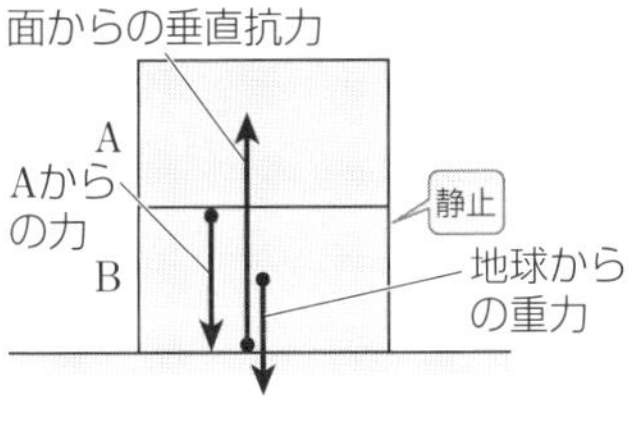

⑦なめらかな水平面上でばねにつながれた物体

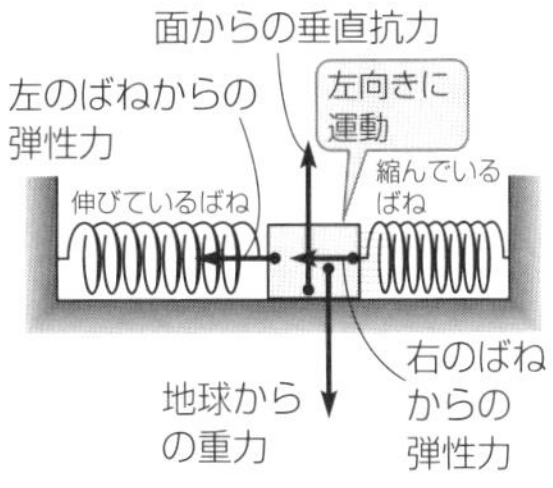

④ばねにつけられた水平面上の物体

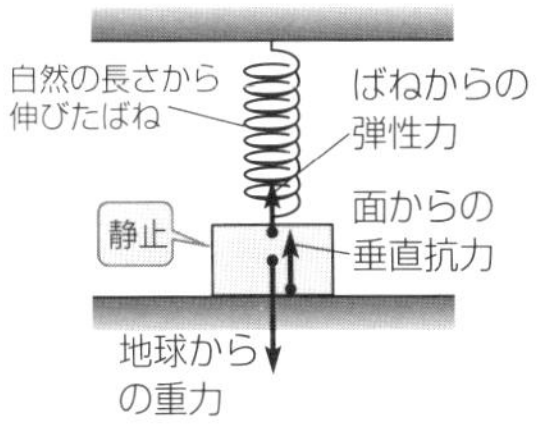

⑧定滑車を通してつるされ，板で支えられて静止する物体A

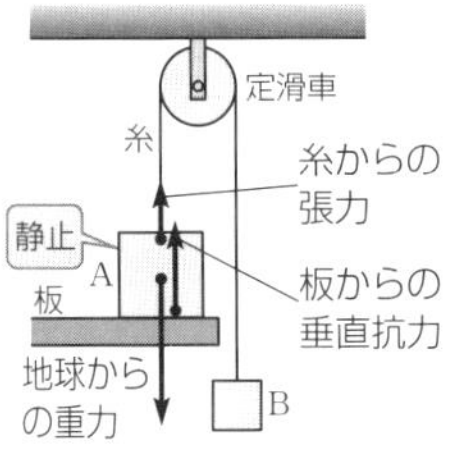

教科書 p.68 問 28

質量 8.0×10^2 kg の自動車に，2.0 m/s² の大きさの加速度を生じさせる力の大きさは何Nか。

ポイント **運動方程式 $ma=F$**

解き方 求める力の大きさを F とすると，運動方程式より，

$8.0\times10^2\ \mathrm{kg}\times2.0\ \mathrm{m/s^2}=F$ よって，$F=1.6\times10^3\ \mathrm{N}$

答 **1.6×10^3 N**

教科書 p.69 問 29

月面上の重力加速度の大きさは，地球上の約 $\frac{1}{6}$ になる。このことから，運動方程式を用いて，月面上における物体の重さが，地球上の約 $\frac{1}{6}$ になることを確かめよ。

ポイント **運動方程式 $ma=F$**

解き方 地球上での重力加速度の大きさを g とすると，月面上での重力加速度の大きさは約 $\frac{1}{6}g$ である。物体の質量を m とすると，運動方程式より，この物体の地球上での重さ(重力の大きさ)は mg，月面上での重さは約 $\frac{1}{6}mg$ である。よって，月面上における物体の重さは地球上の約 $\frac{1}{6}$ である。

答 解き方 参照

教科書 p.70 類題 7

なめらかな水平面上に置かれた質量 0.50 kg の物体に，水平右向きに 3.0 N，水平左向きに 5.0 N の力を加える。物体の加速度はどちら向きに何 m/s² か。

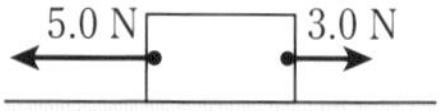

ポイント **運動方程式 $ma=F$**

解き方 左向きを正とし，物体の加速度を a とすると，運動方程式より，

$0.50\ \mathrm{kg}\times a=-3.0\ \mathrm{N}+5.0\ \mathrm{N}$ よって，$a=4.0\ \mathrm{m/s^2}$

答 左向きに **4.0 m/s²**

教科書 p.71 **類題 8**

質量 50 kg の人が，上昇するエレベーター内の体重計にのっている。エレベーターが，図のように速度 v〔m/s〕を変えるとき，人が体重計から受ける力の大きさは，0～3.0 秒，3.0～8.0 秒，8.0～12.0 秒の各区間で何Nか。ただし，重力加速度の大きさを 9.8 m/s^2 とする。

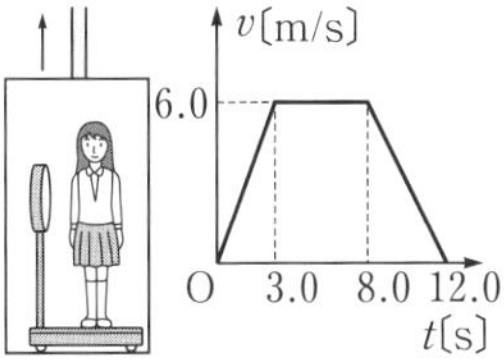

ポイント **v-t グラフの傾きは，加速度を表す。人は，重力と体重計からの垂直抗力を受けて運動する。**

解き方 与えられた v-t グラフの傾きは人の加速度 a を表すので，

$t=0～3.0$ s で，$a=\dfrac{6.0\ \text{m/s}-0\ \text{m/s}}{3.0\ \text{s}-0\ \text{s}}=2.0\ \text{m/s}^2$

$t=3.0～8.0$ s で，$a=0\ \text{m/s}^2$

$t=8.0～12.0$ s で，$a=\dfrac{0\ \text{m/s}-6.0\ \text{m/s}}{12.0\ \text{s}-8.0\ \text{s}}=-1.5\ \text{m/s}^2$

人にはたらく力は，鉛直下向きの重力と体重計からの鉛直上向きの垂直抗力(大きさを N とする)であるから，運動方程式より，

$t=0～3.0$ s で，$50\ \text{kg}\times2.0\ \text{m/s}^2=N-50\ \text{kg}\times9.8\ \text{m/s}^2$

よって，$N=5.9\times10^2$ N

$t=3.0～8.0$ s で，$50\ \text{kg}\times0\ \text{m/s}^2=N-50\ \text{kg}\times9.8\ \text{m/s}^2$

よって，$N=4.9\times10^2$ N

$t=8.0～12.0$ s で，$50\ \text{kg}\times(-1.5\ \text{m/s}^2)=N-50\ \text{kg}\times9.8\ \text{m/s}^2$

よって，$N\fallingdotseq4.2\times10^2$ N

答 0～3.0 秒…**5.9×10^2 N**　3.0～8.0 秒…**4.9×10^2 N**
8.0～12.0 秒…**4.2×10^2 N**

教科書 p.72 **類題 9**

水平となす角が30°のなめらかな斜面上において，物体に初速を与え，斜面に沿って上向きにすべらせた。すべっている間の物体の加速度は，どちら向きに何 $\mathrm{m/s^2}$ か。ただし，重力加速度の大きさを g〔$\mathrm{m/s^2}$〕とする。

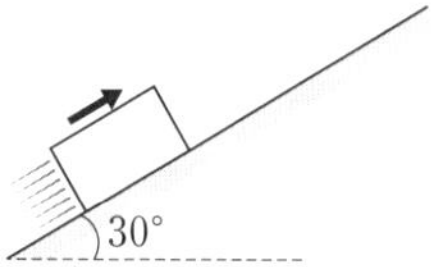

ポイント **重力を斜面に平行な成分，垂直な成分に分解する。**

解き方 物体にはたらく力は重力と斜面からの垂直抗力であり，斜面に垂直な方向の力はつりあっている。物体の質量を m，斜面に沿って上向きを正として物体の加速度を a とすると，運動方程式は，

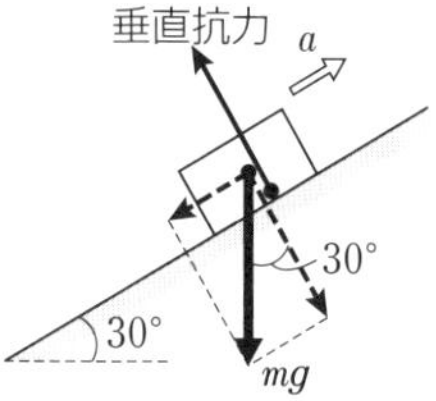

$$ma = -mg\sin 30°$$

よって，$a = -g\sin 30° = -\dfrac{g}{2}$〔$\mathrm{m/s^2}$〕

答 **斜面下向きに $\dfrac{g}{2}$〔$\mathrm{m/s^2}$〕**

教科書 p.73 **類題 10**

なめらかな水平面上に，質量3.0 kgの物体Aと，質量2.0 kgの物体Bが，互いに接するように置かれている。図のように，Aに大きさ F〔N〕の右向きの力を加えると，A，Bは $0.15\ \mathrm{m/s^2}$ の加速度で運動した。力の大きさ F〔N〕と，A，Bの間でおよぼしあう力の大きさ f〔N〕を求めよ。

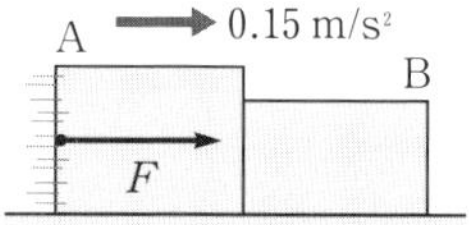

ポイント **物体A，Bのそれぞれで運動方程式を立てる。**

解き方 Aにはたらく水平方向の力は，外部から加えられた右向きの力(大きさ F)，Bがおよぼす左向きの力(大きさ f)である。また，Bにはたらく水平方向の力は，Aがおよぼす力(大きさ f)である。A，Bの運動方程式は，

A：$3.0\ \mathrm{kg} \times 0.15\ \mathrm{m/s^2} = F - f$ …①

B：$2.0\ \mathrm{kg} \times 0.15\ \mathrm{m/s^2} = f$ …②

式①，②より，$F = 0.75\ \mathrm{N}$，$f = 0.30\ \mathrm{N}$

答 F…**0.75 N**，f…**0.30 N**

教科書 p.74 類題 11

なめらかな水平面上に置いた質量 5.0 kg の物体Aに，軽い糸の一方の端をつけ，定滑車を通して，他端に質量 2.0 kg の物体Bをつるすと，A，Bは動き始めた。物体の加速度の大きさは何 m/s^2 か。また，糸の張力の大きさは何 N か。ただし，定滑車は軽くてなめらかに回転するものとし，重力加速度の大きさを 9.8 m/s^2 とする。

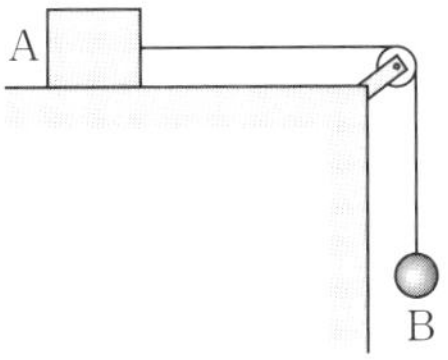

ポイント **糸の両端の張力の大きさは等しい。**

解き方 A，Bの加速度の大きさを a，糸の張力の大きさを T とする。A，Bの運動方程式は，

A：$5.0\,\mathrm{kg}\times a=T$ …①

B：$2.0\,\mathrm{kg}\times a=2.0\,\mathrm{kg}\times 9.8\,\mathrm{m/s^2}-T$ …②

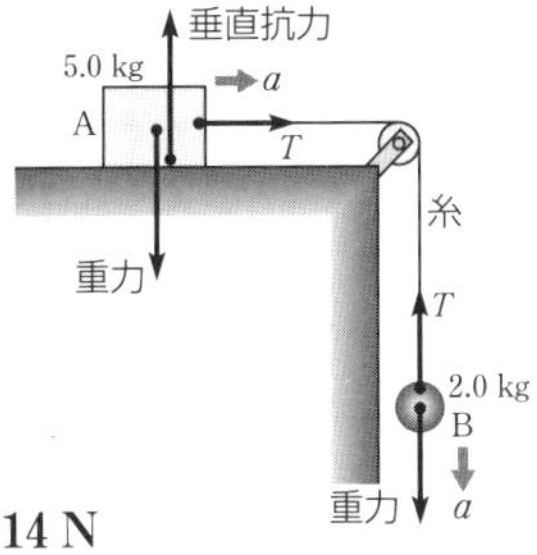

式①，②より，$a=2.8\,\mathrm{m/s^2}$，$T=14\,\mathrm{N}$

答 加速度の大きさ…**2.8 m/s^2**，糸の張力の大きさ…**14 N**

教科書 p.75 問 30

粗い水平面上に質量 1.0 kg の物体を置き，これに糸の一端をつけ，水平右向きに 2.0 N の力を加えた。物体と水平面との間の静止摩擦係数を 0.50 とし，重力加速度の大きさを 9.8 m/s^2 とする。

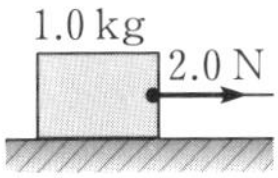

(1) このとき，物体にはたらく静止摩擦力の大きさは何Nか。

(2) 引く力を徐々に大きくすると，何Nをこえたときに物体がすべり始めるか。

ポイント **最大摩擦力の大きさ　$F_0=\mu N$**
すべり始める直前に摩擦力は最大摩擦力となる。

解き方 (1) 静止摩擦力の大きさを f とすると，水平方向の力のつりあいの式は，

$2.0\,\mathrm{N}-f=0$　　よって，$f=2.0\,\mathrm{N}$

(2) すべり始める直前に摩擦力は最大摩擦力となる。すべり始める直前に引く力の大きさを F とすると，水平方向の力のつりあいの式は，

$F-0.50\times 1.0\,\mathrm{kg}\times 9.8\,\mathrm{m/s^2}=0$　　よって，$F=4.9\,\mathrm{N}$

答 (1) **2.0 N**　(2) **4.9 N**

教科書 p.76 **類題 12**

水平となす角が30°の粗い斜面上に質量2.5 kgの物体を置き，斜面に沿って上向きに大きさT〔N〕の力で引く。上向きにすべり始める直前のとき，Tの大きさは何Nか。ただし，物体と斜面との間の静止摩擦係数を0.40，重力加速度の大きさを$9.8\ \mathrm{m/s^2}$とする。

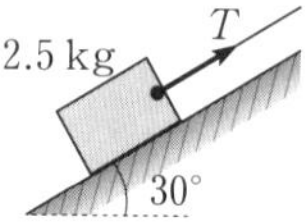

ポイント　**すべり始める直前に摩擦力は最大摩擦力となる。**

解き方　すべり始める直前に摩擦力は最大摩擦力となる。また，重力の斜面に垂直な方向の成分の大きさは$(2.5\times9.8\times\cos30°)$N，斜面に平行な方向の成分の大きさは$(2.5\times9.8\times\sin30°)$Nである。斜面に垂直な方向では力はつりあっているので，物体が斜面から受ける垂直抗力の大きさは重力の斜面に垂直な方向の成分の大きさと等しい。上向きにすべり始める直前での斜面に平行な方向の力のつりあいの式は，

$$T-(2.5\times9.8\times\sin30°)\ \mathrm{N}-(0.40\times2.5\times9.8\times\cos30°)\ \mathrm{N}=0$$

よって，$T=12.25\ \mathrm{N}+4.9\times\sqrt{3}\ \mathrm{N}\fallingdotseq12.25\ \mathrm{N}+4.9\times1.73\ \mathrm{N}\fallingdotseq21\ \mathrm{N}$

答 **21 N**

教科書 p.77 **問 31**

粗い水平面上で，質量0.10 kgの物体がすべっている。物体と面との間の動摩擦係数を0.50，重力加速度の大きさを$9.8\ \mathrm{m/s^2}$とする。

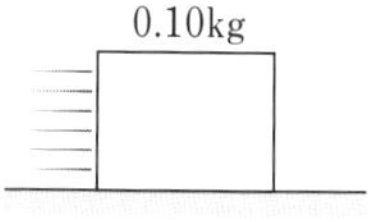

(1)　物体が面から受ける動摩擦力の大きさは何Nか。

(2)　物体の加速度を求めよ。

ポイント　**動摩擦力の大きさ　$F'=\mu'N$**

解き方 (1)　動摩擦力の大きさF'は，

$$F'=0.50\times0.10\ \mathrm{kg}\times9.8\ \mathrm{m/s^2}=0.49\ \mathrm{N}$$

(2)　運動の向きを正として加速度をaとすると，運動方程式より，

$$0.10\ \mathrm{kg}\times a=-0.49\ \mathrm{N}\qquad よって，a=-4.9\ \mathrm{m/s^2}$$

答 (1)　**0.49 N**　　(2)　**運動の向きと逆向きに$4.9\ \mathrm{m/s^2}$**

教科書 p.78 **類題 13**

水平となす角がθの粗い斜面上で，質量m〔kg〕の物体に初速v_0〔m/s〕を与え，斜面に沿って上向きにすべらせると，しばらくして停止した。この間の物体の加速度を求めよ。また，斜面上をすべった距離は何mか。ただし，物体と斜面との間の動摩擦係数をμ'，重力加速度の大きさをg〔m/s^2〕とする。

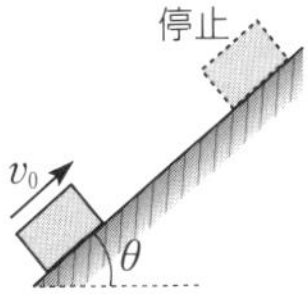

ポイント

斜面に垂直な方向　力のつりあい
斜面に平行な方向　運動方程式

解き方 重力の斜面に垂直な方向の成分の大きさは$mg\cos\theta$〔N〕，斜面に平行な方向の成分の大きさは$mg\sin\theta$〔N〕である。斜面に垂直な方向では力はつりあっているので，物体が斜面から受ける垂直抗力の大きさは重力の斜面に垂直な方向の成分の大きさと等しい。斜面に沿って上向きを正として加速度をaとすると，運動方程式は，

$$ma=-mg\sin\theta-\mu' mg\cos\theta$$

よって，$a=-g(\sin\theta+\mu'\cos\theta)$〔m/s^2〕

これは，斜面に沿って下向きに$g(\sin\theta+\mu'\cos\theta)$の加速度である。

すべった距離をLとすると，等加速度直線運動の式より，

$$0^2-{v_0}^2=2\{-g(\sin\theta+\mu'\cos\theta)\}L$$

よって，$L=\dfrac{{v_0}^2}{2g(\sin\theta+\mu'\cos\theta)}$〔m〕

答 加速度…**斜面下向きに $\boldsymbol{g(\sin\theta+\mu'\cos\theta)}$〔m/s^2〕**

距離…$\boldsymbol{\dfrac{{v_0}^2}{2g(\sin\theta+\mu'\cos\theta)}}$**〔m〕**

読解力UP↑

この問では，問題文で物体の質量mが与えられているが，答えにmを使うことはない。この問題の加速度や距離は物体の質量には関係しない。

教科書 p.79 **練習 1**

図のように，なめらかな水平面上に物体AとBを重ねて置く。AとBの間には摩擦があり，Aは糸で壁につながれている。Bに右向きに一定の大きさの力を加えても，AとBは静止したままであった。A，Bが受ける摩擦力を図に示し，静止摩擦力，動摩擦力のどちらであるか答えよ。

ポイント

摩擦のある面に対して動いていない場合，静止摩擦力がはたらく。
静止摩擦力はすべり出そうとするのを妨げる向きにはたらく。

解き方 物体Bは，右向きに力を加えても静止しているので，左向きに静止摩擦力がはたらく。水平面はなめらかなので摩擦力がはたらかず，物体Aとの接触面からはたらく。また，作用・反作用の関係より，AにはBとの接触面から右向きに静止摩擦力がはたらく。したがって，図のようになる。

答

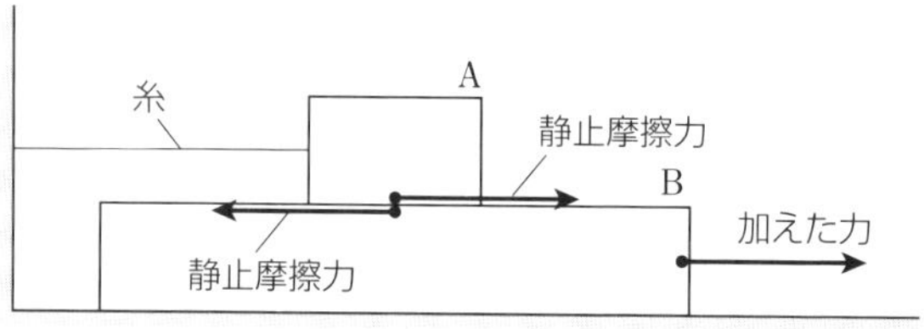

教科書 p.79 **練習 2**

練習１で，Bに加える力を大きくすると，Bだけが図の右向きにすべり出した。物体A，Bが受ける摩擦力を図に示し，静止摩擦力，動摩擦力のどちらであるか答えよ。

ポイント

摩擦のある面に対して動いている場合，動摩擦力がはたらく。
動摩擦力は運動を妨げる向きにはたらく。

解き方 物体Bは右向きにすべり出したので，左向きに動摩擦力がはたらく。水平面はなめらかなので摩擦力がはたらかず，物体Aとの接触面からはたらく。また，AはBとの接触面に対して動いており，作用・反作用の関係より，AにはBとの接触面から右向きに動摩擦力がはたらく。したがって，図のようになる。

答

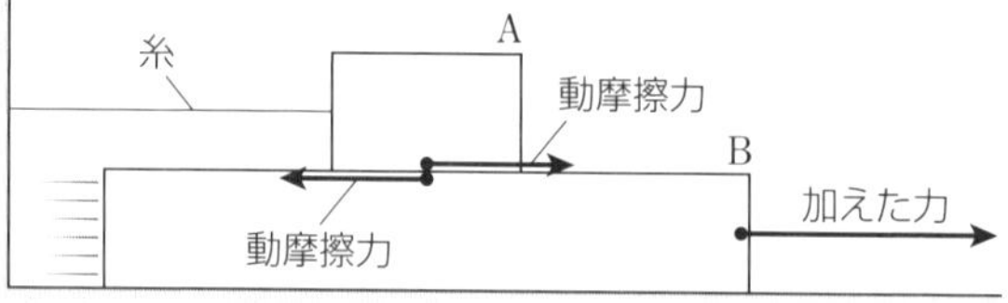

教科書 p.80 問 32

水平面上に重さ 5.0 N，底面積 0.10 m^2 の均質な直方体が置かれている。水平面のうち，直方体と接している部分が，直方体から受ける圧力は何 Pa か。

ポイント **圧力は，単位面積あたり面に垂直にはたらく力の大きさ**

解き方　求める圧力を p とすると，$p=\dfrac{5.0\ \text{N}}{0.10\ \text{m}^2}=50\ \text{Pa}$

答 **50 Pa**

教科書 p.81 問 33

水深 10 m の地点における圧力は何 Pa か。ただし，水面は大気と接しており，水面における大気圧を 1.0×10^5 Pa，水の密度を 1.0×10^3 kg/m^3，重力加速度の大きさを 9.8 m/s^2 とする。

ポイント **水圧　$p=p_0+\rho hg$**

解き方　求める水圧を p とすると，

$$p=1.0\times10^5\ \text{Pa}+1.0\times10^3\ \text{kg/m}^3\times10\ \text{m}\times9.8\ \text{m/s}^2$$
$$=1.98\times10^5\ \text{Pa}\fallingdotseq2.0\times10^5\ \text{Pa}$$

答 **2.0×10^5 Pa**

教科書 p.83 問 34

密度 7.0×10^2 kg/m^3，体積 2.0×10^{-3} m^3 の木片全体を水に沈める。水の密度を1.0×10^3 kg/m^3，重力加速度の大きさを 9.8 m/s^2 とすると，木片が受ける浮力の大きさは何Nか。

ポイント **浮力の大きさ　$F=\rho Vg$**

解き方　求める浮力の大きさを F とすると，

$$F=1.0\times10^3\ \text{kg/m}^3\times2.0\times10^{-3}\ \text{m}^3\times9.8\ \text{m/s}^2=19.6\ \text{N}\fallingdotseq20\ \text{N}$$

答 **20 N**

教科書 p.84 類題 14

体積 1.0×10^{-3} m³，密度 8.0×10^{3} kg/m³ の物体に糸をつけ，図のように，水中に沈めて静止させた。ただし，水の密度を 1.0×10^{3} kg/m³，重力加速度の大きさを 9.8 m/s² とする。

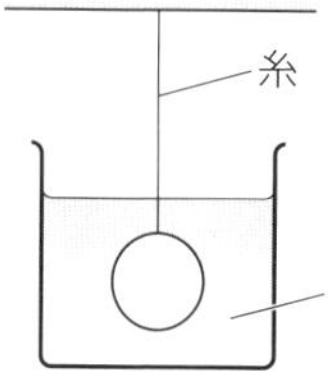

(1) 物体が受ける浮力の大きさは何Nか。

(2) 糸の張力の大きさは何Nか。

ポイント

浮力の大きさ　$F=\rho Vg$
重力の大きさ　$W=mg$

解き方 (1) 求める浮力の大きさをFとすると，

$$F=1.0\times10^{3}\,\mathrm{kg/m^3}\times1.0\times10^{-3}\,\mathrm{m^3}\times9.8\,\mathrm{m/s^2}=9.8\,\mathrm{N}$$

(2) 物体の重力の大きさ(重さ)をWとすると，

$$W=8.0\times10^{3}\,\mathrm{kg/m^3}\times1.0\times10^{-3}\,\mathrm{m^3}\times9.8\,\mathrm{m/s^2}=78.4\,\mathrm{N}$$

糸の張力の大きさをTとすると，鉛直方向の力のつりあいの式は，

$$F+T-W=0$$

よって，$T=W-F=78.4\,\mathrm{N}-9.8\,\mathrm{N}=68.6\,\mathrm{N}\fallingdotseq69\,\mathrm{N}$

答 (1) **9.8 N**　(2) **69 N**

教科書 p.84 **問 35**

「氷山の一角」という言葉がある。右の写真(略)は，海に浮かぶ氷山である。水面下に沈んでいる氷山の体積は，氷山全体の何％になるだろうか。海水の密度を $1.0\times10^3\ \mathrm{kg/m^3}$，氷の密度を $9.2\times10^2\ \mathrm{kg/m^3}$，重力加速度の大きさを $9.8\ \mathrm{m/s^2}$ として求めよ。

ポイント 氷山にはたらく浮力と重力のつりあいを考える。

解き方 氷山全体の体積を V，水面下に沈んでいる氷山の体積の割合を x〔%〕，氷山の重力の大きさ(重さ)を W，氷山にはたらく浮力の大きさを F とすると，

$$W=9.2\times10^2\ \mathrm{kg/m^3}\times V\times9.8\ \mathrm{m/s^2}$$

$$F=1.0\times10^3\ \mathrm{kg/m^3}\times\frac{x}{100}V\times9.8\ \mathrm{m/s^2}$$

鉛直方向の力がつりあっているので，$F=W$

したがって，

$$9.2\times10^2\ \mathrm{kg/m^3}\times V\times9.8\ \mathrm{m/s^2}=1.0\times10^3\ \mathrm{kg/m^3}\times\frac{x}{100}V\times9.8\ \mathrm{m/s^2}$$

よって，$x=92\ \%$

答 92 %

教科書 p.85 **問 36**

質量 2.0 kg の物体が，空気抵抗を受けて等速で落下している。空気抵抗の大きさは何Nか。ただし，重力加速度の大きさを $9.8\ \mathrm{m/s^2}$ とする。

ポイント 等速直線運動　→　力がつりあっている。

解き方 等速で鉛直に落下しているので，物体にはたらく空気抵抗と重力はつりあっている。空気抵抗の大きさを f とすると，

$$f-2.0\ \mathrm{kg}\times9.8\ \mathrm{m/s^2}=0\qquad よって，f\fallingdotseq20\ \mathrm{N}$$

答 20 N

節末問題のガイド

教科書 p.86〜87

❶ 弾性力と力のつりあい

関連：教科書 p.53

質量 1.0 kg の物体を水平な床に置き，自然の長さ 0.200 m，ばね定数 98 N/m の軽いばねをつけ，鉛直上向きに引いた。重力加速度の大きさを $9.8\ \mathrm{m/s^2}$ とする。

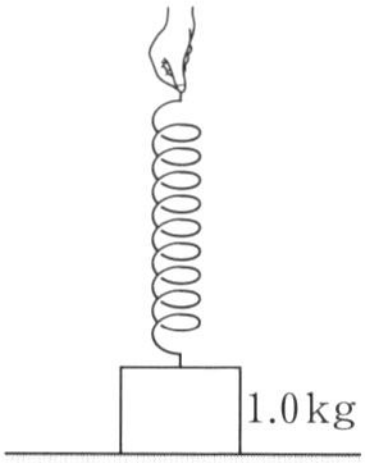

(1) ばねの長さが 0.250 m のとき，物体が床から受ける垂直抗力の大きさは何Nか。

(2) ばねをさらに引くとき，物体が床からはなれる直前のばねの長さは何 m か。

ポイント (1) **物体にはたらく力は，重力，ばねの弾性力，床から受ける垂直抗力である。**

(2) **物体が床からはなれる直前，床から受ける垂直抗力は 0 になる。**

解き方 (1) 物体にはたらく力は右図のようになる。物体の質量 $m=1.0\ \mathrm{kg}$，ばね定数 $k=98\ \mathrm{N/m}$，ばねの自然の長さからの伸びを x_1 とすると，

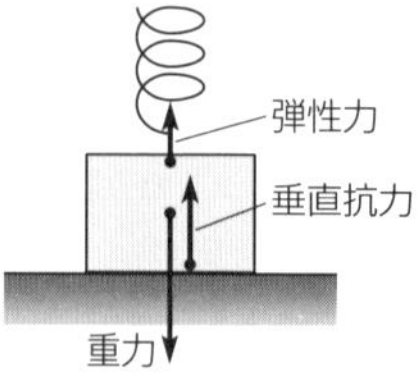

$$x_1=0.250\ \mathrm{m}-0.200\ \mathrm{m}=0.050\ \mathrm{m}$$

重力加速度の大きさ $g=9.8\ \mathrm{m/s^2}$ であるから，床から受ける垂直抗力の大きさをNとすると，物体にはたらく力のつりあいの式は，

$$kx_1+N-mg=0$$

よって，

$$N=mg-kx_1=1.0\ \mathrm{kg}\times9.8\ \mathrm{m/s^2}-98\ \mathrm{N/m}\times0.050\ \mathrm{m}=4.9\ \mathrm{N}$$

(2) ばねを引く力を大きくしていくと，物体が床からはなれる直前に，床から受ける垂直抗力は 0 N になり，物体にはたらく重力とばねの弾性力はつりあっている。このときのばねの自然の長さからの伸びを x_2 とすると，力のつりあいの式は，

$$kx_2-mg=0$$

よって，$x_2=\dfrac{mg}{k}=\dfrac{1.0\ \mathrm{kg}\times9.8\ \mathrm{m/s^2}}{98\ \mathrm{N/m}}=0.10\ \mathrm{m}$

求めるばねの長さは，$0.200\ \mathrm{m}+0.10\ \mathrm{m}=0.30\ \mathrm{m}$

答 (1) **4.9 N**　(2) **0.30 m**

❷ 3力のつりあい 関連：教科書 p.59 例題 6

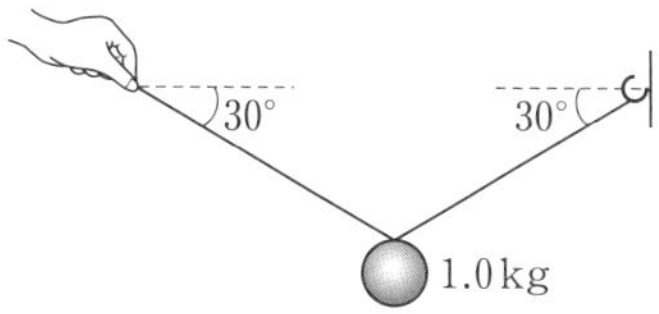

ひもの一端を壁のフックに固定し，他端を手でもち，フックと同じ高さに保つ。ひもの中間の位置に質量 1.0 kg のおもりをつけると，図のように，ひもが水平と 30° の角をなして静止した。重力加速度の大きさを 9.8 m/s² とする。

(1)　ひもの張力の大きさは何Nか。

(2)　引く力を変えると，ひもが水平と θ の角をなして静止した。ひもの張力の大きさは何Nか。

ポイント **おもりにはたらく重力と左右のひもの張力がつりあっている。**

解き方 (1)　おもりの質量を m，重力加速度の大きさを g，ひもの張力の大きさを T とすると，おもりにはたらく力は右図のようになる。右図より，おもりの左右のひもの張力の合力の大きさは，

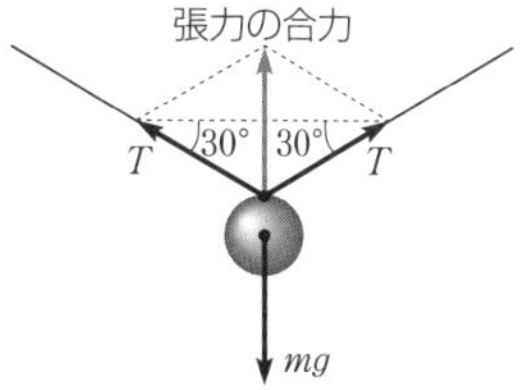

$$2\times T\sin 30^\circ = T$$

であるから，おもりにはたらく力のつりあいの式は，

$$T - mg = 0$$

よって，$T = mg = 1.0\,\mathrm{kg}\times 9.8\,\mathrm{m/s^2} = 9.8\,\mathrm{N}$

(2)　(1)と同様に，おもりの左右のひもの張力の大きさを T' とすると，おもりにはたらく力のつりあいの式は，

$$2\times T'\sin\theta - mg = 0$$

よって，$T' = \dfrac{mg}{2\sin\theta} = \dfrac{1.0\,\mathrm{kg}\times 9.8\,\mathrm{m/s^2}}{2\sin\theta} = \dfrac{4.9}{\sin\theta}$〔N〕

答 (1)　**9.8 N**　　(2)　$\boldsymbol{\dfrac{4.9}{\sin\theta}}$〔**N**〕

❸ ばねと作用・反作用

関連：教科書 p.60

質量の無視できる同じばねを2本用意し，次の(a)，(b)のように配置し，静止させた。

(a) ばねの一端を壁に固定し，定滑車を介して他端におもりをつるす(図1)。

(b) ばねの両端に，定滑車を介して(a)と同じ質量のおもりをそれぞれつるす(図2)。

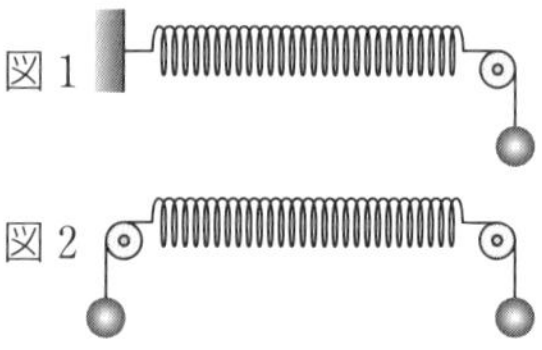

ばねの自然の長さからの伸びは，(a)と(b)で何か違いがあるだろうか。簡潔に説明せよ。

ポイント **軽いばねの両端が引く力は大きさが等しい。図1，2のばねの一方が引く力の大きさが等しいので，他方が引く力も大きさが等しい。**

解き方 図1，2において，滑車を介してばねの右端につるされたおもりがばねの右端を引く力は等しい。

また，ばねが両端を引く力は常に大きさが等しく，作用・反作用の法則よりばねの両端が引かれる力も大きさが等しい。

したがって，図1，2はばねの両端が同じ大きさの力で引かれているので，ばねの自然の長さからの伸びも等しい。

答 **(a)と(b)のばねの伸びは同じ。**理由…**解き方**参照

❹ エレベーターの加速度

関連：教科書 p.70，71

エレベーターの水平な床に台ばかりを置き，質量0.500 kgの物体をのせた。グラフは，静止していたエレベーターが運動を始めてから20.0秒間の，台ばかりが示す値を表している。エレベーターの運動について，次の各問に答えよ。ただし，

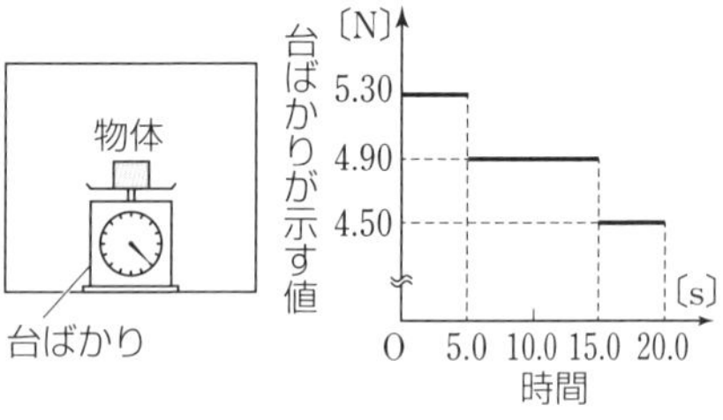

鉛直上向きを正とし，重力加速度の大きさを9.80 m/s^{2}とする。

(1) エレベーターの加速度と経過時間との関係をグラフで表せ。

(2) エレベーターの速度と経過時間との関係をグラフで表せ。

(3) 0〜20.0秒の間に，エレベーターは何m上昇したか。

ポイント **物体の運動方程式を立てて加速度を求める。このとき，台ばかりから物体にはたらく垂直抗力の大きさが台ばかりの示す値に等しい。**

解き方 (1)　エレベーターの加速度をa，台ばかりから物体にはたらく垂直抗力の大きさをNとすると，物体はエレベーターと同じ加速度で運動するので，物体の運動方程式は，

$$0.500\ \mathrm{kg}\times a = N - 0.500\ \mathrm{kg}\times 9.8\ \mathrm{m/s^2}$$

作用・反作用の法則より，Nは台ばかりが示す値に等しいので，

$$0\sim5.0\ 秒：a=\frac{5.30\ \mathrm{N}-0.500\ \mathrm{kg}\times 9.80\ \mathrm{m/s^2}}{0.500\ \mathrm{kg}}=0.80\ \mathrm{m/s^2}$$

$$5.0\sim15.0\ 秒：a=\frac{4.90\ \mathrm{N}-0.500\ \mathrm{kg}\times 9.80\ \mathrm{m/s^2}}{0.500\ \mathrm{kg}}=0\ \mathrm{m/s^2}$$

$$15.0\sim20.0\ 秒：a=\frac{4.50\ \mathrm{N}-0.500\ \mathrm{kg}\times 9.80\ \mathrm{m/s^2}}{0.500\ \mathrm{kg}}=-0.80\ \mathrm{m/s^2}$$

よって，グラフは下図のようになる。

(2)　時間tでの速度vは，(1)の結果を用いて，

$0\sim5.0$ 秒：$v=0.80\ \mathrm{m/s^2}\times t$

$5.0\sim15.0$ 秒：5.0 秒のとき $v=4.0\ \mathrm{m/s}$ で $a=0\ \mathrm{m/s^2}$ より，

$v=4.0\ \mathrm{m/s}$

$15.0\sim20.0$ 秒：$v=4.0\ \mathrm{m/s}-0.80\ \mathrm{m/s^2}\times(t-15.0\ \mathrm{s})$

よって，グラフは下図のようになる。

(1)
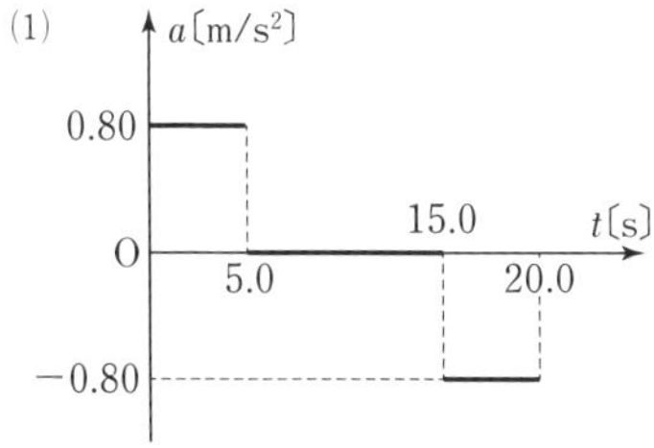

(2)
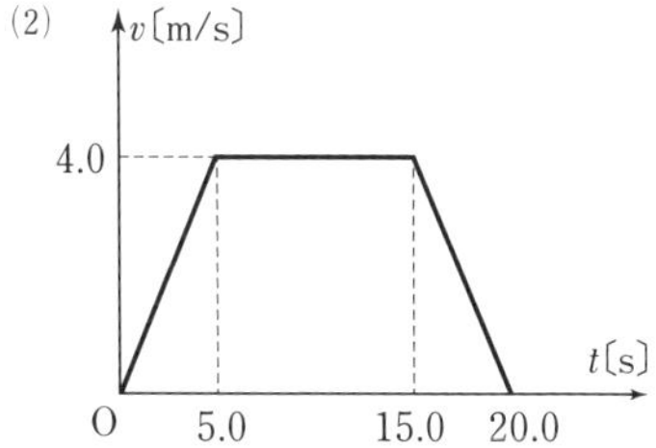

(3)　移動距離はv-tグラフとt軸で囲まれた面積に等しいので，

$$\frac{1}{2}\times 4.0\ \mathrm{m/s}\times(20.0\ \mathrm{s}+10.0\ \mathrm{s})=60\ \mathrm{m}$$

答 (1)，(2)　**解き方** 参照　　(3)　**60 m**

❺ 粗い水平面上の物体

関連：教科書 p.75

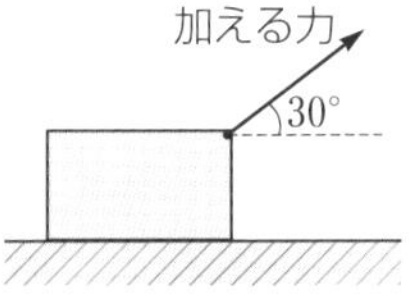

粗い水平面上に置かれた質量 m〔kg〕の物体に，図のように，水平方向から 30° 上向きに大きさ F〔N〕の力を加えたところ，物体は静止したままだった。重力加速度の大きさを g〔m/s^2〕，物体と面との間の静止摩擦係数を μ とする。

(1) 物体が水平面から受ける静止摩擦力の大きさは何Nか。

(2) 物体が水平面から受ける垂直抗力の大きさは何Nか。

(3) F〔N〕の力を徐々に大きくすると，ある値 F_0〔N〕を超えたときに，物体は水平面上をすべり出した。F_0 を，μ，m，g を用いて表せ。また，導く過程も示せ。

ポイント **加える力を水平方向と鉛直方向に分解して考える。**
物体が動き出す直前にはたらく摩擦力は最大摩擦力である。

解き方 (1) 静止摩擦力の大きさを f とすると，物体にはたらく水平方向の力のつりあいの式は，

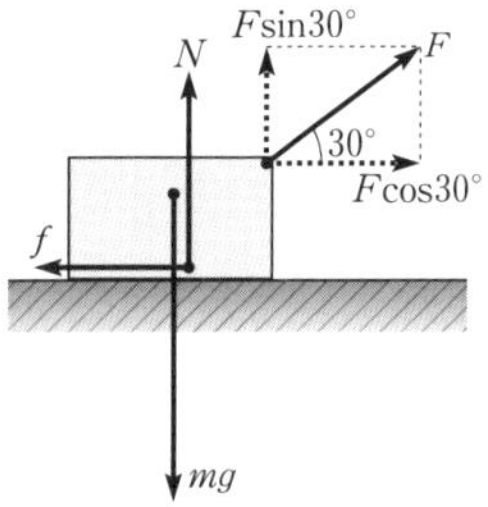

$$F\cos 30° - f = 0$$

よって，$f = F\cos 30° = \dfrac{\sqrt{3}}{2}F$〔N〕

(2) 垂直抗力の大きさを N とすると，物体にはたらく鉛直方向の力のつりあいの式は，

$$F\sin 30° + N - mg = 0$$

よって，$N = mg - F\sin 30° = mg - \dfrac{1}{2}F$〔N〕

(3) $F = F_0$ のとき，

$$f = \frac{\sqrt{3}}{2}F_0,\quad N = mg - \frac{1}{2}F_0$$

このとき，f は最大摩擦力の大きさなので $f = \mu N$ より，

$$\frac{\sqrt{3}}{2}F_0 = \mu\left(mg - \frac{1}{2}F_0\right)$$

整理して，$\dfrac{\sqrt{3}+\mu}{2}F_0 = \mu mg$

よって，$F_0 = \dfrac{2\mu mg}{\sqrt{3}+\mu}$〔N〕

答　(1)　$\dfrac{\sqrt{3}}{2}F$〔N〕　　(2)　$mg-\dfrac{1}{2}F$〔N〕

(3)　F_0…$\dfrac{2\mu mg}{\sqrt{3}+\mu}$〔N〕，導く過程…**解き方** 参照

❻ 連結された２物体の運動

関連：**p.74** 例題 **11**，教科書 **p.78** 例題 **13**

水平となす角が $\theta\left(\sin\theta=\dfrac{3}{5}\right)$ の粗い斜面上に，質量 m の物体Aを置き，これに軽い糸の一端をつける。軽くてなめらかに回転する定滑車に糸を通し，図のように，もう一方の端を同じ質量 m の物体Bにつなぐ。Bを支えていた手をはなすと，Bは下降し，Aは斜面に沿って上向きにすべり始めた。このとき，物体A，Bに生じる加速度の大きさを求めよ。ただし，物体Aと斜面との間の動摩擦係数を μ'，重力加速度の大きさを g とする。

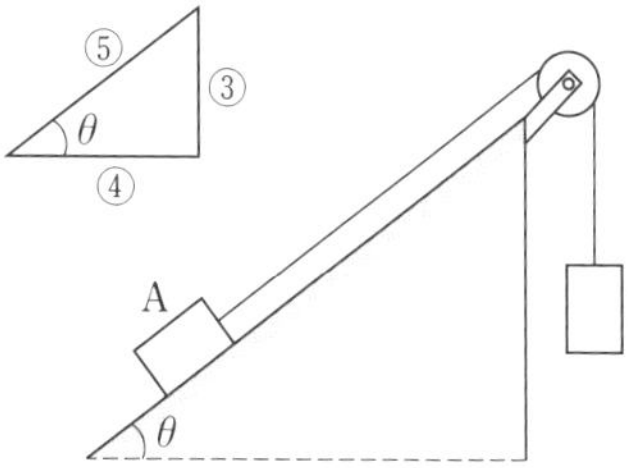

ポイント　**Aにはたらく重力を斜面に平行，垂直な方向に分解し，Aの斜面に垂直な方向の力のつりあいの式，斜面に平行な方向の運動方程式を立てる。また，Bの運動方程式を立てる。**

解き方　A，Bの加速度の大きさを a，糸の張力の大きさを T とする。A，Bにはたらく力は右図のようになる。

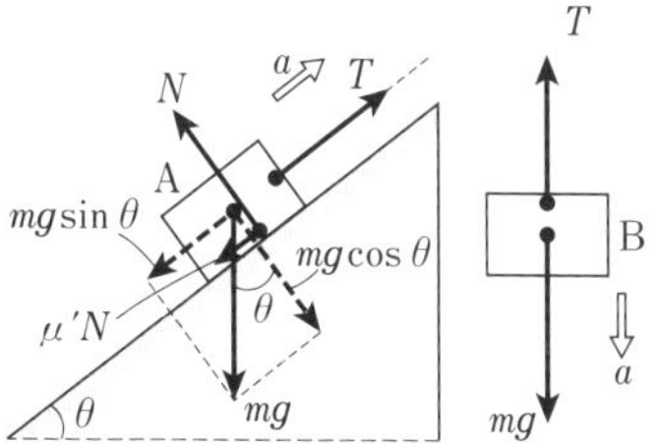

Aが斜面から受ける垂直抗力の大きさを N とすると，斜面に垂直な方向の力のつりあいの式は，

$N-mg\cos\theta=0$　　よって，$N=mg\cos\theta$

Aが斜面から受ける動摩擦力の大きさは，$\mu' N=\mu' mg\cos\theta$ である。

したがって，Aの斜面に平行な方向の運動方程式は，

$ma=T-mg\sin\theta-\mu' mg\cos\theta$　…①

また，Bの運動方程式は，$ma=mg-T$　…②

式①＋式②より，$2ma=mg-mg\sin\theta-\mu' mg\cos\theta$

$\cos\theta=\sqrt{1-\sin^2\theta}=\sqrt{1-\left(\frac{3}{5}\right)^2}=\frac{4}{5}$ より，

$$a=\frac{g}{2}(1-\sin\theta-\mu'\cos\theta)=\frac{g}{2}\left(1-\frac{3}{5}-\mu'\frac{4}{5}\right)=\frac{1-2\mu'}{5}g$$

答 $\frac{1-2\mu'}{5}g$

❼ 浮力と作用・反作用

関連：教科書 p.84 類題 14

質量 8.0×10^{-2} kg の容器に 0.50 kg の水を入れ，台ばかりの上にのせた。体積 2.0×10^{-5} m^3，質量 0.16 kg の金属球に糸をつけ，容器の底につかないように水中で静止させた。水の密度を 1.0×10^3 kg/m^3 とし，重力加速度の大きさを 9.8 m/s^2 とする。

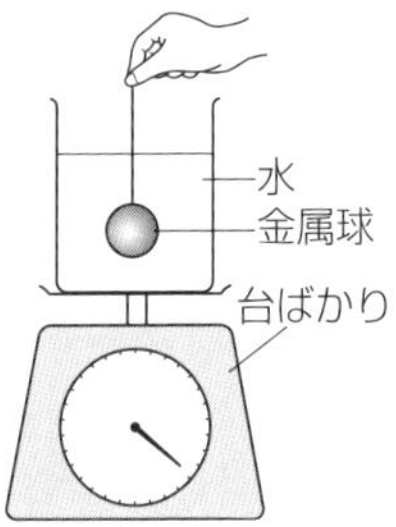

(1) 金属球が受ける浮力の大きさは何Nか。

(2) 糸の張力の大きさは何Nか。

(3) 台ばかりが容器から受ける力の大きさは何Nか。

ポイント **作用と反作用は逆向きで，大きさは等しい。**

解き方 (1) 金属球の体積を V，水の密度を ρ，重力加速度の大きさを g とすると，金属球が受ける浮力の大きさ ρVg は，

$$\rho Vg=1.0\times10^3\ \text{kg/m}^3\times2.0\times10^{-5}\ \text{m}^3\times9.8\ \text{m/s}^2$$
$$=0.196\ \text{N}\fallingdotseq0.20\ \text{N}$$

(2) 糸の張力の大きさを T，金属球の質量を m とする。金属球にはたらく重力，水からの浮力，糸の張力がつりあっているので，

$$T+\rho Vg-mg=0$$

よって，

$$T=mg-\rho Vg=0.16\ \text{kg}\times9.8\ \text{m/s}^2-0.196\ \text{N}=1.372\ \text{N}\fallingdotseq1.4\ \text{N}$$

(3) 作用・反作用の法則より，台ばかりが容器から受ける垂直抗力の大きさ N は，容器が台ばかりから受ける垂直抗力の大きさと等しい。容器と水を一体の物体と考えると，この物体にはたらく力は，重力，金属球からの大きさ ρVg の力（浮力の反作用で鉛直下向き），台ばかりからの垂直抗力である。これらがつりあっているので，

$$N-(8.0\times10^{-2}\ \text{kg}+0.50\ \text{kg})g-\rho Vg=0$$

よって，

$$N=(8.0\times10^{-2}\,\mathrm{kg}+0.50\,\mathrm{kg})\times9.8\,\mathrm{m/s^2}+0.196\,\mathrm{N}$$
$$=5.88\,\mathrm{N}\fallingdotseq5.9\,\mathrm{N}$$

答 (1) **0.20 N**　(2) **1.4 N**　(3) **5.9 N**

❽ 板の上を動く物体

関連：教科書 p.79

図のように，なめらかな水平面上に，質量 $4m$ の長い板Bが静止している。Bの左端に質量 m の小物体Aをのせ，Aに右向きの初速度 v_0 を与えた。AとBとの間には摩擦があり，このとき，AはBの上をすべり，Bは面上をすべり始めた。AとBとの間の動摩擦係数を μ'，重力加速度の大きさを g とする。また，右向きを正とし，AはBの上から落ちないものとする。AがBの上をすべり始めてから，すべらなくなるまでの時間を求めよ。

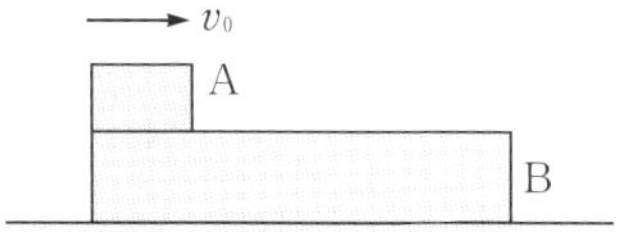

ポイント **A，Bがおよぼしあう力は，大きさが等しく，逆向き。**
AとBの速度が等しくなったとき，AはBに対して静止する。

解き方 AはBに対して右向きにすべるので，Aにはたらく動摩擦力は左向き，Bにはたらく動摩擦力は右向きである。また，A，Bがおよぼしあう垂直抗力の大きさ $N=mg$ であるから，A，Bがおよぼしあう動摩擦力の大きさは $\mu' mg$ である。A，Bの加速度の大きさを a，b とすると，A，Bの運動方程式は，右図より，

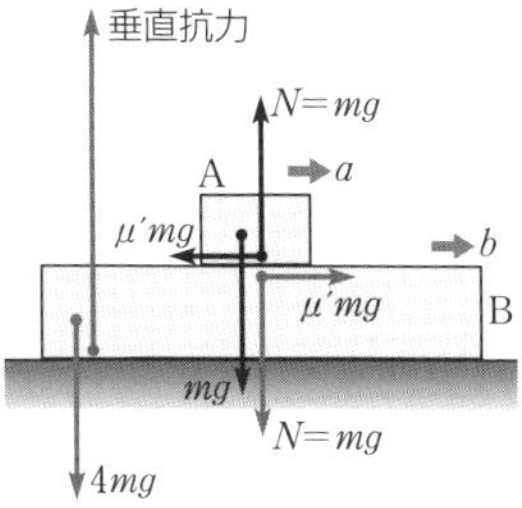

A：$ma=-\mu' mg$　　よって，$a=-\mu' g$

B：$4mb=\mu' mg$　　よって，$b=\dfrac{\mu' g}{4}$

A，Bが同じ速度になったとき，AはBに対して静止する。AがBに対して静止するまでの時間を t とすると，等加速度直線運動の式より，

$$v_0+(-\mu' g)t=\frac{\mu' g}{4}t\qquad よって，\ t=\frac{4v_0}{5\mu' g}$$

答 $\boldsymbol{\dfrac{4v_0}{5\mu' g}}$

第3節 仕事と力学的エネルギー

教科書の整理

① 仕事と仕事率

教科書 p.88~93

A 仕事

①**仕事** 物体に一定の大きさF〔N〕の力を加え，力の向きに物体を移動させたとき，力が仕事をしたという。仕事の単位にはJ(ジュール)を用いる。1 J=1 N·m である。力の向きに距離 x〔m〕だけ移動させたとき，力が物体にした仕事 W〔J〕は，

■ 重要公式 1-1

$$W=Fx$$

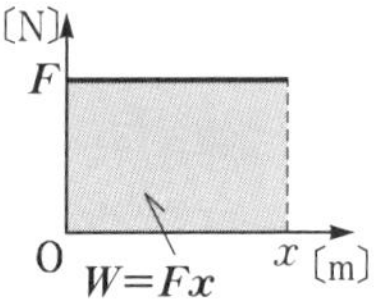

仕事は「力 F -距離 x」のグラフと x 軸で囲まれた面積で表される。

B 力の向きと移動の向きが異なる場合

①**力の向きと移動の向きが異なる場合** 力の向きと物体の移動の向きがなす角をθとすると，仕事Wは，

■ 重要公式 1-2

$$W=Fx\cos\theta$$

仕事の一般式

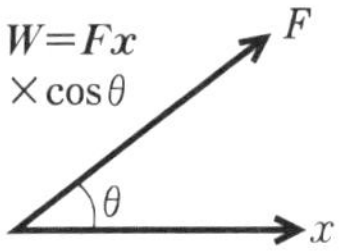

②**仕事が正・0・負の場合** $0^\circ \leqq \theta < 90^\circ$ $(\cos\theta > 0)$では $W>0$，$\theta=90^\circ$ $(\cos\theta=0)$では $W=0$，$90^\circ<\theta\leqq 180^\circ$ $(\cos\theta<0)$では $W<0$ である。垂直抗力などのように $\theta=90^\circ$ の力は仕事をしない。

ここに注意

物理では，物体に力を加えても力の方向に物体が移動しなければ仕事をしたことにはならない。

③**複数の力がはたらく場合** 複数の力がする仕事の和は，力の合力がする仕事に等しい。

もっと詳しく

動滑車を用いて物体を持ち上げるとき，引く力の大きさは半分になるが，引く距離が2倍になる。

C 仕事の原理

①**仕事の原理** 一般に，道具を用いて仕事をするとき，道具の質量や摩擦が無視できるならば，仕事の量は道具を用いないときと変わらない。これを仕事の原理という。

D 仕事率

①**仕事率**　単位時間あたりにする仕事。時間 t〔s〕の間に仕事 W〔J〕をするとき，仕事率 P〔W〕は，

■ 重要公式 1-3

$$P=\frac{W}{t}$$

②**速さと仕事率**　一定の速さ v〔m/s〕で移動する物体に一定の大きさ F〔N〕の力が移動する向きにはたらいているとき，この力がする仕事の仕事率 P〔W〕は，

■ 重要公式 1-4

$$P=Fv$$

② 運動エネルギー

教科書 p.94〜96

A エネルギー

①**エネルギー**　物体が他の物体に仕事をする能力をもつとき，その物体はエネルギーをもつという。エネルギーの単位には，仕事と同じジュール(J)を用いる。

B 運動エネルギー

①**運動エネルギー**　運動している物体がもつエネルギー。質量 m〔kg〕の物体が速さ v〔m/s〕で運動しているとき，物体の運動エネルギー K〔J〕は，

■ 重要公式 2-1

$$K=\frac{1}{2}mv^2$$

C 運動エネルギーの変化と仕事

①**運動エネルギーの変化と仕事**　物体の運動エネルギーの変化は，その間に物体がされた仕事に等しい。速さ v_0〔m/s〕で運動している質量 m〔kg〕の物体が，運動の方向に力を受け，W〔J〕の仕事をされてその速さが v〔m/s〕になったとき，

■ 重要公式 2-2

$$\frac{1}{2}mv^2-\frac{1}{2}m{v_0}^2=W$$

⚠ここに注意

ある量の変化は，(変化後の量)から(変化前の量)を引いて求められ，負の値をとる場合もある。

③ 位置エネルギー

教科書 p.97~101

A 重力による位置エネルギー

①**重力による位置エネルギー** 高い位置にある物体がもつエネルギー。基準となる水平面(基準面)から高さ h〔m〕にある質量 m〔kg〕の物体がもつ重力による位置エネルギー U〔J〕は,

■ **重要公式 3-1**

$U=mgh$ g〔m/s^2〕: 重力加速度の大きさ

②**重力による位置エネルギーの基準** 重力による位置エネルギーUの基準面は,任意に決めることができる。Uは物体が基準面より上にあるときには正に,下にあるときには負になる。

B 弾性力による位置エネルギー

①**弾性力による位置エネルギー** 伸び縮みしたばねにつながれた物体がもつエネルギー。弾性力による位置エネルギーは物体がもつエネルギーであるが,変形したばねがエネルギーをもつと考えて,弾性エネルギーともよばれる。ばね定数 k〔N/m〕のばねが自然の長さから x〔m〕だけ伸びたり縮んだりしているとき,ばねにつながれた物体のもつ弾性力による位置エネルギー(弾性エネルギー)U〔J〕は,

■ **重要公式 3-2**

$$U=\frac{1}{2}kx^2$$

C 保存力と位置エネルギー

①**保存力** 力がする仕事が経路によらず,はじめと終わりの2点だけで決まる力のこと。重力と弾性力は保存力である。摩擦力や空気抵抗,垂直抗力,張力は保存力ではない。

②**保存力がする仕事** 一般に,物体が点Aから点Bまで移動するときに保存力がする仕事 W〔J〕は,経路によらず点A(位置エネルギー U_A〔J〕)と点B(位置エネルギー U_B〔J〕)の位置だけで決まる。

■ **重要公式 3-3**

$W=U_A-U_B$

もっと詳しく

Uは,重力に逆らって物体をもち上げる仕事に相当するエネルギーがたくわえられたものと考えられる。

ここに注意

Uは,弾性力に逆らって伸ばす(縮める)仕事に相当するエネルギーがたくわえられたものと考えられる。

もっと詳しく

重力や弾性力による位置エネルギーのように,位置だけで定まるエネルギーを,位置エネルギーという。

④ 力学的エネルギー

教科書 p.102～111

A 力学的エネルギー保存の法則

①**力学的エネルギー**　運動エネルギーと位置エネルギーの和。

②**落下運動と力学的エネルギー**　質量 m〔kg〕の物体が点A（速さ v_A〔m/s〕，基準面からの高さ h_A〔m〕）から点B（速さ v_B〔m/s〕，基準面からの高さ h_B〔m〕）まで落下するとき，力学的エネルギーは保存される。

■ **重要公式 4-1**

$$\frac{1}{2}mv_A{}^2+mgh_A=\frac{1}{2}mv_B{}^2+mgh_B$$

③**ばねの振動と力学的エネルギー**　なめらかな水平面上で，ばね定数 k〔N/m〕のばねにつながれた質量 m〔kg〕の物体が点A（速さ v_A〔m/s〕，伸び x_A〔m〕）から点B（速さ v_B〔m/s〕，伸び x_B〔m〕）に移動するとき，力学的エネルギーは保存される。

■ **重要公式 4-2**

$$\frac{1}{2}mv_A{}^2+\frac{1}{2}kx_A{}^2=\frac{1}{2}mv_B{}^2+\frac{1}{2}kx_B{}^2$$

④**力学的エネルギー保存の法則**　一般に，物体が保存力だけから仕事をされるときには，物体の運動エネルギー K〔J〕と位置エネルギー U〔J〕の和は一定に保たれる。

■ **重要公式 4-3**

$E=K+U=$一定　E〔J〕：力学的エネルギー

B 保存力以外の力がする仕事と力学的エネルギー

①**保存力以外の力がする仕事と力学的エネルギーの変化**　物体が保存力以外の力から仕事 W〔J〕をされると，その仕事の分だけ物体の力学的エネルギーは変化する。

■ **重要公式 4-4**

$E_2-E_1=W$　E_1〔J〕, E_2〔J〕：変化前, 変化後の力学的エネルギー

もっと詳しく

右図で，$\left(\frac{1}{2}mv_2{}^2+mgh_2\right)-\left(\frac{1}{2}mv_1{}^2+mgh_1\right)=-Fl$

テストに出る

落下以外でも，物体が重力だけから仕事をされて運動する場合には，力学的エネルギーは保存される。

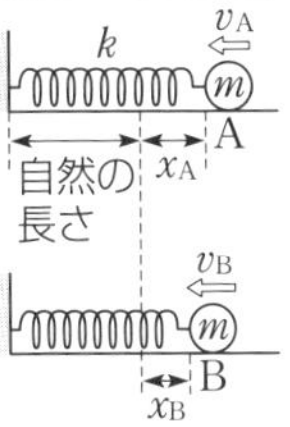

もっと詳しく

保存力以外の力がした仕事によって失われた力学的エネルギーは，熱などに変換される。

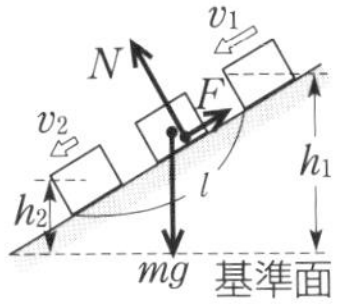

垂直抗力（大きさ N）は仕事をしない。

実験・探究のガイド

教科書 p.91 TRY 仕事の正負を考えよう

ガイド (1) 鉛直上向きに力を加えて垂直な水平方向に移動し，力の向きと移動の向きのなす角が 90° なので，仕事は 0 になる。

(2) 鉛直上向きに力を加えて鉛直下向きに移動し，力の向きと移動の向きが逆なので，仕事は負になる。

(3) 最高点に達するまでは，鉛直下向きに重力が加わって鉛直上向きに移動しているので，仕事は負になる。最高点に達した後は，鉛直下向きに重力が加わって鉛直下向きに移動しているので，仕事は正である。

教科書 p.93 ぽけっとラボ 8. 仕事率の測定

ガイド 校舎の階段を上がる時間 t〔s〕を測定する。校舎の階段の高さを h〔m〕，荷物の質量を m〔kg〕，重力加速度の大きさを g〔m/s^2〕とすると，荷物をもつ力がした仕事 W〔J〕，仕事率 P〔W〕は，$W=mgh$，$P=\dfrac{mgh}{t}$ で求められる。

教科書 p.95 TRY 運動エネルギーを比較しよう

ガイド $1\,\mathrm{g}=10^{-3}\,\mathrm{kg}$，$1\,\mathrm{km/h}=\dfrac{1}{3.6}\,\mathrm{m/s}$ より，

野球ボールのもつ運動エネルギー：$\dfrac{1}{2}\times150\times10^{-3}\,\mathrm{kg}\times\left(\dfrac{160}{3.6}\,\mathrm{m/s}\right)^2\fallingdotseq148\,\mathrm{J}$

テニスボールのもつ運動エネルギー：$\dfrac{1}{2}\times60\times10^{-3}\,\mathrm{kg}\times\left(\dfrac{250}{3.6}\,\mathrm{m/s}\right)^2\fallingdotseq145\,\mathrm{J}$

よって，野球ボールのもつ運動エネルギーのほうが大きい。

教科書 p.98 ぽけっとラボ 9. ばね飛ばし

ガイド ばね定数 k〔N/m〕のばねを使い，自然の長さから d〔m〕だけ下に引き伸ばしたときに高さ h〔m〕まで真上に飛ぶとすると，ばねの質量を m〔kg〕，重力加速度の大きさを g〔m/s^2〕として，力学的エネルギー保存の法則より，

$$\frac{1}{2}kd^2=mgh \qquad \text{よって，} h=\frac{kd^2}{2mg}\text{〔m〕}$$

飛び上がる高さ h〔m〕は，ばねを伸ばす長さ d〔m〕の 2 乗に比例する。

教科書 p.103　実験　4. 振り子のおもりの速さ

ガイド **考察** ①　おもりの質量を m〔kg〕, おもりをはなす高さを h〔m〕, 予想した速さを v〔m/s〕, 重力加速度の大きさを g〔m/s²〕とすると，力学的エネルギー保存の法則より，

$$mgh=\frac{1}{2}mv^2 \qquad \text{よって，} v=\sqrt{2gh}\text{〔m/s〕}$$

ただし，実際には空気抵抗などがおもりに仕事をするため，厳密には力学的エネルギー保存の法則が成り立たず，予想した速さより実験結果の速さは小さくなる。

②　①より $v=\sqrt{2gh}$ であり，縦軸におもりの速さ v，横軸におもりをはなす高さの平方根 $\sqrt{h}$ をとったグラフは直線とみなせる。

③　①より $v=\sqrt{2gh}$ であり，おもりの質量 m〔kg〕を変えても空気抵抗が大きく変化しないかぎり，おもりの速さは変化しない。

教科書 p.106　TRY　おもりが上がる高さを予想しよう

ガイド　力学的エネルギー保存の法則より，おもりをはなした高さと同じ高さまでおもりは上がると予想できるので，**イ**である。

教科書 p.108　TRY　力学的エネルギーについて考えよう

ガイド **ア**　物体Aには重力以外に保存力ではない糸の張力が仕事をするので，力学的エネルギーは保存されない。

イ　物体Bには重力以外に保存力ではない糸の張力が仕事をするので，力学的エネルギーは保存されない。

ウ　糸の張力の大きさを T，物体Aが下降した距離（物体Bが上昇した距離）を h とすると，糸の張力が物体Aにした仕事は $-Th$，物体Bにした仕事は Th なので，物体AとBが糸の張力にされた仕事の和は0となる。したがって，力学的エネルギーの和は保存される。

エ　ウより，物体AとBが糸の張力にされた仕事の差の大きさは，$Th-(-Th)=2Th$ である。この分だけ力学的エネルギーの差は変化する。

教科書 p.111 探究 4. 動摩擦力がする仕事と動摩擦係数

ガイド **考察** ① $0-\frac{1}{2}kx^2=-\mu' mgL$ より，

$$L=\frac{k}{2\mu' mg}x^2$$

であり，L は x^2 に比例する。

② ①より L-x^2 グラフは直線になる。グラフの傾きは $\frac{k}{2\mu' mg}$ である。

$g=9.8\,\mathrm{m/s^2}$ であるから，あらかじめ k と m を求めておけば，グラフの傾きから μ' を求めることができる。

問・類題・練習のガイド

教科書 p.88 問 37

物体に 5.0 N の力を加え続け，力の向きに 3.0 m 移動させたとき，その力がした仕事は何 J か。

ポイント 仕事 $W=Fx$

解き方 力がした仕事を W とすると，

$W=5.0\,\mathrm{N}\times3.0\,\mathrm{m}=15\,\mathrm{J}$

答 15 J

教科書 p.89 問 38

水平面上に置かれた物体にひもをつけ，水平方向から 60° 上向きに 4.0 N の力を加え続け，物体を水平に 4.0 m 移動させた。このとき，加えた力がした仕事は何 J か。

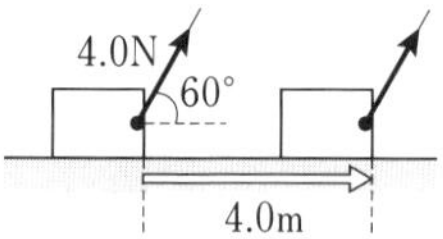

ポイント 仕事 $W=Fx\cos\theta$

解き方 力がした仕事を W とすると，

$W=4.0\,\mathrm{N}\times4.0\,\mathrm{m}\times\cos60°=8.0\,\mathrm{J}$

答 8.0 J

教科書 p.91　**類題 15**

粗い水平面上に置かれた質量 10 kg の物体に，水平方向に 20 N の力を加え続けたところ，物体はゆっくりと 5.0 m 移動した。このとき，次のそれぞれの力がした仕事は何 J か。

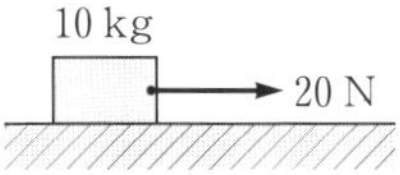

(1)　加えた力　(2)　重力　(3)　垂直抗力　(4)　動摩擦力

ポイント　**仕事**　$W = Fx\cos\theta$

解き方 (1)　加えた力がした仕事は，$20\ \mathrm{N} \times 5.0\ \mathrm{m} = 1.0 \times 10^2\ \mathrm{J}$

(2), (3)　重力と垂直抗力は移動の向きとそれぞれ 90° をなす向きにはたらくので，$\cos 90° = 0$ より，どちらも仕事は 0 J である。

(4)　物体はゆっくりと移動したので，つりあいの状態を保っていた。よって，水平右向きに加えた 20 N の力と動摩擦力はつりあっていて，動摩擦力の大きさは 20 N である。動摩擦力がした仕事は，

$$20\ \mathrm{N} \times 5.0\ \mathrm{m} \times \cos 180° = -1.0 \times 10^2\ \mathrm{J}$$

答 (1)　$\mathbf{1.0 \times 10^2\ J}$　(2)　**0 J**　(3)　**0 J**　(4)　$\mathbf{-1.0 \times 10^2\ J}$

教科書 p.92　**問 39**

水平となす角が 30° のなめらかな斜面上で，質量 10 kg の物体を，斜面に沿ってゆっくりと 4.0 m 引き上げた。加えた力の大きさは何Nか。また，この力がした仕事は何 J か。ただし，重力加速度の大きさを $9.8\ \mathrm{m/s^2}$ とする。

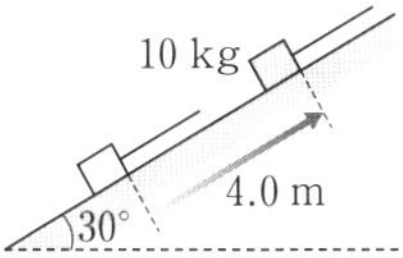

ポイント　**斜面に沿って加えた力と重力の斜面に平行な成分はつりあっている。**

解き方　ゆっくりと引き上げたので，つりあいの状態を保っていた。よって，斜面に沿って上向きに加えた力と重力の斜面に平行な成分はつりあっていて，加えた力の大きさは，$10\ \mathrm{kg} \times 9.8\ \mathrm{m/s^2} \times \sin 30° = 49\ \mathrm{N}$ である。

また，加えた力がした仕事は，$49\ \mathrm{N} \times 4.0\ \mathrm{m} = 196\ \mathrm{J} \fallingdotseq 2.0 \times 10^2\ \mathrm{J}$

答 加えた力の大きさ…**49 N**，仕事…$\mathbf{2.0 \times 10^2\ J}$

教科書 p.93 **問 40**

質量 20 kg の物体を，5.0 m 高い位置まで一定の速さで引き上げるのに，10 秒かかった。引き上げる力がした仕事の仕事率は何 W か。ただし，重力加速度の大きさを 9.8 m/s² とする。

ポイント **仕事率** $P=\dfrac{W}{t}$

解き方 一定の速さで引き上げたことから，物体を引き上げる力と重力はつりあっている。引き上げる力の大きさを F とすると，$F=(20\times9.8)\ \mathrm{N}$ である。したがって，引き上げる力がした仕事を W とすると，

$$W=(20\times9.8)\ \mathrm{N}\times5.0\ \mathrm{m}=980\ \mathrm{J}$$

よって，仕事率を P とすると，$t=10\ \mathrm{s}$ かかったので，

$$P=\frac{W}{t}=\frac{980\ \mathrm{J}}{10\ \mathrm{s}}=98\ \mathrm{W}$$

答 **98 W**

教科書 p.95 **問 41**

質量 20 kg の子どもが，速さ 5.0 m/s で走っている。この子どもがもっている運動エネルギーは何 J か。

ポイント **運動エネルギー** $K=\dfrac{1}{2}mv^2$

解き方 子どもの運動エネルギーは，

$$\frac{1}{2}\times20\ \mathrm{kg}\times(5.0\ \mathrm{m/s})^2=2.5\times10^2\ \mathrm{J}$$

答 **2.5×10^2 J**

教科書 p.96 **問 42**

なめらかな水平面上で静止していた質量 2.0 kg の物体に，水平方向に 50 N の力を加え続け，2.0 m 移動させた。物体がされた仕事は何 J か。また，物体の速さは何 m/s になったか。

ポイント **運動エネルギーの変化は，その間にされた仕事と等しい。**

解き方　物体に鉛直方向にはたらく重力と垂直抗力はつりあっているので，物体に仕事をするのは水平方向に加える 50 N の力だけである。物体がされた仕事を W とすると，

$W = 50\ \mathrm{N} \times 2.0\ \mathrm{m} = 100\ \mathrm{J} = 1.0 \times 10^2\ \mathrm{J}$

物体の運動エネルギーの変化は，その間にされた仕事と等しいので，移動後の物体の速さを v とすると，

$$\frac{1}{2} \times 2.0\ \mathrm{kg} \times v^2 - \frac{1}{2} \times 2.0\ \mathrm{kg} \times (0\ \mathrm{m/s})^2 = 1.0 \times 10^2\ \mathrm{J}$$

よって，$v = \sqrt{1.0 \times 10^2}\ \mathrm{m/s} = 10\ \mathrm{m/s}$

答 された仕事…**1.0×10^2 J**，速さ…**10 m/s**

教科書 **p.98**　**問 43**

質量 5.0 kg の物体が，図のように，床からの高さ 1.0 m の机の上にある。次に示す位置を基準にしたとき，物体がもつ重力による位置エネルギーは，それぞれ何 J か。ただし，重力加速度の大きさを 9.8 m/s^2 とする。

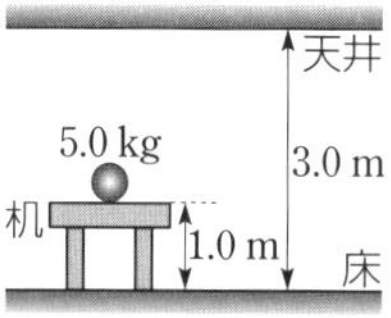

(1)　床　　(2)　床からの高さ 1.0 m の机　　(3)　天井

ポイント　**重力による位置エネルギー　$U = mgh$**

解き方 (1)　床からの物体の高さは 1.0 m なので，

$5.0\ \mathrm{kg} \times 9.8\ \mathrm{m/s^2} \times 1.0\ \mathrm{m} = 49\ \mathrm{J}$

(2)　高さは 0 m なので，0 J

(3)　天井からの物体の高さは −2.0 m なので，

$5.0\ \mathrm{kg} \times 9.8\ \mathrm{m/s^2} \times (-2.0\ \mathrm{m}) = -98\ \mathrm{J}$

答 (1)　**49 J**　　(2)　**0 J**　　(3)　**−98 J**

教科書 **p.99**　**問 44**

ばね定数 50 N/m のばねに物体をつけ，ばねを自然の長さから 0.10 m 縮めた。このとき，物体がもつ弾性力による位置エネルギーは何 J か。

ポイント　**弾性力による位置エネルギー　$U = \frac{1}{2}kx^2$**

解き方　弾性力による位置エネルギーは，$\frac{1}{2} \times 50\ \mathrm{N/m} \times (0.10\ \mathrm{m})^2 = 0.25\ \mathrm{J}$

答 **0.25 J**

教科書 p.101 問 45

高さ 200 m の位置から 50 m の位置まで，質量 60 kg のスキーヤーがすべりおりる。このとき，重力がする仕事は何 J か。ただし，重力加速度の大きさを $9.8\ \mathrm{m/s^2}$ とする。

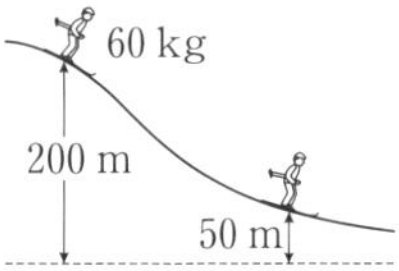

ポイント **点A→点Bの間に保存力がした仕事 $W=U_A-U_B$**

解き方 重力がする仕事を W とすると，重力による位置エネルギーの減少分に等しいので，

$$W=60\ \mathrm{kg}\times9.8\ \mathrm{m/s^2}\times200\ \mathrm{m}-60\ \mathrm{kg}\times9.8\ \mathrm{m/s^2}\times50\ \mathrm{m}$$
$$=88200\ \mathrm{J}\fallingdotseq8.8\times10^4\ \mathrm{J}$$

答 **8.8×10^4 J**

教科書 p.101 問 46

図のような粗い水平面上を，物体が次の(1)，(2)の経路で移動した。このとき，動摩擦力がする仕事は，それぞれ何 J か。ただし，水平面から物体にはたらく動摩擦力の大きさを 3.0 N とする。

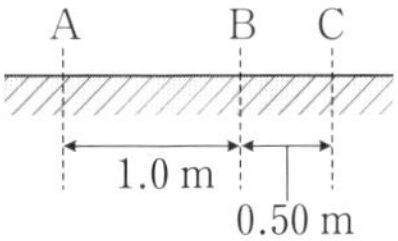

(1) AからBに直接移動する場合。

(2) AからCを経由してBに移動する場合。

ポイント **動摩擦力は保存力ではなく，移動経路によって仕事は変化する。**

解き方 (1) AからBに移動する距離は 1.0 m であり，動摩擦力は移動の向きと逆向きにはたらくので，動摩擦力がする仕事は，

$$3.0\ \mathrm{N}\times1.0\ \mathrm{m}\times\cos180^\circ=-3.0\ \mathrm{J}$$

(2) AからCを経由してBに移動する距離は，

$$1.0\ \mathrm{m}+0.50\ \mathrm{m}+0.50\ \mathrm{m}=2.0\ \mathrm{m}$$

であり，動摩擦力は常に移動の向きと逆向きにはたらくので，動摩擦力がする仕事は，

$$3.0\ \mathrm{N}\times2.0\ \mathrm{m}\times\cos180^\circ=-6.0\ \mathrm{J}$$

答 (1) **−3.0 J** (2) **−6.0 J**

教科書 p.105 類題 16

長さL〔m〕の糸の一端に質量m〔kg〕のおもりをとりつけ，糸の他端を天井に固定し，振り子をつくる。図のように，糸が鉛直方向と角 30° をなすように，おもりを点Aまでもち上げ，静かにはなした。おもりが最下点Bを通過するとき，その速さは何 m/s か。ただし，重力加速度の大きさをg〔m/s²〕とする。

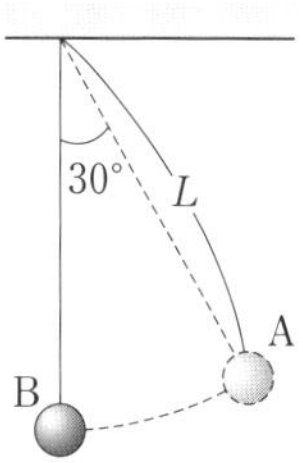

ポイント **力学的エネルギーは一定で，$\frac{1}{2}mv_A{}^2+mgh_A=\frac{1}{2}mv_B{}^2+mgh_B$**

解き方 最下点Bでのおもりの速さをv_B〔m/s〕，最下点Bの高さを重力による位置エネルギーの基準面とする。点Aの高さは$L(1-\cos 30°)$〔m〕なので，点Aと点Bでのおもりの力学的エネルギー保存の法則より，

$$0\,\mathrm{J}+mgL(1-\cos 30°)=\frac{1}{2}mv_B{}^2+0\,\mathrm{J}$$

$$v_B{}^2=2gL\left(1-\frac{\sqrt{3}}{2}\right)$$

よって，$v_B=\sqrt{gL(2-\sqrt{3})}$〔m/s〕

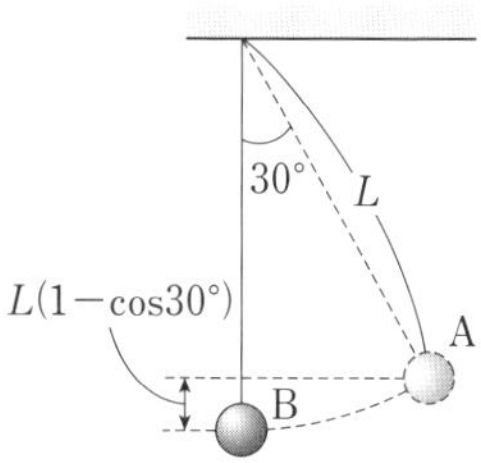

答 $\sqrt{gL(2-\sqrt{3})}$〔m/s〕

教科書 p.106 類題 17

なめらかな水平面上で，ばね定数 1.0×10^2 N/m の軽いばねの一端を壁に固定し，他端に質量 0.25 kg の物体をつなぐ。ばねの伸びが 0.10 m になるまで物体を引いて，静かにはなした。次の各問に答えよ。

(1)　ばねが自然の長さになったとき，物体の速さは何 m/s か。

(2)　ばねの縮みが 6.0×10^{-2} m になったとき，物体の速さは何 m/s か。

ポイント **力学的エネルギーは一定で，$\frac{1}{2}mv_A{}^2+\frac{1}{2}kx_A{}^2=\frac{1}{2}mv_B{}^2+\frac{1}{2}kx_B{}^2$**

解き方 (1)　物体に仕事をするのはばねの弾性力だけであるから，力学的エネルギーは保存される。ばねが自然の長さになったときの物体の速さをvとして，物体をはなしたときとばねが自然の長さになったときで，

$$0\,\mathrm{J}+\frac{1}{2}\times1.0\times10^2\,\mathrm{N/m}\times(0.10\,\mathrm{m})^2=\frac{1}{2}\times0.25\,\mathrm{kg}\times v^2+0\,\mathrm{J}$$

よって，$v=2.0$ m/s

(2)　ばねの縮みが 6.0×10^{-2} m になったときの物体の速さを v' として，物体をはなしたときとばねの縮みが 6.0×10^{-2} m になったときで，

$$0\,\mathrm{J}+\frac{1}{2}\times1.0\times10^{2}\,\mathrm{N/m}\times(0.10\,\mathrm{m})^{2}$$
$$=\frac{1}{2}\times0.25\,\mathrm{kg}\times v'^{2}+\frac{1}{2}\times1.0\times10^{2}\,\mathrm{N/m}\times(6.0\times10^{-2}\,\mathrm{m})^{2}$$

よって，$v'=\sqrt{\dfrac{64}{25}}\,\mathrm{m/s}=\dfrac{8.0}{5.0}\,\mathrm{m/s}=1.6\,\mathrm{m/s}$

答 (1)　**2.0 m/s**　　(2)　**1.6 m/s**

教科書 p.106 **問 47**

ばね定数 k〔N/m〕の軽いばねに質量 m〔kg〕のおもりをつるすと，ばねが伸びて，おもりは位置Oで静止した。おもりをばねが自然の長さになる位置までもち上げ，静かにはなすと，おもりは落下し始めた。重力加速度の大きさを g〔m/s²〕として，おもりがOを通過するときの速さを求めよ。

ポイント　**保存力だけから仕事をされるとき，力学的エネルギーは一定。**

解き方　おもりに仕事をするのは重力とばねの弾性力だけなので，力学的エネルギーは保存される。

位置Oでのばねの自然の長さからの伸びを x とすると，鉛直方向の力のつりあいの式より，

$$kx-mg=0\qquad よって，x=\frac{mg}{k}〔\mathrm{m}〕$$

位置Oを通過するときのおもりの速さを v，自然の長さでのおもりの高さを重力による位置エネルギーの基準面として，自然の長さと位置Oでのおもりの力学的エネルギー保存の法則より，

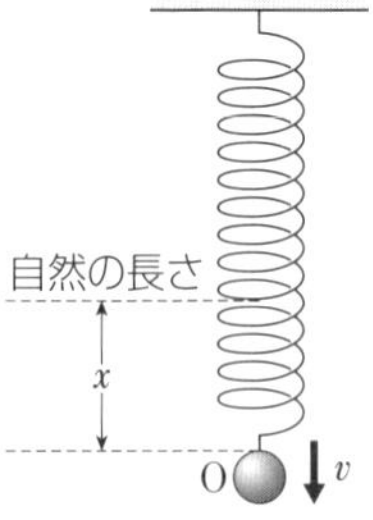

$$0\,\mathrm{J}+0\,\mathrm{J}+0\,\mathrm{J}=\frac{1}{2}mv^{2}+\frac{1}{2}kx^{2}+(-mgx)$$

x を代入して整理すると，

$$\frac{1}{2}mv^{2}=\frac{m^{2}g^{2}}{2k}\qquad よって，v=\sqrt{\frac{m}{k}}g〔\mathrm{m/s}〕$$

答 $\sqrt{\dfrac{m}{k}}g$〔m/s〕

教科書 p.108 **類題 18**

図のように，静止している質量 0.50 kg の物体に，手で鉛直上向きに力を加えて，その向きに 1.0 m 移動させると，速さは 4.0 m/s となった。物体が手からされた仕事は何 J か。ただし，重力加速度の大きさを 9.8 m/s² とする。

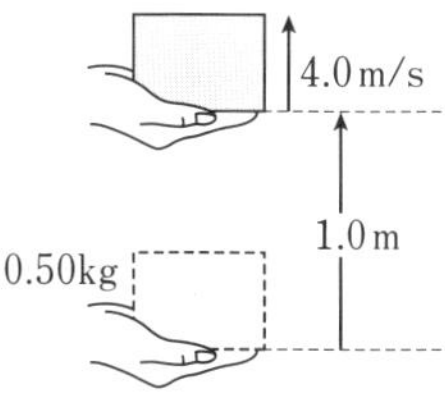

ポイント **保存力以外の力からされた仕事＝力学的エネルギーの変化**

解き方 手からされた仕事を W，はじめの物体の位置を重力による位置エネルギーの基準面とする。手からされた仕事と力学的エネルギーの変化より，

$$W=\left\{\frac{1}{2}\times0.50\ \mathrm{kg}\times(4.0\ \mathrm{m/s})^2+0.50\ \mathrm{kg}\times9.8\ \mathrm{m/s^2}\times1.0\ \mathrm{m}\right\}-0\ \mathrm{J}=8.9\ \mathrm{J}$$

答 8.9 J

教科書 p.110 **練習 1**

図①～⑥のように，質量 m の物体が点Aから点Bの間を運動する。重力加速度の大きさを g として，次の各問に答えよ。

(1)　力学的エネルギーが保存される運動をすべて選べ。

(2)　図①～⑥の点Aと点Bにおいて，力学的エネルギー保存の法則の式，または，力学的エネルギーの変化と保存力以外の力がした仕事の関係式を立てよ。ただし，重力による位置エネルギーの基準面は，図に示された位置とする。

①自由落下

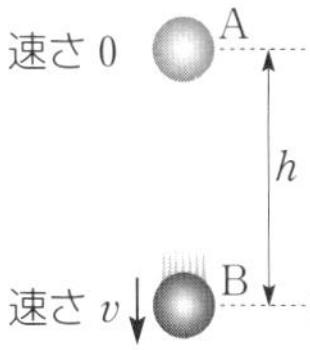

③なめらかな斜面上の運動

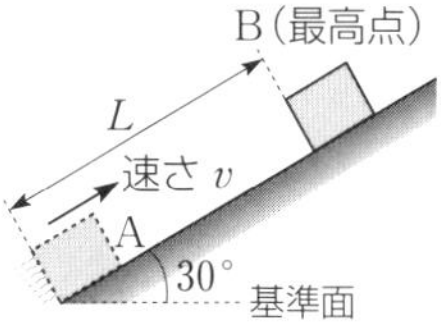

⑤鉛直方向のばねによる振動（ばね定数 k）

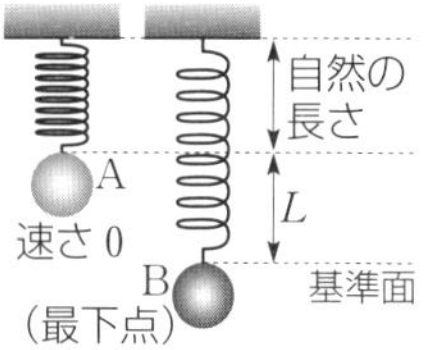

②振り子の運動

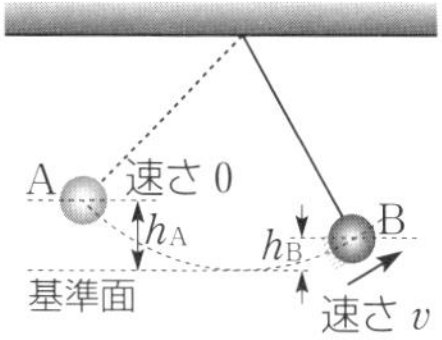

④なめらかな水平面上のばねによる振動（ばね定数 k）

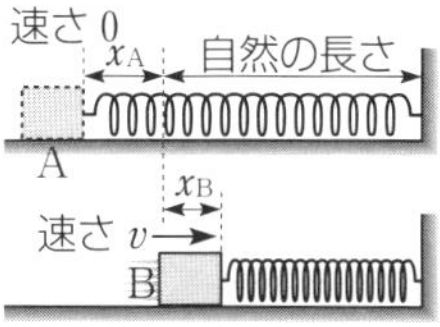

⑥粗い水平面上の運動

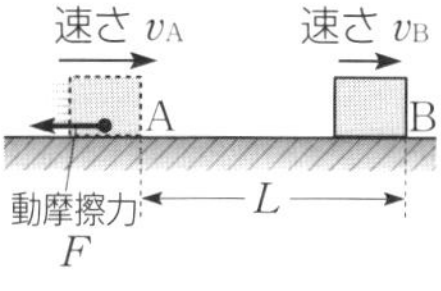

ポイント

保存力だけが仕事 → 力学的エネルギーが保存される
保存力以外の力が仕事 → 力学的エネルギーが保存されない
力学的エネルギーの変化＝保存力以外の力がした仕事

解き方 (1) 保存力(重力，弾性力など)だけが仕事をして，保存力以外の力(摩擦力，垂直抗力，糸の張力など)が仕事をしない場合，力学的エネルギーが保存される。よって，①，②，③，④，⑤。

(2) ①～⑤では力学的エネルギー保存の法則の式を立てる。⑥では，物体の力学的エネルギーの変化が動摩擦力のした仕事($-FL$)と等しいことを式に表す。

答 (1) ①，②，③，④，⑤　(2) ① $mgh=\frac{1}{2}mv^2$

② $mgh_A=\frac{1}{2}mv^2+mgh_B$　③ $\frac{1}{2}mv^2=\frac{1}{2}mgL$

④ $\frac{1}{2}kx_A{}^2=\frac{1}{2}mv^2+\frac{1}{2}kx_B{}^2$　⑤ $mgL=\frac{1}{2}kL^2$

⑥ $\frac{1}{2}mv_B{}^2-\frac{1}{2}mv_A{}^2=-FL$

節末問題のガイド

教科書 p.112～113

❶ 仕事の原理と仕事率

関連：教科書 p.92，93

一定の速さで糸を巻き取ることのできる装置がある。この装置を用いて，糸につるされたおもりを高さhだけもち上げる。図１のように，真上にもち上げる場合と，図２のように，傾斜角 30° のなめらかな斜面に沿ってもち上げる場合を考える。次の各問に答えよ。

(1)　図２における糸の張力の大きさ，張力がする仕事，仕事率は，図１の場合と比べて，それぞれ何倍か。

(2)　図２の斜面の角度を 30° から大きくすると，糸の張力の大きさ，高さhだけもち上げるのにかかる時間，張力がする仕事，仕事率は，それぞれどのように変化するか。簡潔に説明せよ。

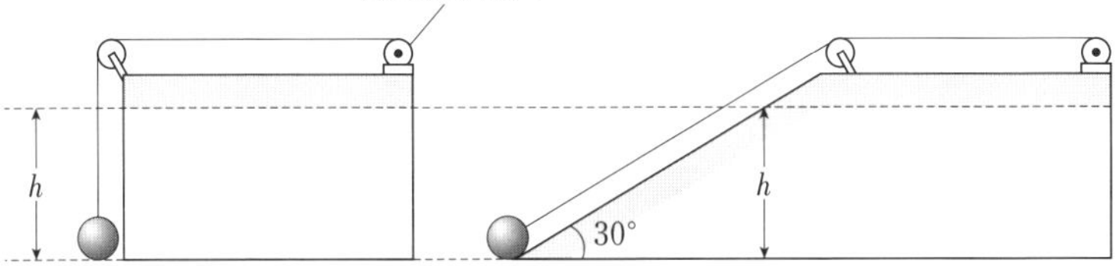

図１　　　　図２

ポイント　**おもりをゆっくりともち上げていると考えてよいので，おもりをもち上げる時間はもち上げる距離に比例する。**

解き方　(1)　おもりの質量をm，重力加速度の大きさをg，図１，２での糸の張力の大きさをそれぞれT_1，T_2とすると，力のつりあいの式より，

図１：$T_1-mg=0$

図２：$T_2-mg\sin 30°=0$

したがって，

$$T_1=mg$$

$$T_2=mg\sin 30°=\frac{1}{2}mg=\frac{1}{2}T_1$$

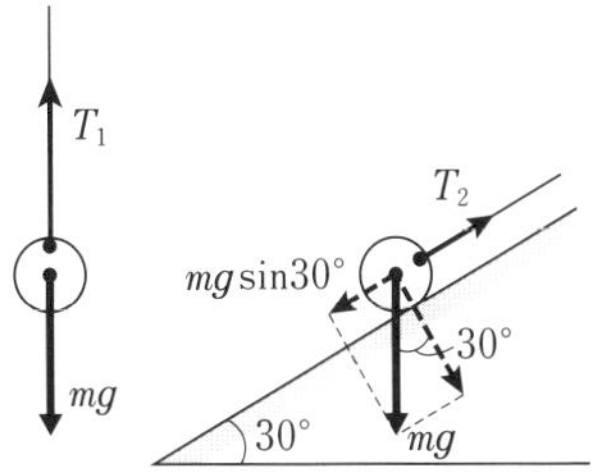

図１　　　図２

糸の張力の大きさは $\frac{1}{2}$ 倍になる。

また，図１，２での張力がした仕事をそれぞれW_1，W_2とすると，$W_1=T_1h$ である。ここで，図２で斜面の長さをlとすると，

$l\sin 30^\circ = h$　　ゆえに，$l = \dfrac{h}{\sin 30^\circ} = 2h$

$W_2 = T_2 \cdot 2h = \dfrac{1}{2} T_1 \cdot 2h = W_1$

よって，張力がする仕事は1倍になる。

図1での仕事にかかる時間を t_1 とすると，図2の移動距離 l は図1の h の2倍であり，ゆっくりともち上げていると考えていいので，かかる時間も2倍の $2t_1$ になる。図1，2での仕事率をそれぞれ P_1，P_2 とすると，

$P_1 = \dfrac{W_1}{t_1}$，$P_2 = \dfrac{W_2}{2t_1} = \dfrac{W_1}{2t_1} = \dfrac{1}{2} P_1$

よって，仕事率は $\dfrac{1}{2}$ 倍になる。

(2) 図2の斜面の角度を30°から大きくすると，図1の状態に近づいていき，糸の張力は大きくなる。

一方，斜面の角度を30°から大きくすると，同じ高さ h までの移動距離が小さくなり，かかる時間も小さくなる。

(1)の結果からもわかるように，仕事の原理より斜面を使っても使わなくても，斜面の角度が変わっても，張力がする仕事は変わらない。かかる時間が小さくなったので，仕事率は大きくなる。

答 (1) 張力の大きさ… $\dfrac{1}{2}$ 倍，仕事… **1** 倍，仕事率… $\dfrac{1}{2}$ 倍

(2) **解き方** 参照

❷ 仕事と運動エネルギーの変化

関連：教科書 p.96

速さ 3.0×10^2 m/s で，質量 1.0×10^{-2} kg の弾丸を壁に水平に打ちこむと，弾丸は，壁の表面から 9.0×10^{-2} m の深さまでくいこんで静止した。弾丸が壁から受けた抵抗力の大きさを一定とすると，この抵抗力の大きさは何Nか。

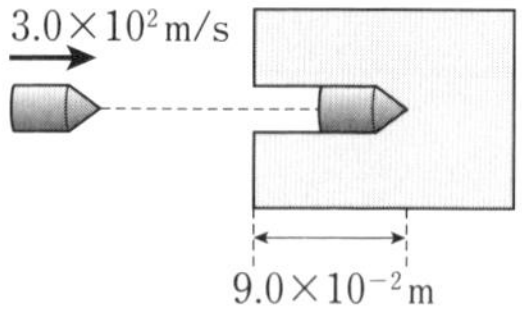

ポイント **運動エネルギーの変化は，その変化の間にされた仕事と等しい。**

解き方　運動エネルギーの変化は，その変化の間にされた仕事と等しい。弾丸が受けた抵抗力の大きさを f とすると，抵抗力がした仕事は $-f\times9.0\times10^{-2}\,\mathrm{m}$ と表されるので，

$$0-\frac{1}{2}\times1.0\times10^{-2}\,\mathrm{kg}\times(3.0\times10^{2}\,\mathrm{m/s})^{2}=-f\times9.0\times10^{-2}\,\mathrm{m}$$

よって，$f=5.0\times10^{3}\,\mathrm{N}$

答　$\mathbf{5.0\times10^{3}\,N}$

❸ 弾性力と外力のする仕事

関連：教科書 p.107

上端を固定した軽いばねに，質量 m〔kg〕のおもりをつけて，自然の長さからおもりを手で支えながら静かに下げると，ばねの伸びが A〔m〕になっておもりは静止した。重力加速度の大きさを g〔m/s²〕として，次の各問に答えよ。

(1)　このばねのばね定数は何 N/m か。
(2)　手がおもりにした仕事は何Jか。

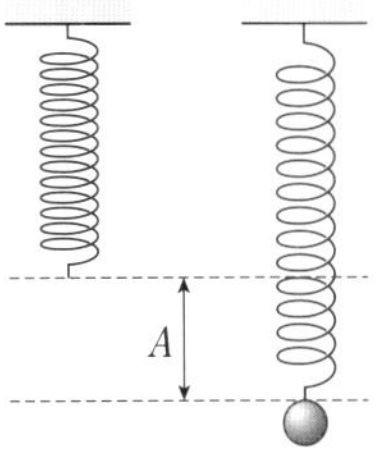

ポイント　**力学的エネルギーの変化は，その変化の間に保存力以外の力にされた仕事と等しい。**

解き方　(1)　ばね定数を k とすると，静止した位置での鉛直方向のおもりの力のつりあいより，

$$kA-mg=0 \qquad よって，k=\frac{mg}{A}〔\mathrm{N/m}〕$$

(2)　手がおもりにした仕事を W，ばねの自然の長さでの高さを重力による位置エネルギーの基準面とする。ばねが自然の長さのときと A〔m〕だけ伸びたときでの力学的エネルギーの変化と保存力以外の力にされた仕事の関係より，

$$0+(-mgA)+\frac{1}{2}kA^{2}-(0+0+0)=W$$

W について解いて，(1)の結果を代入すると，

$$W=-mgA+\frac{1}{2}kA^{2}=-mgA+\frac{1}{2}mgA=-\frac{1}{2}mgA〔\mathrm{J}〕$$

答　(1)　$\dfrac{mg}{A}$〔**N/m**〕　(2)　$-\dfrac{1}{2}mgA$〔**J**〕

❹ 鉛直投げ上げの力学的エネルギー

関連：教科書 p.102

図は，ある物体を地面から鉛直上向きに投げ上げたときの，地面からの高さと物体の位置エネルギーとの関係を表したグラフである。グラフは，物体を投げ上げてから最高点に達するまでのようすを示しており，地面を重力による位置エネルギーの基準としている。この図に，高さと運動エネルギーとの関係を表すグラフを描け。

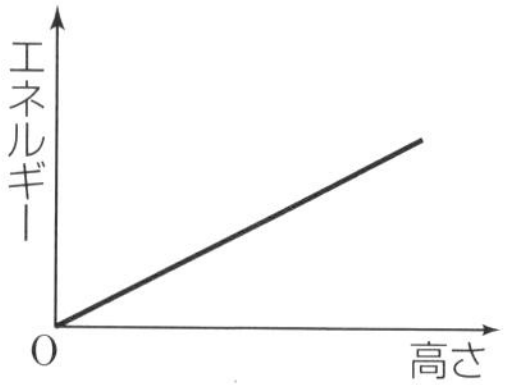

ポイント **(力学的エネルギー)＝(運動エネルギー)＋(位置エネルギー)＝一定**

解き方 空気抵抗は無視すると考えていいので，物体には重力のみが仕事をして力学的エネルギーは保存される。したがって，運動エネルギーと位置エネルギーの和は一定となるので，グラフは右のようになる。

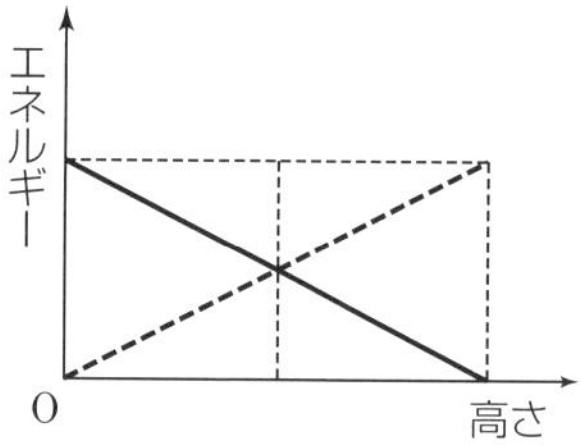

答 **解き方** の図参照

❺ ばねの弾性力と力学的エネルギー

関連：教科書 p.104，105

なめらかな曲面上の高さ 4.9 m の点から，質量 0.25 kg の物体が静かにすべり始めた。その後，物体は，一端が固定され，水平に置かれたばね定数 1.0×10^2 N/m の軽いばねに衝突し，ばねを押し縮めた。重力加速度の大きさを 9.8 m/s^2 とする。

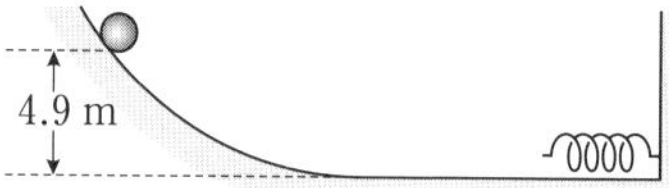

(1) 衝突する直前の物体の速さは何 m/s か。

(2) 衝突によって，ばねは何 m 縮むか。

ポイント **(1) 物体に仕事をするのは重力だけなので，力学的エネルギーは保存される。**

(2) 物体に仕事をするのは重力とばねの弾性力だけなので，力学的エネルギーは保存される。

解き方 (1)　ばねに衝突する直前まで，物体に仕事をするのは保存力である重力だけなので，力学的エネルギーは保存される。水平な面を重力による位置エネルギーの基準面とし，ばねに衝突する直前での物体の速さを v とすると，静かにすべり始めたときとばねに衝突する直前で，

$$0\,\mathrm{J}+0.25\,\mathrm{kg}\times9.8\,\mathrm{m/s^2}\times4.9\,\mathrm{m}=\frac{1}{2}\times0.25\,\mathrm{kg}\times v^2+0\,\mathrm{J}$$

よって，$v=\sqrt{9.8\times4.9\times2}\,\mathrm{m/s}=\sqrt{9.8\times9.8}\,\mathrm{m/s}=9.8\,\mathrm{m/s}$

(2)　物体に仕事をするのは保存力である重力とばねの弾性力だけなので，力学的エネルギーは保存される。ばねが最も縮んだとき，物体の速さは0である。ばねの自然の長さからの最大の縮みを x として，すべり始めたときとばねが最も縮んだときで，

$$0\,\mathrm{J}+0.25\,\mathrm{kg}\times9.8\,\mathrm{m/s^2}\times4.9\,\mathrm{m}+0\,\mathrm{J}=0\,\mathrm{J}+0\,\mathrm{J}+\frac{1}{2}\times1.0\times10^2\,\mathrm{N/m}\times x^2$$

よって，$x=\sqrt{4.9\times4.9\times10^{-2}}\,\mathrm{m}=0.49\,\mathrm{m}$

答 (1)　**9.8 m/s**　　(2)　**0.49 m**

❻ 曲面を飛び出す小球の運動

関連：教科書 p.105

図のように，点Aで小球を静かにはなすと，小球はなめらかな曲面を下り，やがて点Bから斜めに飛び出す。飛び出した後に小球が描く軌道は，図の(ア)，(イ)，(ウ)のどれになるだろうか。理由とともに答えよ。

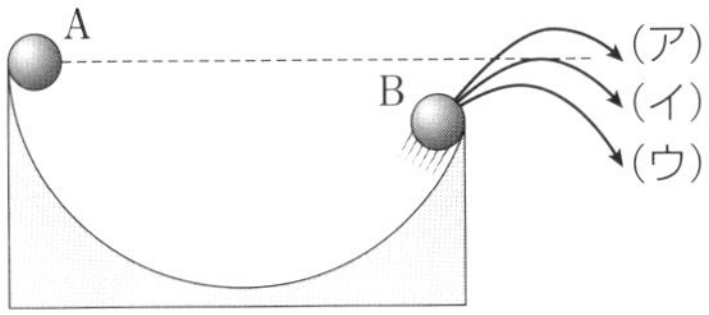

ポイント **小球は点Bから飛び出した後，水平方向は等速直線運動，鉛直方向は鉛直投げ上げと同じ運動をする。このことから，最高点での運動エネルギーと重力による位置エネルギーについて考える。**

解き方　小球は点Bで斜めに飛び出すので，水平方向は等速直線運動，鉛直方向は鉛直投げ上げと同じ運動をする。したがって，最高点では速度の水平成分があり，運動エネルギーは0ではない。運動エネルギーの分だけ最高点での重力による位置エネルギーが点Aより小さくなり，点Aより低くなる。したがって，描く軌道は(ウ)のようになる。

答 (ウ)，理由…**解き方**参照

❼ ばねによる運動と力学的エネルギー

関連：教科書 p.104

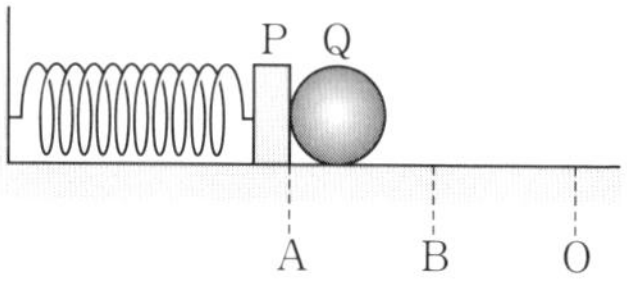

図のように，なめらかな水平面上で，ばね定数kの軽いばねの一端を壁に固定し，他端に質量mの物体Pをつけて，さらに質量Mの物体Qを押しあてた。ばねが自然の長さとなる位置Oよりも，dの長さだけ縮めた位置Aで，物体Qを静かにはなすと，物体PとQは一体となって運動を始めた。この運動について，次の各問に答えよ。

(1)　AOの中点Bを通過するとき，物体Qの速さはいくらか。

(2)　物体Pが位置Oに到達したとき，物体QはPからはなれる。物体QがPからはなれた直後の速さはいくらか。

(3)　自然の長さからのばねの伸びの最大値はいくらか。

ポイント　**(1)，(2)　P，Qを一体と考えると，力学的エネルギーは保存される。**
(3)　Pについて力学的エネルギーは保存される。

解き方　(1)　PとQを1つの物体と考える。この物体に仕事をするのはばねの弾性力だけなので，力学的エネルギーは保存される。点Bを通過するときに自然の長さからのばねの縮みは $\dfrac{d}{2}$ である。点Bを通過するときの速さをv_Bとして，点Aと点Bで，

$$0+\frac{1}{2}kd^2=\frac{1}{2}(m+M)v_B{}^2+\frac{1}{2}k\left(\frac{d}{2}\right)^2$$

よって，$v_B=\dfrac{d}{2}\sqrt{\dfrac{3k}{M+m}}$

(2)　点Oではなれるとき，PとQの速さは同じであり，この速さをv_0とする。点Aと点Oで，

$$0+\frac{1}{2}kd^2=\frac{1}{2}(m+M)v_0{}^2+0$$　よって，$v_0=d\sqrt{\dfrac{k}{M+m}}$

(3)　PとQがはなれてから，Pに仕事をするのはばねの弾性力だけで，力学的エネルギーは保存される。自然の長さからのばねの伸びの最大値をxとして，点Oを速さv_0で通過するときとばねが最も伸びたときで，

$$\frac{1}{2}m\left(d\sqrt{\frac{k}{M+m}}\right)^2+0=0+\frac{1}{2}kx^2$$　よって，$x=d\sqrt{\dfrac{m}{M+m}}$

答　(1)　$\dfrac{d}{2}\sqrt{\dfrac{3k}{M+m}}$　(2)　$d\sqrt{\dfrac{k}{M+m}}$　(3)　$d\sqrt{\dfrac{m}{M+m}}$

❽ 動摩擦力のする仕事

関連：教科書 p.102，107

なめらかな斜面 AB 上の点Aから，静かにすべり始めた質量mの物体が，下端Bまで達し，粗い水平面 BC 上をすべって点Cで静止した。水平面から点Aまでの高さをh，BC 間の距離をLとして，水平面と物体との間の動摩擦係数μ'を，hとLを用いて表せ。

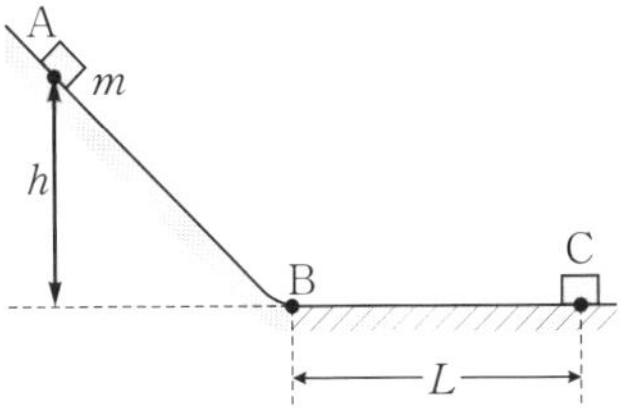

ポイント **点Aから点Bまでは，力学的エネルギーは保存される。**
点Bから点Cの間では，動摩擦力がした仕事の分だけ力学的エネルギーは変化する。

解き方 点Aから点Bまでは，重力だけが仕事をするので，力学的エネルギーは保存される。点Bから点Cの間では，保存力以外の力である動摩擦力が仕事をするので，動摩擦力がした仕事の分だけ力学的エネルギーは変化する。

物体の質量をm，重力加速度の大きさをgとする。BC 間で物体にはたらく鉛直方向の重力と垂直抗力はつりあっているので，水平面からはたらく垂直抗力の大きさはmg，BC 間ではたらく動摩擦力の大きさは$\mu' mg$である。よって，BC 間で動摩擦力がした仕事は$-\mu' mgL$と表される。水平面を重力による位置エネルギーの基準面として，

$$0-mgh=-\mu' mgL \qquad \text{よって，}\ \mu'=\frac{h}{L}$$

答 $\dfrac{h}{L}$

思考力UP↑

別解を考えてみよう。点Bでの物体の速さvは，力学的エネルギー保存の法則より計算すると，$v=\sqrt{2gh}$である。また，BC 間での物体の加速度aは，運動方程式$ma=-\mu' mg$より，$a=-\mu' g$である。等加速度直線運動の式より，$0^2-v^2=2aL$であるから，vとaを代入すると，$\mu'=\dfrac{h}{L}$と求めることができる。

第Ⅱ章 熱

第1節 熱とエネルギー

教科書の整理

① 熱と温度

教科書 p.116～124

A 熱運動と温度

①**熱運動**　物体を構成する原子や分子は，それぞれが不規則な運動をしている。この運動を熱運動という。また，水で薄めた牛乳の中の粒子の運動のように，気体や液体中で微粒子がする不規則な運動をブラウン運動という。

②**温度**　熱運動の激しさを表す量。

③**セルシウス温度**　温度の表示にはセルシウス温度(セ氏温度，単位は℃)が広く利用されている。セルシウス温度は，1.013×10^5 Pa(1気圧)のもとで，氷が融解する温度を0℃，水が沸騰する温度を100℃としている。

④**絶対温度**　温度を下げていくと，−273℃で熱運動のエネルギーは0になり，これより低い温度は存在しない。−273℃を0(絶対零(れい)度)とし，目盛りの間隔はセルシウス温度と同じにした温度の表示を，絶対温度という。絶対温度の単位はケルビン(K)である。

もっと詳しく
固体中でも原子や分子は振動している。

■ **重要公式 1-1**

$T=t+273$　　T：絶対温度　t：セルシウス温度

-273℃$=0$ K，0℃$=273$ K

B 熱の移動と熱量

①**熱平衡**　高温の物体と低温の物体を接触させると，やがて温度が等しくなる。このとき，熱平衡の状態にあるという。

②**熱，熱量**　物体の間で移動する熱運動のエネルギーを熱といい，その量を熱量という。熱量の単位にはジュール(J)を用いる。

C 熱容量と比熱

①**熱容量**　物体の温度を１K 上昇させるために必要な熱量。単位にはジュール毎ケルビン(J/K)を用いる。

②**比熱**　単位質量(１g や１kg など)の物質の温度を１K 上昇させるのに必要な熱量。単位には，単位質量を１g としたジュール毎グラム毎ケルビン(J/(g･K))を用いることが多い。

■ 重要公式 1-2

$Q=C\varDelta T=mc\varDelta T$　　$C=mc$

Q：熱量　C：熱容量　$\varDelta T$：温度変化　m：質量　c：比熱

ここに注意

単位質量を１kg にすると，比熱の単位は J/(kg･K) となる。

D 熱量の保存

①**熱量の保存**　一般に，いくつかの物体の間で熱の出入りがあるとき，高温の物体が失った熱量の和と，低温の物体が得た熱量の和は等しい。

E 物質の三態と熱運動

①**物質の三態**　固体，液体，気体の３つの状態のこと。

②**潜熱**　物質の状態を固体から液体にする(融解)のに必要な熱量を融解熱，液体から気体にする(蒸発)のに必要な熱量を蒸発熱という。物質１g あたりの値で表示することが多く，単位にはジュール毎グラム(J/g)が用いられる。このように，状態を変化させるために使われる熱を潜熱という。

もっと詳しく

融解(固体→液体)がおこる温度を融点，沸騰(液体→気体)がおこる温度を沸点という。

F 物体の熱膨張

①**熱膨張**　一般に，物体の温度が上がると構成粒子の熱運動が激しくなり，長さや体積が増加すること。

②**線膨張**　温度による固体の長さの変化。ある物体の０℃での長さを L_0〔m〕，t〔℃〕での長さを L〔m〕，線膨張率を α〔1/K〕とすると，$L=L_0(1+\alpha t)$ である。

③**体膨張**　温度による物体の体積の変化。ある物体の０℃での体積を V_0〔m³〕，t〔℃〕での体積を V〔m³〕，体膨張率を β〔1/K〕とすると，$V=V_0(1+\beta t)$ である。

② エネルギーの変換と保存 教科書 p.125~127, 132~134

A 熱と仕事

①**熱と仕事** ジュールは熱と仕事の関係についての実験を繰り返し行い，熱はエネルギーの1つの形態であることを確かめた。

B 内部エネルギー

①**内部エネルギー** 物体の構成粒子の熱運動による運動エネルギーと，構成粒子の間ではたらく力による位置エネルギーの総和。

C 熱力学の第1法則

①**熱力学の第1法則** 物体(気体)に外部から加えられる熱量Qと，物体が外部からされる仕事Wの和は，物体の内部エネルギーの変化$\varDelta U$となる。

■ **重要公式 2-1**

$$\varDelta U = Q + W$$

D 熱機関と熱効率

①**熱機関** 繰り返し熱を仕事に変えて利用する装置。

②**熱効率** 熱機関が高温の熱源から得た熱量をQ_1〔J〕，低温の熱源に捨てた熱量をQ_2〔J〕とすると，外部にする仕事W'〔J〕はQ_1-Q_2である。この熱機関の熱効率eは，

■ **重要公式 2-2**

$$e = \frac{W'}{Q_1} = \frac{Q_1-Q_2}{Q_1}$$

E 不可逆変化

①**不可逆変化** もとの状態に自然にはもどらない変化。熱は高温の物体から低温の物体へ移動するが，逆は自然にはおこらない。一般に，自然界の変化は不可逆変化である。

②**可逆変化** 自然にもとにもどることができる変化。摩擦などがない振り子の運動などである。

③ 発展 **熱力学の第2法則** 不可逆変化の方向性を示す法則で，その表現の例は，「熱は，低温の物体から高温の物体に自然に移ることはない」「1つの熱源から熱を得て，それをすべて仕事に変えることのできる熱機関は存在しない」。

ここに注意
気体から熱が放出される場合は $Q<0$，気体が外部に仕事をする場合は $W<0$ となる。

ここに注意
熱効率 e は必ず1より小さくなる。

ここに注意
熱の関わる現象は不可逆変化である。

もっと詳しく
不可逆変化は，秩序ある状態から乱雑さを増した状態へと移行する変化である。

④ 発展 **永久機関**　外部からエネルギーを補給せずに仕事をし続ける機関を第1種永久機関，1つの熱源から熱を吸収してすべて外部への仕事に変え続ける機関(熱効率100％)を，第2種永久機関というが，どちらも実現は不可能である。

F エネルギーとその移り変わり

①**エネルギーの変換**　エネルギーには，力学的エネルギー，熱エネルギー，電気エネルギー，光エネルギー，化学エネルギー，核エネルギーなど，さまざまな種類がある。これらのエネルギーは互いに変換され，移り変わる。

②**エネルギー保存の法則**　ある種類のエネルギーが減少するとき，必ず同じ量の別の種類のエネルギーが発生し，変換の前後でエネルギーの総和は一定に保たれる。

発展 ボイル・シャルルの法則と気体の状態変化　教科書 p.128〜131

A 気体の圧力

①**気体の圧力**　容器内の気体の圧力は，面に対して常に垂直にはたらき，その大きさは，容器内のどの部分でも等しい。

B ボイル・シャルルの法則

①**ボイルの法則**　温度が一定のとき，一定質量の気体の体積 V は，気体の圧力 p に反比例する。

重要公式 発展-1

$$pV = 一定$$

②**シャルルの法則**　圧力が一定のとき，一定質量の気体の体積 V は，絶対温度 T に比例する。

重要公式 発展-2

$$\frac{V}{T} = 一定$$

③**ボイル・シャルルの法則**　一定質量の気体の体積 V は，絶対温度 T に比例し，圧力 p に反比例する。

重要公式 発展-3

$$\frac{pV}{T} = 一定$$

C 理想気体の状態方程式

①**物質量** 原子，分子，イオンなどの 6.02×10^{23} 個の集団を1モル(mol)とし，モルを単位とした物質の量。1 mol あたりの粒子の数 6.02×10^{23}/mol をアボガドロ定数という。

②**理想気体の状態方程式** 物質量 n の気体で，圧力 p，体積 V，絶対温度 T の間には，次式が成り立つ。この式に厳密にしたがう気体を理想気体という。

■ 重要公式 発展-4

$pV=nRT$ 　　R：気体定数

もっと詳しく

0℃(273 K)，1気圧(1.013×10^5 Pa)で，気体1 molの体積は，気体の種類に関係なく，2.24×10^{-2} m^3 である。

D 気体の内部エネルギー

①**内部エネルギー** 理想気体の内部エネルギーは，物質量と温度だけで決まる。温度が高いほど内部エネルギーは大きくなる。

E 気体の状態変化

①**定積変化(等積変化)** 気体の体積が一定で，圧力と温度が変化する。熱力学の第1法則($\Delta U=Q+W$)で，$W=0$ であるから，$\Delta U=Q$ である。

②**定圧変化(等圧変化)** 気体の圧力が一定で，体積と温度が変化する。一定の圧力を p，体積の変化(増加)を ΔV とすると，気体がした仕事 $W'=p\Delta V$ (された仕事 $W=-p\Delta V$)と表される。熱力学の第1法則($\Delta U=Q+W$)から，$\Delta U=Q-p\Delta V$ である。

③**等温変化** 気体の温度が一定で，圧力と体積が変化する。熱力学の第1法則($\Delta U=Q+W$)で，$\Delta U=0$ であるから，$Q=-W$ である。

④**断熱変化** 気体が外部との熱のやりとりをしないで，圧力と体積と温度が変化する。熱力学の第1法則($\Delta U=Q+W$)で，$Q=0$ であるから，$\Delta U=W$ である。

定積変化

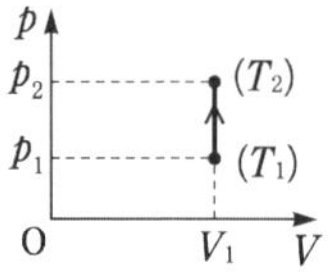

定圧変化

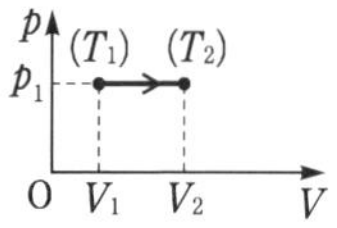

等温変化

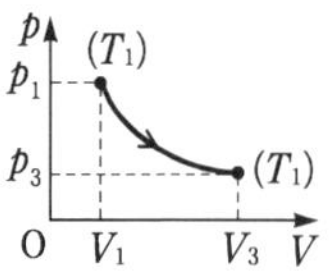

断熱変化

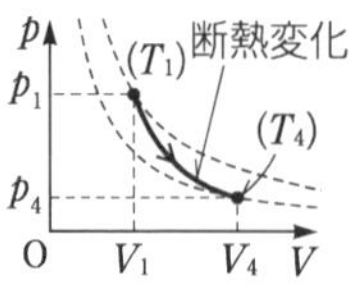

実験・探究のガイド

教科書 p.116　ぽけっとラボ　10. ブラウン運動の観察

ガイド　牛乳やマヨネーズを水で少し薄めて顕微鏡で観察すると，その粒子が不規則に運動していることがわかる。このような粒子の運動をブラウン運動という。

ここで観察されるブラウン運動は，熱運動をして動き回っている水分子が，牛乳やマヨネーズを構成する粒子に衝突することによっておこっている。

なお，牛乳やマヨネーズの濃度を濃くすると，粒子が多くなって，観察しにくくなるので注意する。

教科書 p.117　TRY　インクの拡散を観察しよう

ガイド　冷たい水よりも熱い湯のほうが温度は高いので，水分子の熱運動が激しい。したがって，冷たい水よりも熱い湯にインクを落としたときのほうが，インクは早く拡散すると考えられる。

教科書 p.119　TRY　グラフを読み取ろう

ガイド　同じように加熱するので，加熱時間 t は液体が吸収した熱量 Q に比例する。したがって，グラフの横軸は Q と読み替えても問題ない。また，液体の質量を m，比熱を c とすると $Q=mc\varDelta T$ と表されるので，$\varDelta T=\dfrac{1}{mc}Q$ より mc が小さいほどグラフの傾きも大きい。教科書 p.119 表1を用いると mc は，

水 100 g：$100\ \text{g}\times4.2\ \text{J/(g}\cdot\text{K)}=4.2\times10^2\ \text{J/K}$

水 200 g：$200\ \text{g}\times4.2\ \text{J/(g}\cdot\text{K)}=8.4\times10^2\ \text{J/K}$

菜種油 100 g：$100\ \text{g}\times2.0\ \text{J/(g}\cdot\text{K)}=2.0\times10^2\ \text{J/K}$

したがって，ａは菜種油 100 g，ｂは水 100 g，ｃは水 200 gである。

教科書 p.121 探究 5. 比熱の測定

ガイド **考察** ❶ アルミニウムの正しい比熱は 0.90 J/(g·K) である。この値と実験で求めた c が異なる場合の原因としては，加熱したビーカーからアルミニウムを容器の水の中に移動する際に熱が空気中に逃げてしまうこと，最終的な温度と室温に大きな差があると断熱容器に入れていても外部との熱の出入りが無視できなくなることなどが考えられる。

❷ 方法❹，❺においては，しばらく放置したあとに温度を測定する。これは，温度計で測定する水の温度と容器やアルミニウムなどの温度が等しくなるまでに時間を要するためである。全体の温度が均一になったとき(熱平衡の状態になったとき)の温度を測定しなければならない。

教科書 p.123 TRY 打ち水について考えよう

ガイド 暑い日の朝や夕方に地面に水をまくと，まいた水が蒸発する。水が蒸発するときには蒸発熱を吸収するので，水をまいた付近の熱を吸収した分だけ涼しくなる。

教科書 p.125 ぽけっとラボ 11. 水温の上昇

ガイド 小型ポットを振ると，小型ポットの中の水が仕事をされて水分子の熱運動が激しくなり，水温が上昇する。水 100 mL は 100 g であり，水の比熱は 4.2 J/(g·K) であるから，例えば水温を 1 ℃ (1 K) 上昇させるには，水に仕事をして，

$$100\ \mathrm{g}\times4.2\ \mathrm{J/(g\cdot K)}\times1\ \mathrm{K}=4.2\times10^2\ \mathrm{J}$$

の熱量を吸収させる必要がある。

教科書 p.127 TRY 脱脂綿を発火させよう

ガイド 内部エネルギーの変化を ΔU，物体が吸収した熱量を Q，物体がされた仕事を W とすると，熱力学の第1法則より $\Delta U=Q+W$ である。

ピストンを一気に押し込むときは断熱変化($Q=0$)とみなせ，ピストンから押し込まれる仕事をされて $W>0$ なので $\Delta U=0+W>0$ となる。内部エネルギーが大きくなるほど物体の温度も上昇するので，ピストンを一気に押し込んで大きな仕事をすると，脱脂綿が発火する。

問・類題・練習のガイド

教科書 p.117 問 1

0 ℃，100 ℃は，絶対温度ではそれぞれ何Kか。また，300 K は何℃か。

ポイント **絶対温度＝セルシウス温度＋273**

解き方　0 ℃は 273 K，100 ℃は (100＋273)K＝373 K である。また，300 K は (300－273) ℃＝27 より 27 ℃である。

答 0 ℃…**273 K**，100 ℃…**373 K**，300 K…**27 ℃**

教科書 p.119 問 2

質量 2.5×10^2 g の銅製の容器に，2.0×10^2 g の水が入っている。容器と水をあわせた全体の熱容量は何 J/K か。ただし，水の比熱を 4.2 J/(g･K)，銅の比熱を 0.39 J/(g･K) とする。

ポイント **熱容量と比熱　$C=mc$**

解き方　容器と水をあわせた全体の熱容量を C とすると，

$$C=2.5\times10^2\ \text{g}\times0.39\ \text{J/(g·K)}+2.0\times10^2\ \text{g}\times4.2\ \text{J/(g·K)}$$
$$\fallingdotseq9.4\times10^2\ \text{J/K}$$

答 **9.4×10^2 J/K**

教科書 p.119 問 3

熱容量 80 J/K の物体を加熱して，その温度を 25℃から 50℃に上昇させたい。必要な熱量は何 J か。

ポイント **熱量と温度変化　$Q=C\varDelta T$**

解き方　温度の上昇は，(50－25) K＝25 K だから，求める熱量 Q は，

$$Q=80\ \text{J/K}\times25\ \text{K}=2.0\times10^3\ \text{J}$$

答 **2.0×10^3 J**

教科書 p.120 類題 1

例題 1 の熱量計に，水 2.0×10^2 g を入れると，全体の温度が 23 ℃になった。この中に，100 ℃に熱した質量 1.0×10^2 g の鉄球を入れると，全体の温度は何℃になるか。ただし，水の比熱を 4.2 J/(g･K)，鉄の比熱を 0.45 J/(g･K) とする。

ポイント **高温の物体が失った熱量＝低温の物体が得た熱量**
熱量と温度変化 $Q=mc\Delta T$

解き方 教科書 p.120 の例題 1 より，熱量計の熱容量は 60 J/K である。求める温度を t とすると，この間に鉄球が失った熱量は，

$1.0\times10^2\ \mathrm{g}\times0.45\ \mathrm{J/(g\cdot K)}\times(100-t)$ …①

熱量計と水が得た熱量は，

$\{60\ \mathrm{J/K}+2.0\times10^2\ \mathrm{g}\times4.2\ \mathrm{J/(g\cdot K)}\}\times(t-23)$ …②

熱量の保存から，式①＝式② t を求めると，$t\fallingdotseq 27\ ℃$

答 **27 ℃**

教科書 p.123 問 4

0 ℃の氷 2.0×10^2 g を，すべて 0 ℃の水に変えるために必要な熱量は何 J か。ただし，水の融解熱を 3.3×10^2 J/g とする。

ポイント **0 ℃，1 g の氷を 0 ℃の水に変えるのに必要な熱量は 3.3×10^2 J**

解き方 0 ℃，1 g の氷を 0 ℃の水に変えるために必要な熱量は，3.3×10^2 J である。よって，求める熱量は，

$2.0\times10^2\ \mathrm{g}\times3.3\times10^2\ \mathrm{J/g}=6.6\times10^4\ \mathrm{J}$

答 **6.6×10^4 J**

教科書 p.124 問 a

年間を通しての気温の差が 40 ℃であるとする。0 ℃における長さ 25 m の鉄製のレールが，最も長くなるときと最も短くなるときの長さの差は何mか。ただし，鉄の線膨張率を 1.2×10^{-5}/K とする。

ポイント **線膨張 $L=L_0(1+\alpha t)$**

解き方 t〔℃〕での長さを L，0 ℃での長さを L_0，線膨張率を α とすると，$L=L_0(1+\alpha t)$ と表される。温度差 40 ℃で長さの差は，

$25\{1+1.2\times10^{-5}\times(t+40)\}\ \mathrm{m}-25(1+1.2\times10^{-5}\times t)\ \mathrm{m}$

$=25(1.2\times10^{-5}\times40)\ \mathrm{m}=1.2\times10^{-2}\ \mathrm{m}$

答 **1.2×10^{-2} m**

教科書 p.127 問 5

気体に 20 J の熱量を与え，さらに，外部から気体に 40 J の仕事をした。このとき，気体の内部エネルギーの変化は何 J か。

ポイント　**熱力学の第 1 法則　$\Delta U = Q + W$　　W は外部からされた仕事**

解き方　内部エネルギーの変化を ΔU とすると，熱力学の第 1 法則より，

$\Delta U = 20\ \text{J} + 40\ \text{J} = 60\ \text{J}$

答 **60 J**

思考力UP↑
気体が外部にした仕事を W' とすると，$Q = \Delta U + W'$ と表される。

教科書 p.127 問 6

気体が外部から 50 J の仕事をされ，30 J の熱量を放出した。このとき，気体の内部エネルギーの変化は何 J か。

ポイント　**熱力学の第 1 法則 $\Delta U = Q + W$　熱量を放出するときは $Q < 0$**

解き方　気体の内部エネルギーの変化を ΔU とすると，熱力学の第 1 法則より，

$\Delta U = -30\ \text{J} + 50\ \text{J} = 20\ \text{J}$

答 **20 J**

教科書 p.129 問 a

容積が一定の容器に，圧力 1.0×10^5 Pa，温度 27 ℃ の気体が入れられている。この気体を 327 ℃ に加熱したとき，その圧力は何 Pa になるか。

ポイント　**ボイル・シャルルの法則　$\dfrac{pV}{T} = $一定**

解き方　27 ℃ は (27＋273) K＝300 K，327 ℃ は (327＋273) K＝600 K である。容器の容積を V，373 ℃ での気体の圧力を p とすると，ボイル・シャルルの法則より，

$$\frac{1.0 \times 10^5\ \text{Pa} \times V}{300\ \text{K}} = \frac{pV}{600\ \text{K}}$$　よって，$p = 2.0 \times 10^5$ Pa

答 **2.0×10^5 Pa**

教科書 p.129 問 b

圧力 1.0×10^5 Pa，体積 8.3×10^{-2} m^3，温度 127 ℃の理想気体がある。この理想気体の物質量は何 mol か。ただし，気体定数を 8.3 J/(mol·K) とする。

ポイント **理想気体の状態方程式 $pV=nRT$**

解き方 127 ℃は (127＋273) K＝400 K である。気体の物質量を n とすると，理想気体の状態方程式は，

$1.0\times10^5\ \mathrm{Pa}\times8.3\times10^{-2}\ \mathrm{m^3}=n\times8.3\ \mathrm{J/(mol\cdot K)}\times400\ \mathrm{K}$

よって，$n=2.5$ mol

答 2.5 mol

教科書 p.130 問 c

容器内の気体に，その体積を一定に保ったまま 30 J の熱を加えた。このとき，気体の内部エネルギーの増加は何 J か。

ポイント **熱力学の第1法則 $\Delta U=Q+W$ 体積が一定のときは $W=0$**

解き方 気体の内部エネルギーの変化を ΔU とすると，熱力学の第1法則より，

$\Delta U=30\ \mathrm{J}+0=30\ \mathrm{J}$

答 30 J

教科書 p.131 問 d

温度を一定に保ったまま気体を膨張させたところ，気体は外部に 80 J の仕事をした。このとき，気体が吸収した熱量は何 J か。

ポイント **熱力学の第1法則 $\Delta U=Q+W$**
温度が一定のときは $\Delta U=0$，外部に仕事をしたときは $W<0$

解き方 気体が吸収した熱量を Q とすると，熱力学の第1法則より，

$0=Q+(-80\ \mathrm{J})$ よって，$Q=80$ J

答 80 J

教科書 p.131 **問 e**

容器内の気体を断熱的に圧縮すると，気体は外部から 2.0×10^2 J の仕事をされた。このときの，気体の内部エネルギーの増加は何 J か。

ポイント **熱力学の第１法則　$\Delta U=Q+W$　断熱変化のときは $Q=0$**

解き方 気体の内部エネルギーの増加を ΔU とすると，熱力学の第１法則より，

$$\Delta U=0+2.0\times10^2\ \mathrm{J}=2.0\times10^2\ \mathrm{J}$$

答 2.0×10^2 J

思考力UP↑

気体の状態変化を熱力学の第１法則を用いてまとめると，次のようになる。

	定積変化	定圧変化	等温変化	断熱変化
特徴	体積一定 $W=0$	圧力一定 $W=-p\Delta V$	温度一定 $\Delta U=0$	熱の出入りなし $Q=0$
熱力学の 第１法則 $\Delta U=Q+W$	$\Delta U=Q$	$\Delta U=Q-p\Delta V$	$Q=-W$	$\Delta U=W$

教科書 p.132 **問 7**

熱機関が 2.0×10^2 J の熱を吸収し，外部に 60 J の仕事をした。熱機関の熱効率を求めよ。

ポイント **熱効率　$e=\dfrac{W'}{Q_1}$**

解き方 熱効率 e は，$e=\dfrac{60\ \mathrm{J}}{2.0\times10^2\ \mathrm{J}}=0.30$

答 0.30

節末問題のガイド

教科書 p.135

❶ 熱の移動

関連：教科書 p.120 例題 1

質量 200 g，比熱 0.84 J/(g･K) の物質でできたコップが置かれている。コップの温度は 10 ℃であった。このコップに 80 ℃の水 100 g を入れ，しばらくすると，水の温度は一定になった。水の比熱を 4.2 J/(g･K) とし，熱は水とコップの間だけで移動したとする。

(1) 水とコップの熱容量は，それぞれ何 J/K か。

(2) 水とコップの温度は，それぞれ何℃になったか。

ポイント (1) **$C=mc$ を用いる。**

(2) **水の温度が一定になったとき，水とコップは熱平衡の状態なので，コップも同じ温度になっている。熱量は保存される。**

解き方 (1) 水の熱容量は，

$$100\ \mathrm{g}\times 4.2\ \mathrm{J/(g\cdot K)}=4.2\times 10^2\ \mathrm{J/K}$$

コップの熱容量は，

$$200\ \mathrm{g}\times 0.84\ \mathrm{J/(g\cdot K)}=168\ \mathrm{J/K}\fallingdotseq 1.7\times 10^2\ \mathrm{J/K}$$

(2) 水を入れる前のコップの温度は室温と同じ 10 ℃である。コップに水を入れて水の温度が一定になったとき，水とコップは熱平衡の状態なので，コップも同じ温度になっている。この温度を t とすると，

水が失った熱量：$4.2\times 10^2\ \mathrm{J/K}\times(80-t)$ …①

コップが得た熱量：$168\ \mathrm{J/K}\times(t-10)$ …②

熱の移動は水とコップの間だけでおこったので，熱量は保存される。式①＝式② より，

$$t=60\ ℃$$

答 (1) 水…**4.2×10^2 J/K**，コップ…**1.7×10^2 J/K**

(2) **いずれも 60 ℃**

読解力UP↑

熱量の保存を式に表すとき，熱平衡に達する前の高温の物体と低温の物体がそれぞれ何であるかを意識しよう。ここでは，高温の物体は「水」，低温の物体は「コップ」であることを確認しよう。

❷ 熱量の保存　関連：教科書 p.120 例題 1

50 ℃の水 90 g に，0 ℃の氷 10 g を入れると，氷はすべて水となり，やがて一定の温度に達した。このときの水の温度は何℃か。ただし，水の融解熱を 3.3×10^2 J/g，水の比熱を 4.2 J/(g·K) とし，熱は氷と水の間だけで移動したとする。

ポイント　**氷の融解に必要な熱量は，氷の質量×水の融解熱**
50 ℃の水 90 g が失った熱量と，0 ℃の氷 10 g が得た熱量は等しい（熱量の保存）。

解き方　最終的な一定の温度を t とする。50 ℃の水 90 g が失った熱量は，

$90\ \text{g}\times4.2\ \text{J/(g·K)}\times(50-t)$　…①

0 ℃の氷 10 g が得た熱量は，氷が水になるときに得た熱量と水になった後に温度が上昇したときに得た熱量の和なので，

$10\ \text{g}\times3.3\times10^2\ \text{J/g}+10\ \text{g}\times4.2\ \text{J/(g·K)}\times(t-0)$　…②

熱量の保存から，式①＝式② より，t を求めると，

$t\fallingdotseq37$ ℃

答 37 ℃

❸ 熱容量の大小　関連：教科書 p.118，119

温度が 100 ℃で等しい質量の湯を，室温と同じ温度の湯のみ A，B のそれぞれに入れて一定時間が経過したとき，熱平衡の状態になった。このとき，湯のみAの温度は，湯のみBの温度より高かった。湯のみ A，B の熱容量は，どちらが大きいか。理由とともに答えよ。ただし，熱は湯と湯のみの間だけで移動したとする。

ポイント　**$Q=C\Delta T$ より $\Delta T=\dfrac{Q}{C}$ となるので，温度上昇 ΔT と熱容量 C は反比例する。**

解き方　熱容量 C の物体が熱量 Q を吸収して ΔT だけ温度上昇したとすると，$Q=C\Delta T$ が成り立つ。$\Delta T=\dfrac{Q}{C}$ より，熱容量 C が大きいほど温度上昇 ΔT が小さくなる。したがって，温度上昇の小さな湯のみBのほうが熱容量は大きい。

答 湯のみ B，理由…**解き方** 参照

❹ 水の状態変化と比熱

関連：教科書 p.118, 119, 123

銅製の熱量計に，氷 100 g を入れたところ，全体の温度が −20 ℃になった。この熱量計に，1 秒間に 200 J の割合で熱を与え続けたところ，全体の温度はグラフのように変化した。与える熱以外に，外部との熱の出入りはないものとする。また，水の比熱を 4.2 J/(g·K) とする。

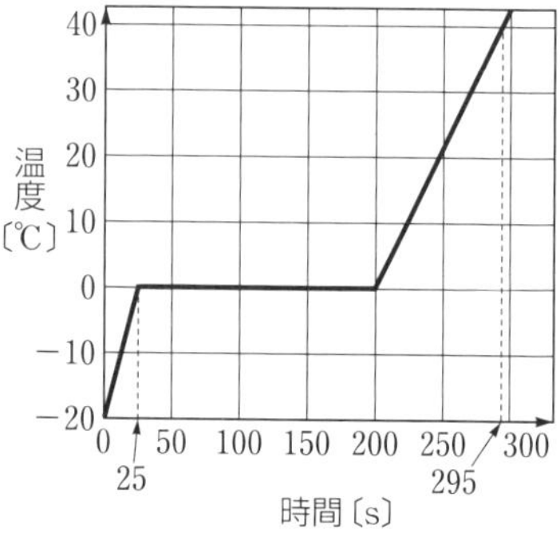

(1) 0 ℃の氷 100 g が融解して，0 ℃の水になるのに必要な熱量は何 J か。

(2) 熱量計だけの温度を，1 ℃上昇させるのに必要な熱量は何 J か。

(3) 氷の比熱は何 J/(g·K) か。

ポイント (1) **25〜200 s では，0 ℃の氷が 0 ℃の水に変化していく。**

(2) **200〜295 s の間に，熱量計と水の温度は 0 ℃から 40 ℃に上昇している。1 秒間あたりに得る熱量は 200 J である。**

(3) **0〜25 s では，熱量計と氷の温度は −20 ℃から 0 ℃に上昇している。**

解き方 (1) 25〜200 s では，0 ℃の氷が徐々に 0 ℃の水に変化していく。200 s 以降では，すべて液体の水となっている。1 秒間あたりに得る熱量は 200 J であるから，

$$200\ \mathrm{J/s}\times(200\ \mathrm{s}-25\ \mathrm{s})=3.5\times10^4\ \mathrm{J}$$

(2) 200〜295 s では，熱量計と 100 g の水の温度は 0 ℃から 40 ℃に上昇している。熱量計の熱容量(熱量計を 1 ℃上昇させるのに必要な熱量)を C とすると，熱量計と水が 1 秒間あたりに得る熱量は 200 J であるから，

$$200\ \mathrm{J/s}\times(295\ \mathrm{s}-200\ \mathrm{s})=(C+100\ \mathrm{g}\times4.2\ \mathrm{J/(g\cdot K)})\times(40-0)\ \mathrm{K}$$

よって，$C=55\ \mathrm{J/K}$

したがって，55 J である。

(3) 0〜25 s では，熱量計と氷の温度は −20 ℃から 0 ℃に上昇している。氷の比熱を c とすると，

$$200\ \mathrm{J/s}\times(25\ \mathrm{s}-0\ \mathrm{s})=(55\ \mathrm{J/K}+100\ \mathrm{g}\times c)\times\{0-(-20\ \mathrm{K})\}$$

よって，$c=1.95\ \mathrm{J/(g\cdot K)}\fallingdotseq2.0\ \mathrm{J/(g\cdot K)}$

答 (1) **3.5×10^4 J** (2) **55 J** (3) **2.0 J/(g·K)**

❺ 仕事と熱量

関連：教科書 p.119

厚手のビニール袋に，粒状のスズを 0.50 kg 入れて封をする。これを床上 2.0 m の高さから自由落下させる。落下の操作を 50 回繰り返した。このとき，スズの温度は 3.0 ℃上昇した。重加速度の大きさを 9.8 m/s^2，スズの比熱を 0.22 J/(g･K) として，次の各問に答えよ。

(1)　50 回の落下で，重力による位置エネルギーの減少量は合計何 J か。

(2)　(1)で失ったエネルギーがすべてスズの温度上昇に使われたとすると，温度は何K上昇するか。

(3)　(2)で求めた値と実際の値は異なる。その理由を説明せよ。

ポイント (1)　**重力による位置エネルギー U は，$U=mgh$ と表される。**

(2)　**熱量 Q は，$Q=mc\Delta T$ と表される。**

解き方 (1)　1 回の落下で減少する重力による位置エネルギーは，

$$0.50\,\mathrm{kg}\times9.8\,\mathrm{m/s^2}\times2.0\,\mathrm{m}=9.8\,\mathrm{J}$$

なので，50 回の落下での合計は，

$$9.8\,\mathrm{J}\times50=4.9\times10^2\,\mathrm{J}$$

(2)　0.50 kg＝500 g である。スズの温度上昇を ΔT とすると，(1)の結果を用いて，

$$4.9\times10^2\,\mathrm{J}=500\,\mathrm{g}\times0.22\,\mathrm{J/(g\cdot K)}\times\Delta T$$

よって，$\Delta T\fallingdotseq4.5\,\mathrm{K}$

(3)　(1)の重力による位置エネルギーの減少分が変換された熱量は，すべてがスズの温度上昇に使われるのではなく，空気中に逃げたり音のエネルギーになったりするため。

答 (1)　**4.9×10^2 J**　　(2)　**4.5 K**　　(3)　**解き方** 参照

第Ⅲ章 波動

第1節 波の性質

教科書の整理

① 波の表し方と波の要素

教科書 p.138~149

A 波

①**波** ある場所に生じた振動が次々とまわりに伝わる現象を波，または波動という。

②**媒質，波源** 波を伝える物質を媒質といい，最初に振動を始めたところを波源という。

> **ここに注意**
> 媒質は振動するだけで，移動しない。

B 波の進行と媒質の振動

①**波形** ある瞬間の波の形。

②**波の速さ** 波形の移動する速さ。

③**パルス波と連続波** 波源が短い時間だけ振動したときに生じる孤立した波を，パルス波という。一方，波源が振動を続けたときに生じる連続的な波を，連続波という。

C 周期的な波

①**単振動** 一定の速さで円周上を動く物体の運動(等速円運動)に，横から光をあてると，その物体の影は直線上を往復する。このような運動を単振動という。

②**周期，振動数** 物体が1回の振動に要する時間Tを周期，1秒間あたりの振動数の回数fを振動数という。振動数の単位はヘルツ(Hz)で，1 Hz=1 回/s である。

■ **重要公式 1-1**

$$f=\frac{1}{T}$$

③**変位，振幅** 振動の中心からの位置のずれを変位といい，変位の最大値を振幅という。

④**正弦波** 単振動によって生じる波形は正弦曲線になる。波形が正弦曲線となる波を正弦波という。

D 正弦波と波の要素

①**波の要素**　波形の最も高いところを**山**，最も低いところを**谷**という。隣りあう山と山(谷と谷)の間隔を**波長**という。振動の中心からの山の高さ(谷の深さ)が波の振幅である。

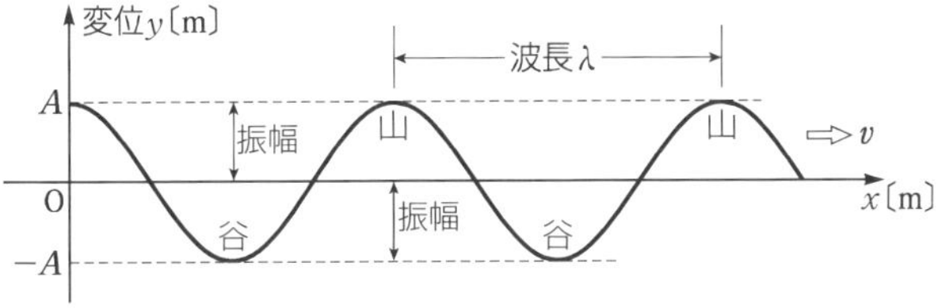

②**波の速さ**　波の速さ v〔m/s〕は，波長を λ〔m〕，周期を T〔s〕，振動数を f〔Hz〕とすると，

■ **重要公式 1-2**

$$v=\frac{\lambda}{T}=f\lambda$$

③***y*-*x* グラフ**　ある時刻における波形は，縦軸に変位 y，横軸に位置 x をとった y-x グラフで表される。

④***y*-*t* グラフ**　ある位置における媒質の振動のようすは，縦軸に変位 y，横軸に時間 t をとった y-t グラフで表される。

E 位相

①**位相**　媒質のある１点が，１周期の中でどのような振動状態にあるのかを示す量。互いに同じ振動状態を**同位相**，逆の振動状態を**逆位相**という。

F 横波と縦波

①**横波と縦波**　媒質の振動方向が波の進行方向に垂直な波を横波という。媒質の振動方向が波の進行方向に平行な波を縦波という。縦波は**疎密波**ともいう。

②**縦波の横波表示**　縦波の進行方向の変位を，進行方向に垂直な変位にとることで，横波のように表示できる。

⚠ここに注意
波源が１回振動する間に，波形は１波長進む。

⚠ここに注意
重要公式 1-2 の式を「波の基本式」とよぶことがある。

〈縦波の横波表示〉

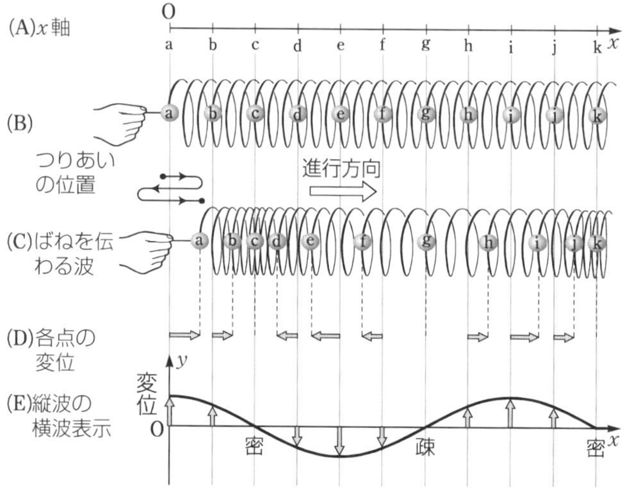

テストに出る
横波表示された図(E)だけが与えられた場合は，図(C)の縦波表示に戻して考えれば，どの位置が疎・密であるかがわかる。

G 波のエネルギー

①**波のエネルギー** 波のエネルギーは，振動数が大きいほど大きく，振幅が大きいほど大きい。

発展 正弦波の式と位相

教科書 p.150～151

A 単振動の式と位相

①**単振動の式と位相** 時刻 $t=0$ での変位が0，振幅 A〔m〕，周期 T〔s〕の単振動の変位 y〔m〕を表す式は，

■ **重要公式 発展-1**

$$y=A\sin\frac{2\pi}{T}t$$

ここに注意
位相が 2π rad 異なるごとに等しい振動状態を繰り返すので，位相は0から 2π rad の角で表されることが多い。

B 正弦波の式と位相

①**正弦波の式と位相** 原点Oの媒質が■**重要公式 発展-1** で表される単振動をして，正弦波が x 軸の正の向きに速さ v〔m/s〕で伝わるとき，波長を λ〔m〕とすると，時刻 t〔s〕における位置 x〔m〕の媒質の変位 y〔m〕を表す式は，

■ **重要公式 発展-2**

$$y=A\sin\frac{2\pi}{T}\left(t-\frac{x}{v}\right)=A\sin 2\pi\left(\frac{t}{T}-\frac{x}{\lambda}\right)$$

ここに注意
$2\pi\left(\frac{t}{T}-\frac{x}{\lambda}\right)$ は位相を表す。

C y-x グラフと y-t グラフ

①**波のグラフ**　y-x グラフは■**重要公式 発展-2** で t を一定と考えた場合のグラフである。y-t グラフは■**重要公式 発展-2** で x を一定と考えた場合のグラフである。

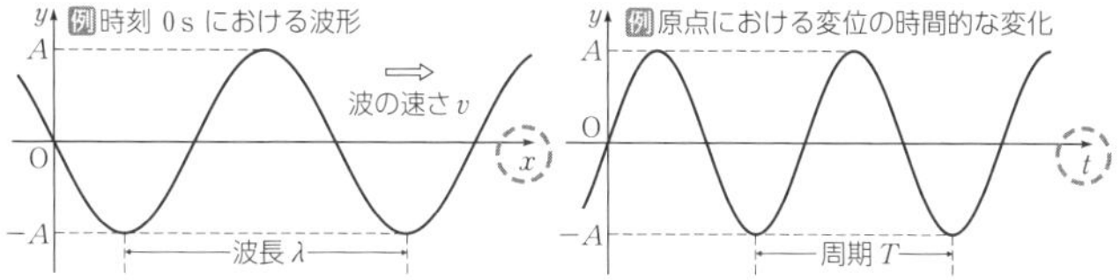

(a) y-xグラフ　ある時刻における波形　　(b) y-tグラフ　ある位置での媒質の変位の時間的な変化

② 波の重ねあわせと反射　教科書 p.152～161

A 重ねあわせの原理

①**重ねあわせの原理**　いくつかの波が重なりあってできる波を**合成波**という。合成波のある点での媒質の変位 y は，

■ **重要公式 2-1**

$y = y_A + y_B$　　y_A，y_B：ある点での２つの波の変位

②**波の独立性**　重なりあった波が通り過ぎたあと，互いの影響を受けることなく進行する性質。

テストに出る
合成波を作図するときは，波の重ね合わせの原理と波の独立性をもとにして考える。

B 定常波

①**定常波(定在波)**　波長，波の速さ，振幅が等しい２つの正弦波が互いに逆向きに進んで重なりあうとき，合成波はまったく振動しない部分と大きく振動する部分とが交互に並び，進まないように見える。このような波を定常波(定在波)という。また，定常波の常に振動しない部分を**節**，振幅が最大の部分を**腹**という。

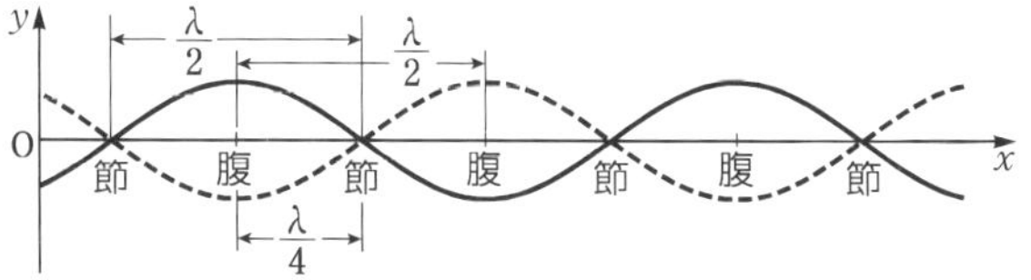

隣りあう節の間の距離は $\frac{\lambda}{2}$，隣りあう腹の間の距離は $\frac{\lambda}{2}$，
隣りあう節と腹の間の距離は $\frac{\lambda}{4}$

もっと詳しく
腹の部分の振幅は，進行波の振幅の２倍となる。

②**進行波**　定常波の合成前の波のように，波形が進んでいく波。

C 波の反射と波形の変化

①**入射波と反射波** 波は媒質の端や異なる媒質との境界で反射する。媒質の端や境界に向かって進む波を入射波，反射してもどる波を反射波という。反射しても，波の速さ，振動数は変化しない。

②**自由端反射** 他端の媒質が自由に動くことができる場合の波の反射。自由端においては，波はそのままの形(山は山，谷は谷のまま)で反射される。

③**固定端反射** 他端の媒質が固定された場合の波の反射。固定端においては，波の山は谷に，谷は山に反転した形で反射される。

④**パルス波の反射** 教科書 p.157 図 22 のようにして反射波を作図する。自由端反射(図 22(a))では，反射がおこらないとして自由端を通過した入射波を描き，その入射波を自由端で折り返すと反射波になる。固定端反射(図 22(b))では，反射がおこらないとして固定端を通過した入射波を描き，その入射波を上下に反転させ，さらに固定端で折り返すと反射波となる。

⑤**正弦波の反射** 連続した正弦波が反射すると，入射波と反射波が重なりあって定常波ができる。自由端では入射波と反射波の変位が常に等しく，強めあって腹となる。また，固定端では常に変位が 0 であり，節となる。反射波の作図は，パルス波の場合と同様にする。

⚠ここに注意
反射点における入射波と反射波の位相は，自由端反射では同位相，固定端反射では逆位相になる。

③ 発展 波の干渉・反射・屈折・回折 教科書 p.162~168

A 平面波と球面波

①**波面** 同位相の点を連ねてできた線または面。波の進む向きは，波面に対して常に垂直である。

②**平面波と球面波** 波面が直線または平面である波を平面波，波面が円または球面である波を球面波という。

B 波の干渉

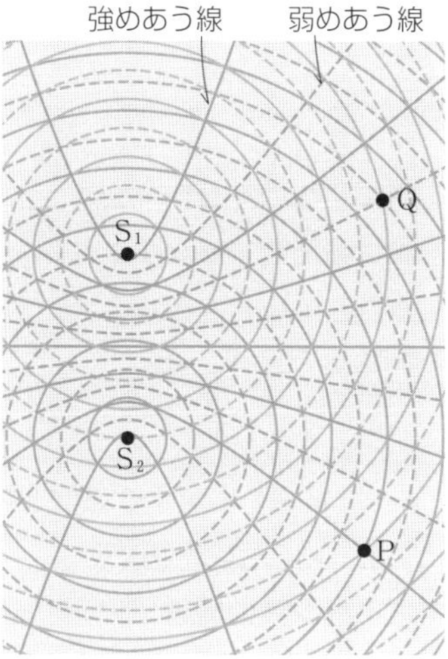

①**波の干渉**　水面上に同位相，同じ振幅で振動する 2 つの波源 S_1，S_2 を置くと，それぞれの波源から球面波が広がっていく。このとき，2 つの波が強めあって大きく振動する場所と弱めあってほとんど振動しない場所がそれぞれ双曲線上に連なり，それらが交互に並ぶ(双曲線は 2 つの定点からの距離の差が一定の点を連ねた線)。複数の波が同時に重なりあうとき，互いに強めあう場所と弱めあう場所ができる現象を波の干渉という。

②**波の干渉の条件**　2 つの波の山と山，または谷と谷が重なりあう場所のように，2 つの波の位相が常に等しいところでは，強めあう。一方，2 つの波の山と谷が重なりあう場所のように，2 つの波の位相が常に逆のところでは，弱めあう。2 つの波源 S_1，S_2 からの距離を L_1，L_2，波長を λ とすると，

■ 重要公式 3-1

強めあう条件

$$|L_1-L_2|=m\lambda=2m\cdot\frac{\lambda}{2} \qquad (m=0,\ 1,\ 2,\ \cdots)$$

弱めあう条件

$$|L_1-L_2|=\left(m+\frac{1}{2}\right)\lambda=(2m+1)\frac{\lambda}{2} \qquad (m=0,\ 1,\ 2,\ \cdots)$$

⚠ここに注意
波源 S_1，S_2 が逆位相で振動する場合は，強めあう条件と弱めあう条件が逆になる。

C 平面波の反射と屈折

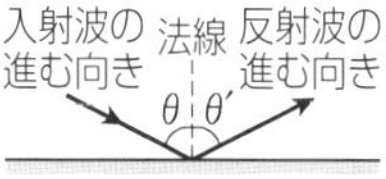

①**入射角と反射角**　波が反射するとき，右図の θ，θ' をそれぞれ入射角，反射角という。

②**反射の法則**　波の反射において，入射角 θ と反射角 θ' は等しい。

■ 重要公式 3-2

$\theta=\theta'$　(入射角＝反射角)

⚠ここに注意
入射角，反射角，屈折角は，波の進む方向と境界面の法線がなす角である。

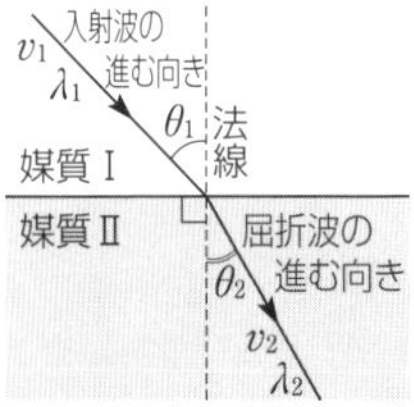

③**屈折波** 屈折して進む波を屈折波という。また，右図の θ_1 を入射角，θ_2 を屈折角という。

④**射線** 波の進む向きを示す矢印。

⑤**屈折の法則** 媒質Ⅰ，Ⅱにおける波の速さを v_1，v_2，波長を λ_1，λ_2 とすると，

■ **重要公式 3-3**

$$\frac{\sin\theta_1}{\sin\theta_2}=\frac{v_1}{v_2}=\frac{\lambda_1}{\lambda_2}=n_{12}\ (一定)$$

n_{12} を媒質Ⅰに対する媒質Ⅱの**屈折率**(**相対屈折率**)という。

D ホイヘンスの原理

①**ホイヘンスの原理** 波面上の各点からは，それを波源とする球面波(**素元波**)が発生する。素元波は波の進む速さと等しい速さで広がり，これら無数の素元波に共通に接する面が，次の瞬間の波面になる。

E 平面波の回折

①**回折** 波が障害物の背後にまわりこむ現象。

②**回折の程度** すき間の幅が波長より十分に大きいときには，回折は目立たない。すき間の幅を波長と同程度かそれ以下にすると，回折が目立つ。

テストに出る

波が異なる媒質に進んだとき，振動数は変化しない。変化するのは，進む向き，速さ，波長である。

実験・探究のガイド

教科書 p.138　TRY　波の媒質を考えよう

ガイド (1)　音波は空気を伝わる波である。

(2)　地震波は地球を構成する岩盤などを伝わる波である。

教科書 p.139　ぽけっとラボ　12. 波の伝わり方

ガイド　ばねの左端をばねの方向と垂直に1往復振動させると，波がばねを右向きに伝わっていく。このとき，ばね(媒質)のリボンは右向きに進むことはなく，振動するだけである。その振動する方向は，ばねの方向(波の進行する方向)に対して常に垂直である。固定したばねの右端に波が達して反射すると，反射した波は左向きに進み，リボンは再び振動をする。

教科書 p.141　TRY　波形を描こう

ガイド　教科書 p.141 図 5 と比べると，常に手を逆方向に振っているので，ロープに生じる波形は図 5 のひもを伝わる波形を上下反転させた波形になる。

教科書 p.142　ぽけっとラボ　13. 周期と波長の関係

ガイド　長い周期で振ったときは波長が長くなり，短い周期で振ったときは波長が短くなる。同じばねを伝わる波の速さは等しく，**■重要公式 1-2** $v=\dfrac{\lambda}{T}$ より，波の速さ v が一定のとき，波長 λ と周期 T が比例することからもわかる。

教科書 p.144　TRY　y-t グラフを描こう

ガイド　リボンには，まず波の下向きに変位したところが伝わり，やがて上向きに変位したところが伝わるとわかる。上向きの変位 y を正とすると，y-t グラフの概形は右図のようになる。

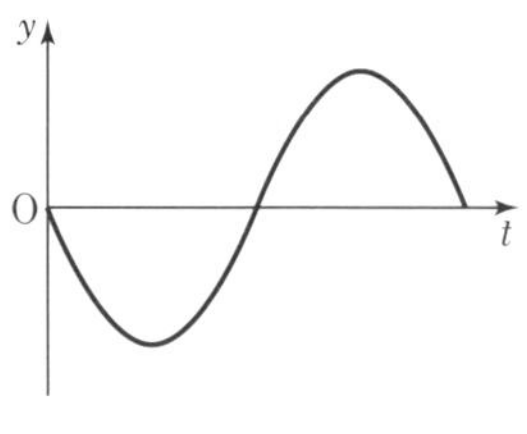

教科書 p.146　TRY　逆位相の関係を調べよう

ガイド　教科書 p.146 図 10 の②，④の y-t グラフは次のようになり，常に逆の振動状態とわかる。

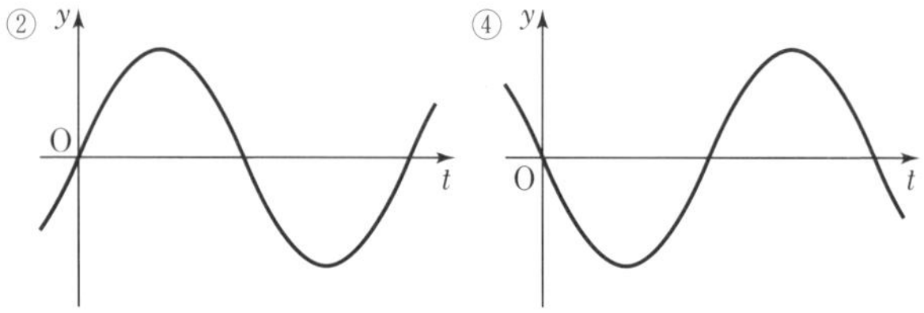

教科書 p.147　ぽけっとラボ　14. 横波と縦波

ガイド　ばねの端をばねと垂直に一定の周期，振幅で振ると，ばねには横波が生じる。横波の振動はばねの伝わる向きと垂直であり，ばねを山や谷の波形が伝わる。

ばねの端をばねと平行に一定の周期，振幅で振ると，ばねには縦波が生じる。縦波の振動はばねの伝わる向きと平行であり，縦波が伝わるとばねの輪の間隔が広い箇所と狭い箇所が周期的に生じる。

教科書 p.149　ぽけっとラボ　15. 波のエネルギー

ガイド　波の振動数が大きいほど波のエネルギーも大きくなるので，速く振って振動数を大きくすると波のエネルギーも大きくなる。

また，波の振幅が大きいほど波のエネルギーも大きくなるので，大きく振ると波のエネルギーも大きくなる。

教科書 p.153　TRY　ノイズキャンセリングのしくみを考えよう

ガイド　ノイズキャンセリング(アクティブノイズキャンセリング)は，雑音を遮断するのではなく，雑音を取り込んで雑音と逆位相の波を発生させ，波の重ねあわせの原理から雑音を弱めるものである。

教科書 p.154　ぽけっとラボ　16. 定常波の観察

ガイド　互いに逆向きで速さ，波長，振幅の等しい波が重なりあうと，定常波が生じる。このとき，波の速さと波長が等しいので，振動数と波の速さの関係より振動数(周期)も等しい。長いロープやプラスチックばねを伝わる波の速さは一定なので，2人が起こす波の振動数(周期)，振幅が等しければ定常波が生じる。

教科書 p.155　TRY　合成波を作図しよう

ガイド　$\frac{1}{4}$ 周期で $\frac{1}{4}$ 波長分進むので，$\frac{1}{4}$ 周期ごとの合成波は次のようになる。

$\frac{1}{4}$周期後

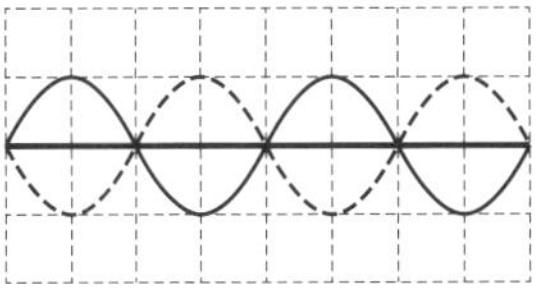

$\frac{3}{4}$周期後

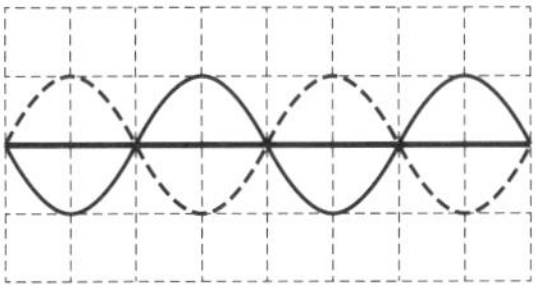

$\frac{2}{4}$周期後

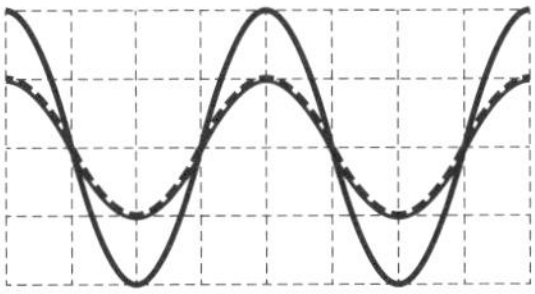

$\frac{4}{4}$周期後

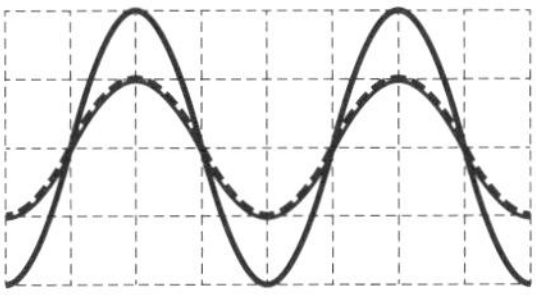

教科書 p.159　ぽけっとラボ　17. 波動実験器の作製

ガイド　左右の端のストローを上下に振動させて，右向きと左向きのパルス波を発生させる。パルス波が出あうと，波の重ねあわせの原理より波形が変わるが，その後はもとの波形に戻る。

また，左端(右端でもよい)のストローを上下に振動させてパルス波を発生させると，パルス波は右向きに伝わり，右端でパルス波は反射される。右端は固定されていないので，パルス波は自由端反射して左向きに伝わる。

教科書 p.167　TRY　波の進み方を考えよう

ガイド　沖から海岸線に向かって波が入射するとき，沖に近い方の波の速さを v_1，海岸線に近い方の波の速さを v_2とすると，沖に近い方が水深が深く波は速いので，$v_1 > v_2$ である。海岸線と平行な境界面を考え，沖から入射角 θ_1 で入射して屈折角 θ_2 で屈折したとする。屈折の法則より $\dfrac{\sin\theta_1}{\sin\theta_2} = \dfrac{v_1}{v_2}$ なので，$\theta_1 > \theta_2$ となる。

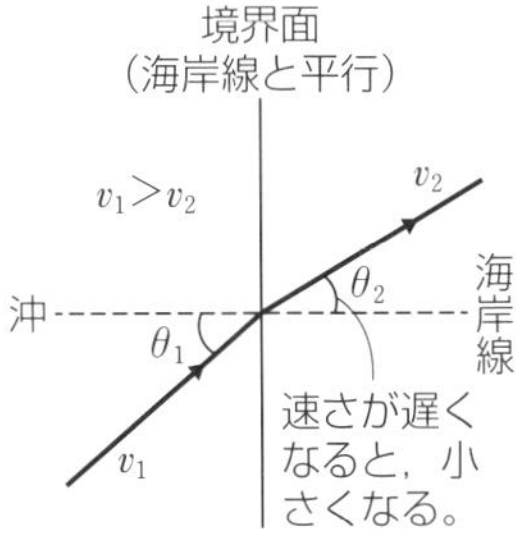

したがって，波が海岸線に近づいて波の速さが遅くなるにつれて，屈折角が小さくなって0°に近づき，波面が海岸線と平行になる。

問・類題・練習のガイド

教科書 p.141 問 1

周期が 2.0 秒の単振動の振動数は何 Hz か。

ポイント **振動数と周期 $f=\dfrac{1}{T}$**

解き方 振動数 $f=\dfrac{1}{2.0\ \text{s}}=0.50\ \text{Hz}$

答 **0.50 Hz**

教科書 p.141 問 2

図 5 において，時刻 $\dfrac{10}{8}T$ における波形を図示せよ。

ポイント **波は時間 T で 1 波長分だけ伝わり，時間 $\dfrac{2}{8}T=\dfrac{1}{4}T$ で $\dfrac{1}{4}$ 波長分だけ伝わる。**

解き方 $\dfrac{10}{8}T=T+\dfrac{2}{8}T$ であり，教科書 p.141 図 5 より時間 $\dfrac{2}{8}T$ で $\dfrac{1}{4}$ 波長分だけ波は伝わることがわかる。したがって，図のようになる。

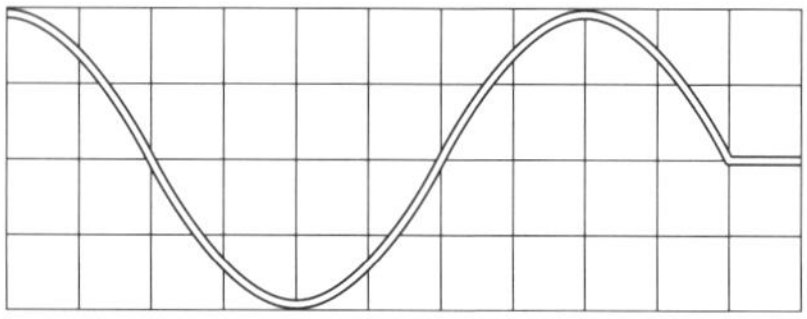

答 解き方 の図参照

教科書 p.142 問 3

周期 0.50 秒，波長 2.0 m の正弦波が伝わる速さは何 m/s か。

ポイント **波の速さ $v=\dfrac{\lambda}{T}$**

解き方 波の速さ $v=\dfrac{2.0\ \text{m}}{0.50\ \text{s}}=4.0\ \text{m/s}$

答 **4.0 m/s**

教科書 p.143 **問 4**

右図のような正弦波が，x 軸の正の向きに進んでいる。次に示す媒質の点を，A～E の記号で答えよ。

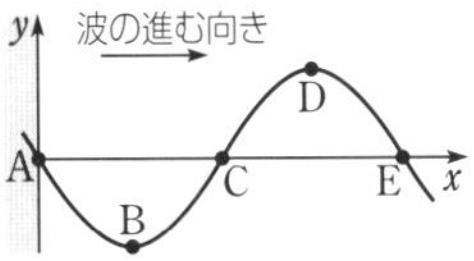

(1)　媒質の速さが 0

(2)　媒質の速度が y 軸の正の向きに最大

ポイント

変位の大きさが最大の点では振動の速さは 0 。
変位が 0 の点では振動の速さが最大。
波形を少し進めて，媒質の動く向きを確認する。

解き方 (1)　変位の大きさが最大の点なので，B と D である。

(2)　振動の速さが最大となるのは変位が 0 の点であり，微小時間後の波形を描くと右図のようになるので，速度が上向きに最大の点は A と E である。

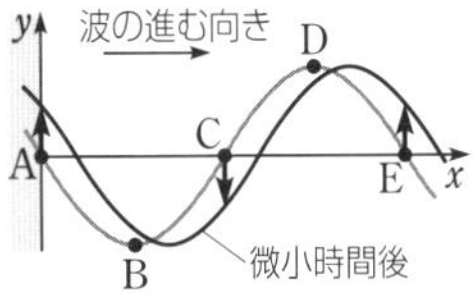

答 (1)　**B，D**　　(2)　**A，E**

教科書 p.144 **類題 1**

図は，x 軸の正の向きに速さ 4.0 m/s で進む正弦波の，時刻 $t=0$ における波形である。

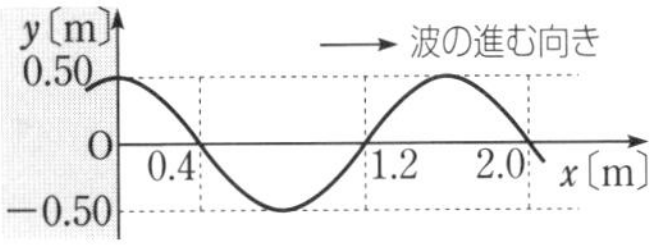

(1)　この波の振幅，波長，振動数はそれぞれいくらか。

(2)　時刻 $t=0.50$ s における波形を描け。

ポイント

波の速さ　$v=f\lambda$　進む距離＝速さ×時間

解き方 (1)　図より，振幅 0.50 m，波長 2.0 m−0.4 m＝1.6 m である。また，振動数を f とすると，

$$f=\frac{4.0\ \text{m/s}}{1.6\ \text{m}}=2.5\ \text{Hz}$$

(2)　0.50 秒間に波は x 軸の正の向きに 4.0 m/s×0.50 s＝2.0 m 進む。

答 (1)　振幅…**0.50 m**，波長…**1.6 m**，振動数…**2.5 Hz**

(2)

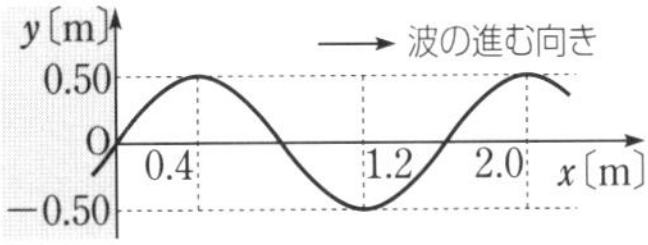

教科書 p.144 問 5

図は，原点（$x=0$ m）でおこった単振動のようすであり，y〔m〕は変位，t〔s〕は時間を表す。この振動によって，x 軸の正の向きに速さ 2.0 m/s で波が伝わる。この波の振幅，周期，波長はそれぞれいくらか。

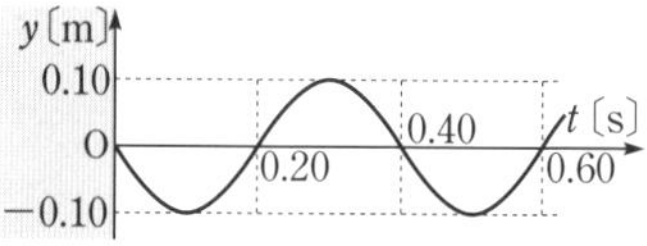

ポイント **y-t グラフから，振幅，周期がわかる。**

解き方 図より，振幅は 0.10 m，周期は 0.40 秒である。また，波長は 1 周期に進む距離と等しいので，2.0 m/s×0.40 s＝0.80 m である。

答 振幅…**0.10 m**，周期…**0.40 秒**，波長…**0.80 m**

教科書 p.145 練習 1

右図は，x 軸の正の向きに速さ 2.0 m/s で進む正弦波の，時刻 $t=0$ s における波形を示している。次の(1)，(2)で示された位置の，媒質の変位 y〔m〕と t〔s〕との関係を表す y-t グラフをそれぞれ描け。

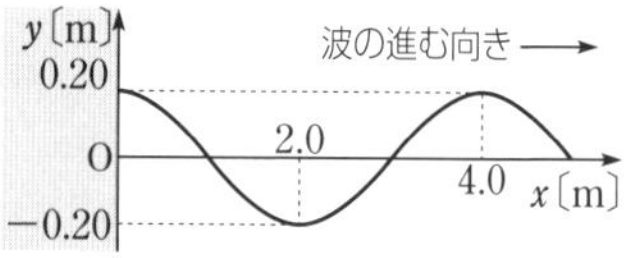

(1) $x=0$ m　　(2) $x=1.0$ m

ポイント **微小時間後の y-x グラフで媒質の動く向きを確認。**

解き方 図より，波長は 4.0 m なので，周期は $\dfrac{4.0\ \text{m}}{2.0\ \text{m/s}}=2.0$ s である。また，図の y-x グラフを x 軸の正の向きに少し進めると，$t=0$ s から微小時間後に $x=0$ m の媒質の変位は 0.20 m から小さく，$x=1.0$ m の媒質の変位は 0 m から大きくなることがわかる。

答 (1)

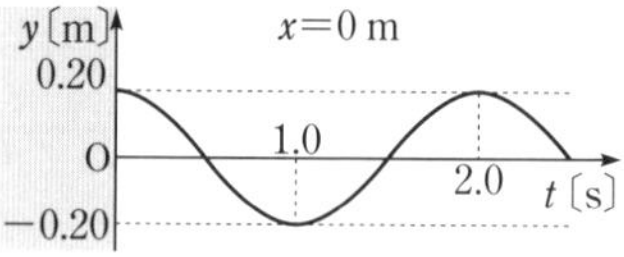

(2)

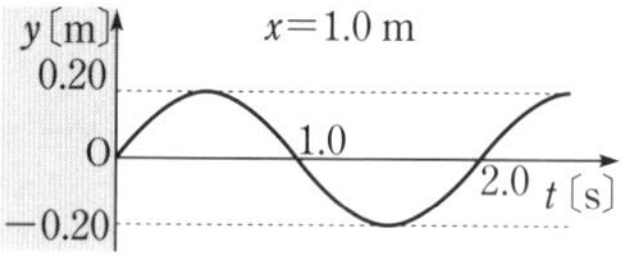

教科書 p.146 **問 6**

図は，ある時刻における，x 軸の正の向きに進む正弦波の波形を示したものである。A，Bのそれぞれの媒質と同位相の場所はどこか。また，逆位相の場所はどこか。C～F の記号で答えよ。

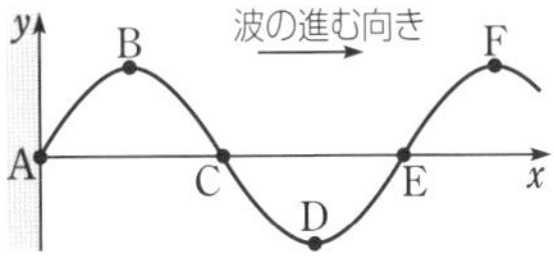

ポイント **同位相：振動の状態が同じ　　逆位相：振動の状態が逆**

解き方 同位相はAとE，BとF，逆位相はAとC，BとD，CとE，DとF。

答 A…同位相：**E**，逆位相：**C**，B…同位相：**F**，逆位相：**D**

教科書 p.148 **問 7**

縦波が，x 軸を正の向きに伝わっている。ある瞬間に，A～I の各媒質の変位が，右図の矢印のようになった。このときの縦波を横波のように表せ。

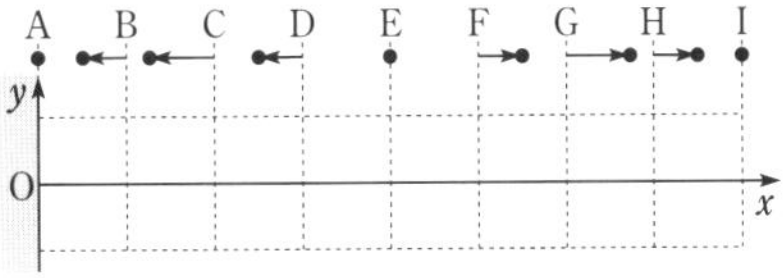

ポイント **x 軸方向の変位を y 軸方向の変位に回転させ，グラフを描く。**

解き方 x 軸の正の向きの変位を y 軸の正の向きに，x 軸の負の向きの変位を y 軸の負の向きにとって，グラフを描く。

答

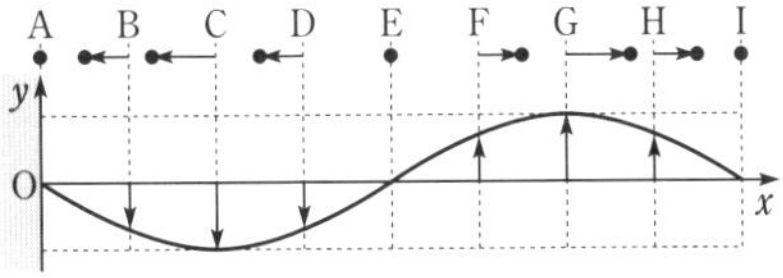

教科書 p.148 **問 8**

横波のように表示すると，右図のようになる縦波がある。図の時刻において，次に示す媒質の点をそれぞれ 1～5 の番号で答えよ。

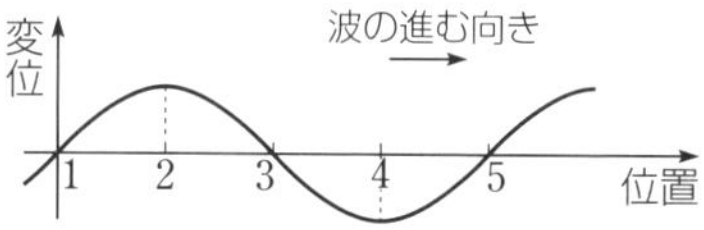

(1) 最も密　(2) 最も疎　(3) 媒質の速さが 0　(4) 媒質の速度が右向きに最大

ポイント **横波表示のグラフを縦波にもどして考える。**

解き方 (1)(2)　横波表示のグラフを縦波にもどすと，右図のようになるので，最も密の点は 3，最も疎の点は 1，5。

(3)(4)　振動の速さが 0 の点は，変位の大きさが最大の点なので，2，4 である。また，波形を正の向きに少し進めると，その時刻の媒質の動く向きがわかる。速度が右向きに最大の点は，変位が 0 で右向き(正の向き)に振動している点なので 3。

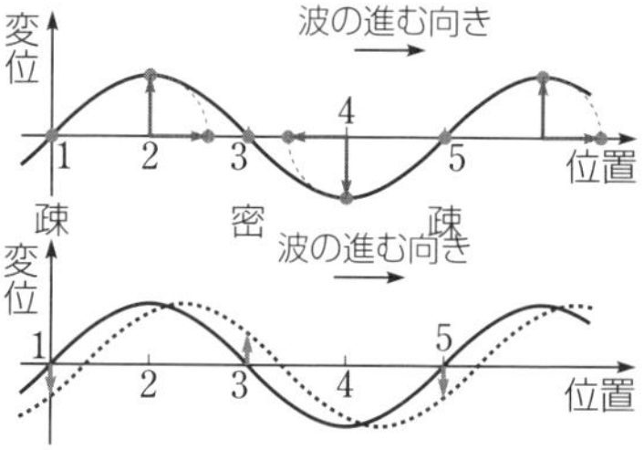

答 (1)　**3**　(2)　**1，5**　(3)　**2，4**　(4)　**3**

教科書 p.153 **問 9**

図のような 2 つの波 A，B が，互いに逆向きに速さ 1 m/s で進んでいる。図の時刻から 2 秒後，3 秒後，4 秒後に観察される波形をそれぞれ図示せよ。

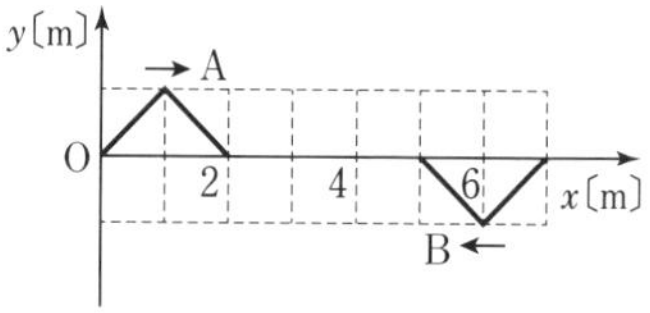

ポイント **それぞれの波を進ませて，波の重ねあわせの原理を用いる。**

解き方　互いに逆向きに速さ 1 m/s で進むので，2 秒後，3 秒後，4 秒後に観察される合成波の波形は図のようになる。

答

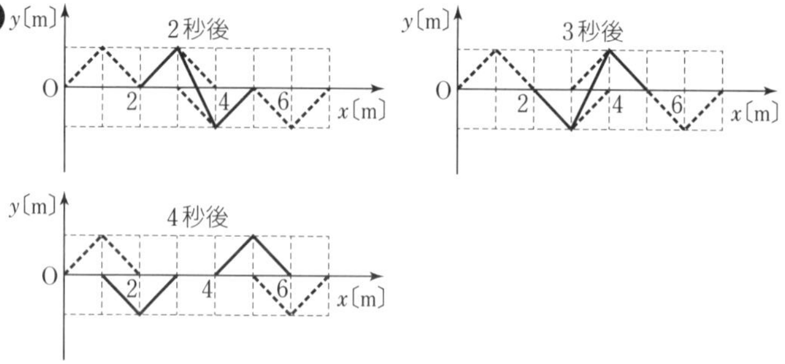

教科書 **p.155** **類題 2**

波長，振幅がそれぞれ等しい連続した正弦波が，同じ速さで x 軸上を互いに逆向きに進んでいる。図は，それぞれの正弦波の先端部分 $\left(\frac{1}{4}\right.$ 波長分$\left.\right)$ を示したものである。

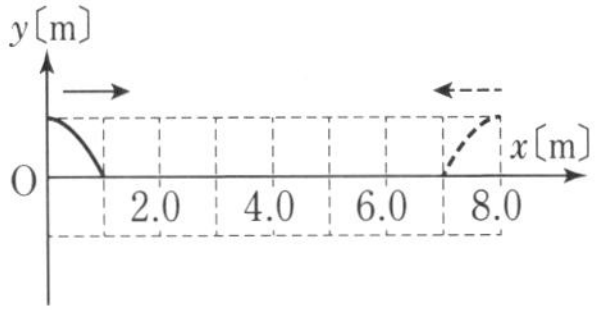

2 つの波が重なりあうと，定常波が生じる。定常波の節の位置を，$0 \leqq x \leqq 8.0$ m の範囲ですべて答えよ。

ポイント **それぞれの正弦波を進ませて，定常波の波形を描く。**

解き方 それぞれの正弦波が 8.0 m だけ進んだときの合成波は，図のようになる。
したがって，節の位置は，
$x = 1.0,\ 3.0,\ 5.0,\ 7.0$ m

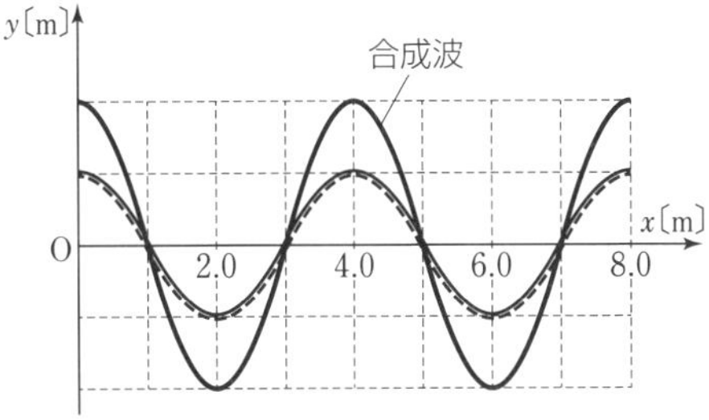

答 **1.0，3.0，5.0，7.0 m**

教科書 **p.157** **問 10**

波が，右向きに 1 cm/s の速さで進んでいる。端が自由端，固定端の各場合について，図の状態から 3 秒後の反射波，合成波を作図せよ。ただし，図の 1 目盛りを 1 cm とする。

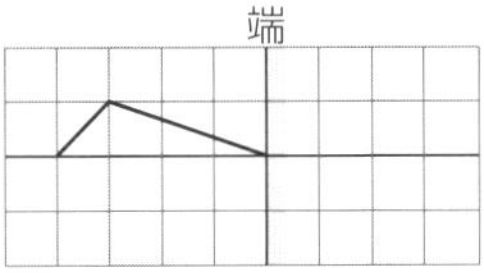

ポイント **自由端反射では，入射波の延長を自由端で折り返したものが反射波。**
固定端反射では，入射波の延長を上下に反転させ，さらに固定端で折り返したものが反射波。
入射波と反射波の変位の和が，合成波の変位。

解き方

自由端反射

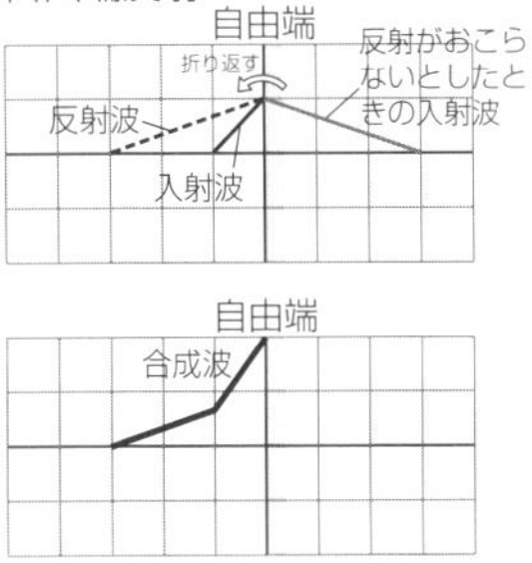

固定端反射

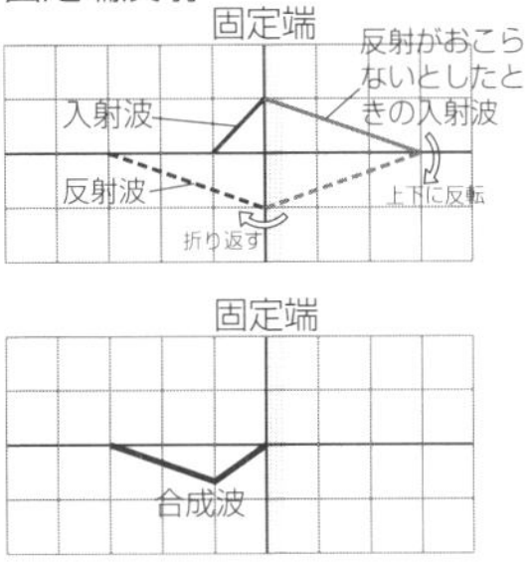

答 **解き方** の図参照

教科書 p.158 **問 11**

連続した正弦波が，自由端，固定端のそれぞれに入射し続けている。次の(1)，(2)は，入射波のみを示したものである。各場合について，図の状態における反射波，合成波を描け。

(1)

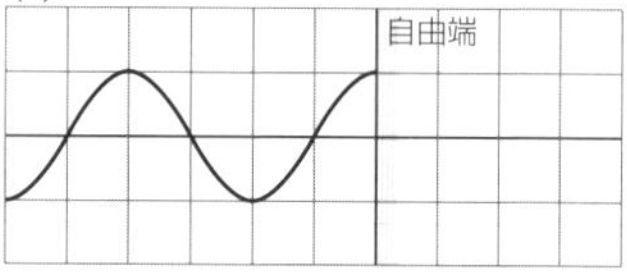

(2)

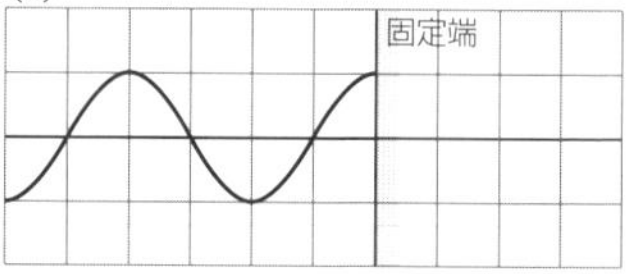

ポイント

自由端反射では，入射波の延長を自由端で折り返したものが反射波。
固定端反射では，入射波の延長を上下に反転させ，さらに固定端で折り返したものが反射波。
入射波と反射波の変位の和が，合成波の変位。

解き方

(1)

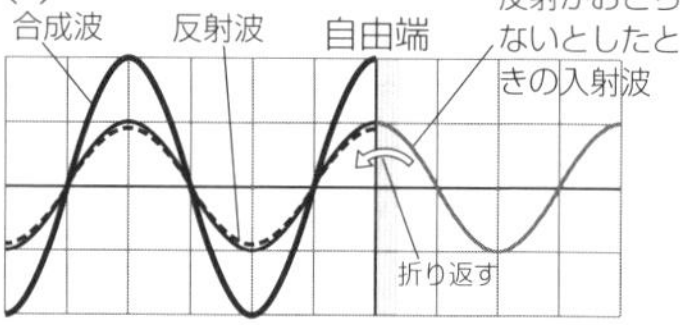

(2)

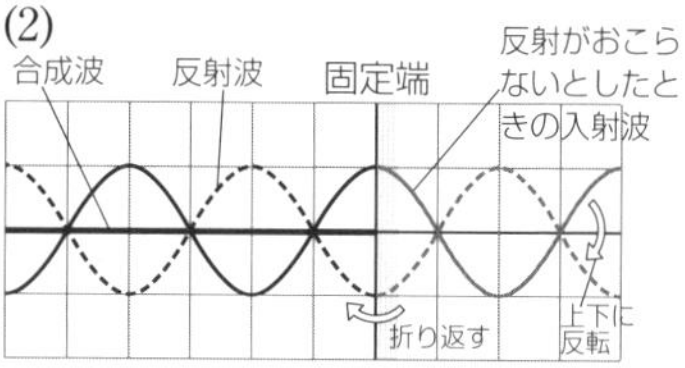

答 **解き方** の図参照

教科書 p.159 **類題 3**

例題3において，端Aが自由端であるとする。同じ正弦波が連続的に送り出され，この波と自由端Aで反射した波とが重なりあい，OA間$(0 \leqq x \leqq 0.60\ \mathrm{m})$に定常波ができた。定常波の腹の位置をすべて答えよ。

ポイント

自由端反射では，入射波の延長を自由端で折り返したものが反射波。
入射波と反射波の変位の和が，定常波の変位。

解き方　反射がおこらないとしたとしたときの入射波を延長して，自由端で折り返すと，反射波の波形になる。入射波と反射波の変位の和が定常波の変位になるので，図のようになる。

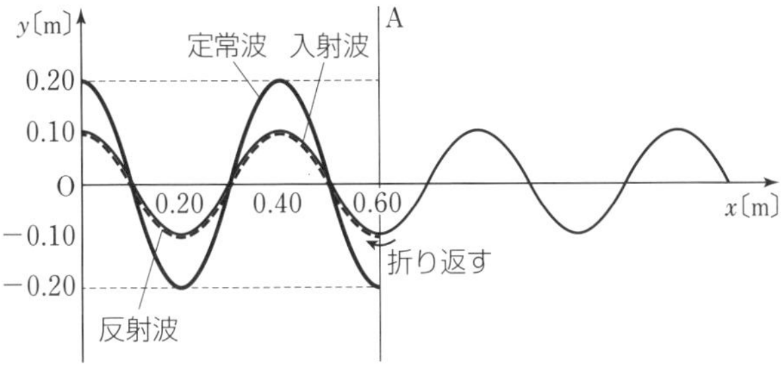

したがって，腹の位置は，$x=0$，0.20，0.40，0.60 m

答 **0，0.20，0.40，0.60 m**

教科書 p.161 **練習 1**

パルス波の合成　右図のように，2つのパルス波が，x 軸に沿って互いに逆向きに速さ 1 m/s で進んでいる。図の状態から 1 秒後と 2 秒後の合成波を描け。

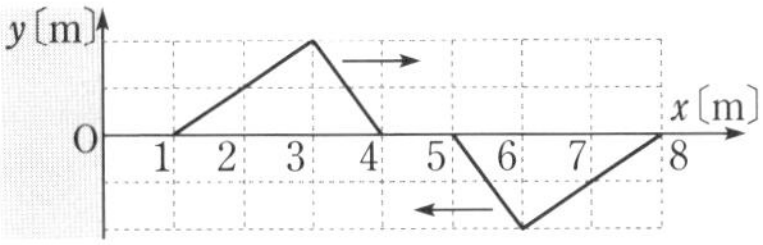

ポイント　**2 つの波を進めて，重ねあわせの原理から変位を合成する。**

解き方

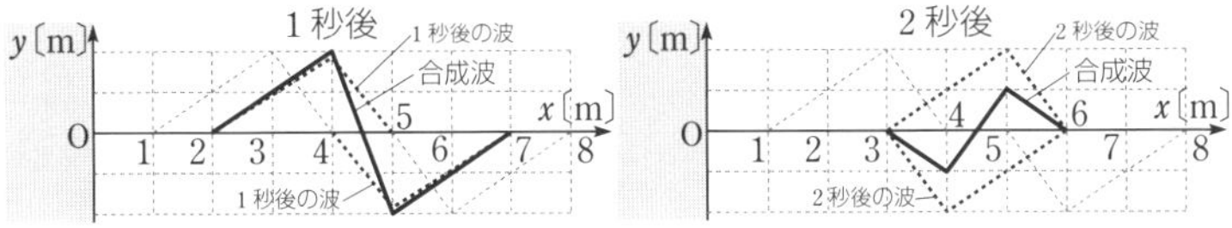

答 **解き方** の図参照

教科書 p.161 **練習 2**

連続波の合成　図は，互いに逆向きに進む 2 つの正弦波の波形である。それぞれの時刻における合成波を作図せよ。

ポイント　**2 つの波の変位の和が合成波の変位になる。**

解き方

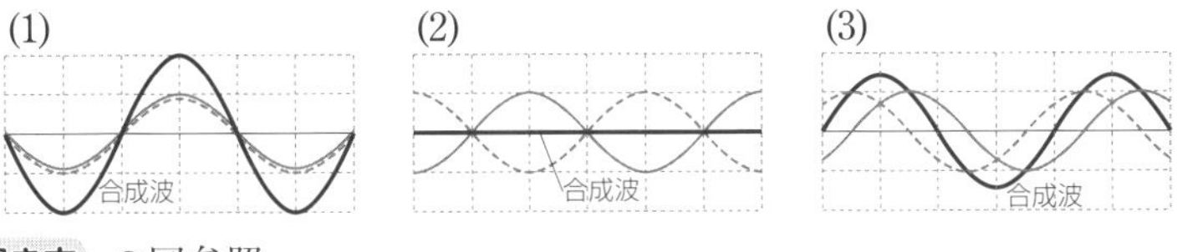

答 **解き方** の図参照

教科書 p.161 **練習 3**

パルス波の反射 右図のようなパルス波が，x 軸の正の向きに速さ 1 m/s で進み，$x=4$ m の位置にある端で反射する。端が自由端，固定端のそれぞれの場合について，図の状態から 2 秒後の反射波と合成波を描け。

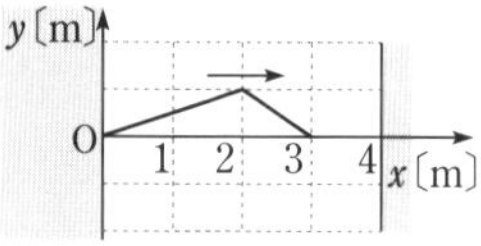

ポイント

波を進めて 2 秒後の入射波を描き，それをもとに自由端と固定端についてそれぞれ反射波を描く。
入射波と反射波を合成して合成波を描く。

解き方

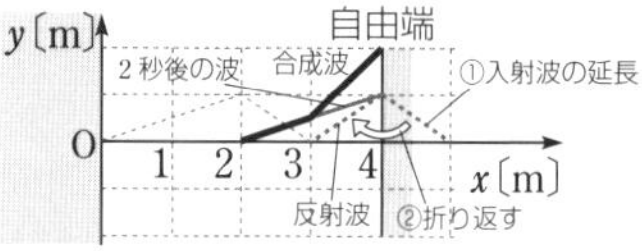

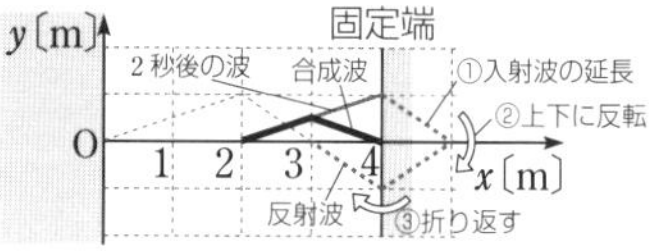

答 **解き方** の図参照

教科書 p.161 **練習 4**

連続波の反射 連続した正弦波が，端 P に入射し続けている。図は，入射波のみを示したものである。端が自由端，固定端のそれぞれの場合について，図の状態における反射波，合成波を描け。

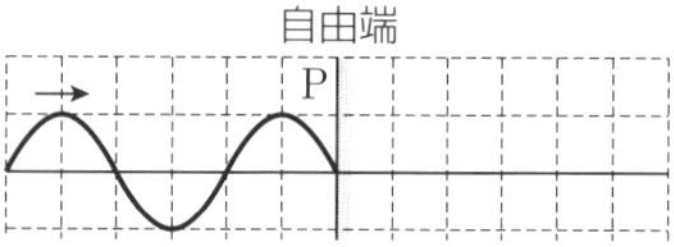

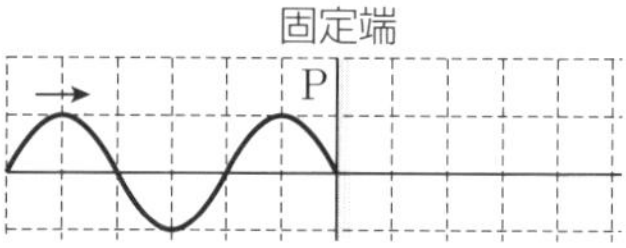

ポイント

自由端反射では，入射波の延長を自由端で折り返したものが反射波。
固定端反射では，入射波の延長を上下に反転させ，さらに固定端で折り返したものが反射波。
入射波と反射波の変位の和が，合成波の変位。

解き方

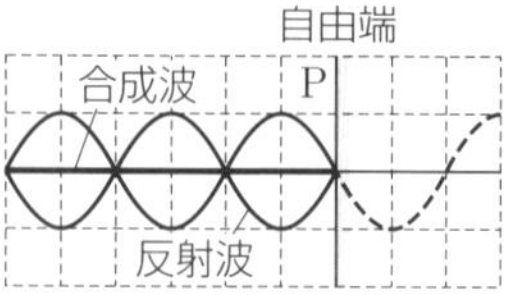

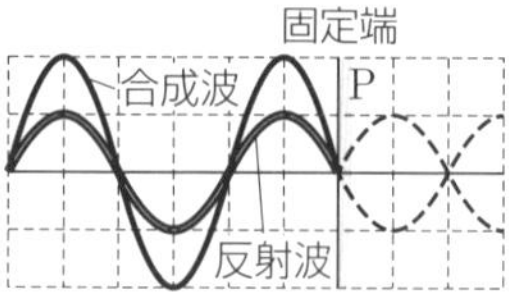

答 **解き方** の図参照

教科書 p.163 **問 12**

水面上の 2 点 S_1，S_2 から，同位相で振幅と波長のそれぞれ等しい波を送り出す。図は，ある瞬間での波の状態であり，実線は山，破線は谷を表す。点 A～D のうち，次に示す点はどこか。

(1) 大きく振動する点　(2) ほとんど振動しない点

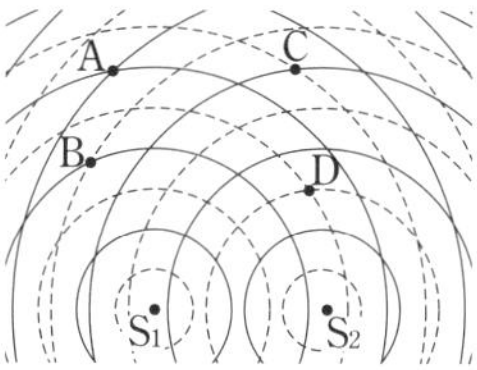

ポイント

山と山，谷と谷が重なる点は，常に同位相の波が重なりあい，強めあう。
山と谷が重なる点は，常に逆位相の波が重なりあい，弱めあう。

解き方 (1)　A は山と山，D は谷と谷が重なる点なので，同位相の波が重なりあって大きく振動する。

(2)　B と C は山と谷が重なる点なので，逆位相の波が重なりあってほとんど振動しない。

答 (1)　**A，D**　(2)　**B，C**

教科書 p.164 **問 13**

平面波が図の矢印の向きに進んでおり，反射面に達した。反射波の進む向きを矢印で示せ。

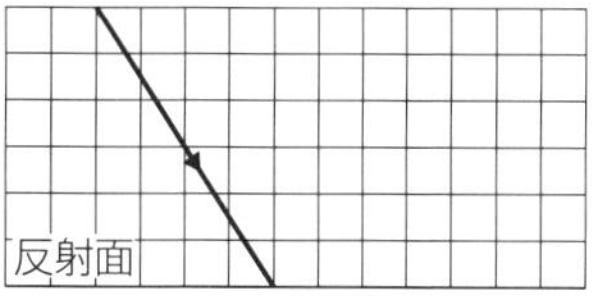

ポイント

反射の法則　入射角＝反射角

解き方　入射角と反射角が等しいので，図のようになる。

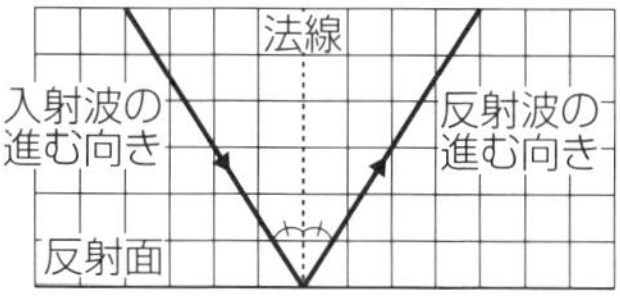

答 **解き方** の図参照

教科書 p.165

問 14

平面波が，媒質Ⅰの中を速さ 0.20 m/s で伝わり，媒質Ⅱに入射した。このとき，入射角が 60°，屈折角が 30° であった。

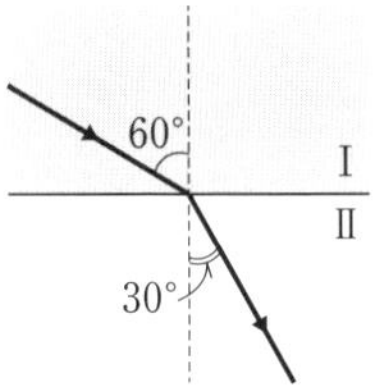

(1) 媒質Ⅰに対する媒質Ⅱの屈折率はいくらか。

(2) 波が媒質Ⅱの中を伝わる速さは何 m/s か。

ポイント **屈折の法則** $\dfrac{\sin\theta_1}{\sin\theta_2}=\dfrac{v_1}{v_2}=n_{12}$

解き方 (1) 媒質Ⅰに対する媒質Ⅱの屈折率を n_{12} とすると，入射角が 60°，屈折角が 30° なので，屈折の法則より，

$$n_{12}=\frac{\sin 60^\circ}{\sin 30^\circ}=\frac{\frac{\sqrt{3}}{2}}{\frac{1}{2}}=\sqrt{3}\fallingdotseq 1.7$$

(2) 波が媒質Ⅱの中を伝わる速さを v_2 とすると，媒質Ⅰの中を速さ 0.20 m/s で伝わるので，屈折の法則より，

$$\frac{0.20\ \text{m/s}}{v_2}=n_{12}$$

ゆえに，

$$v_2=\frac{0.20\ \text{m/s}}{n_{12}}=\frac{0.20\ \text{m/s}}{1.7}\fallingdotseq 0.12\ \text{m/s}$$

答 (1) **1.7**　(2) **0.12 m/s**

節末問題のガイド

教科書 p.169

❶ 波の要素と y-x のグラフ

関連：教科書 p.144　例題 1

図は，x 軸の正の向きに速さ 0.50 m/s で進む正弦波の，時刻 $t=0$ における波形である。次の各問に答えよ。

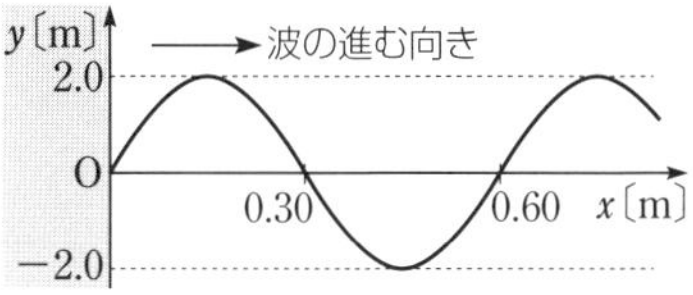

(1)　この波の波長は何 m か。また，周期は何秒か。

(2)　$t=0.30$ s のときの波形を描け。

(3)　$x=0$ における媒質の変位 y〔m〕と t〔s〕との関係を示す y-t グラフを描け。

ポイント　**y-x グラフはある時刻での波形，y-t グラフはある点での振動のようす。**

解き方　(1)　問題の y-x グラフより，波長は 0.60 m である。波の速さは 0.50 m/s なので，周期を T とすると，

$$0.50\ \mathrm{m/s} = \frac{0.60\ \mathrm{m}}{T}\qquad \text{よって，}\ T = 1.2\ \mathrm{s}$$

(2)　波は，0.30 秒間に，

$$0.50\ \mathrm{m/s} \times 0.30\ \mathrm{s} = 0.15\ \mathrm{m}$$

だけ x 軸の正の向きに進むので，波形は右図のようになる。

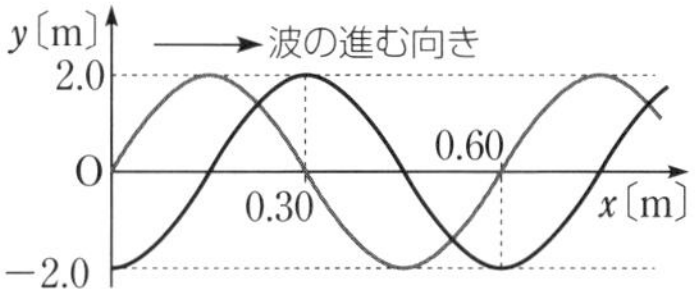

(3)　問題の y-x グラフの微小時間後のグラフを描くと，$x=0$ の媒質は $t=0$ の直後から，変位 0 から負の向きに変位していくことがわかる。$x=0$ での y-t グラフは右図のようになる。

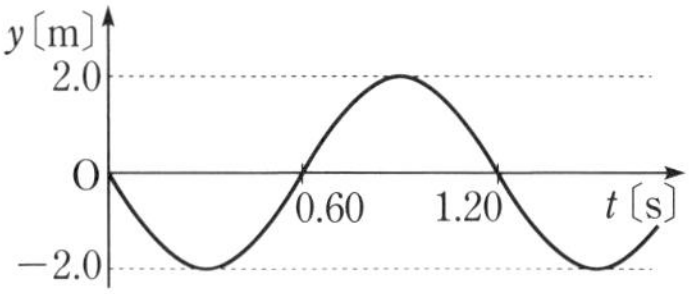

答　(1)　波長…**0.60 m**，周期…**1.2 秒**　　(2)，(3)　**解き方** の図参照

表現力UP↑

y-x グラフを x 軸の正の向きに少し進めると，その時刻に媒質がどの向きに動いているかがわかる。また，y-t グラフからは，その媒質の位置での振動のようすがわかる。これらのことから，y-x グラフと y-t グラフを変換して描くことができるようになろう。

❷ 縦波

関連：教科書 p.148

図は，波源が連続して振動し，ある媒質中を x 軸の正の向きに速さ 10 m/s で進む縦波を，横波のように示したようすである。図の状態における時刻を $t=0$ とする。次の各問に答えよ。

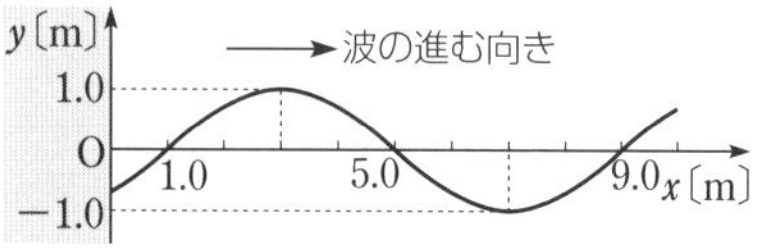

(1) $t=0.20$ s において，次の(ア)〜(ウ)に示す媒質の位置を，$0 \leqq x \leqq 9.0$ m の範囲で答えよ。

(ア) 最も密　　(イ) 媒質の速さが 0

(ウ) 媒質の速度が x 軸の負の向きに最大

(2) $x=1.0$ m における媒質の変位 y〔m〕と t〔s〕との関係を示す y-t グラフを描け。

ポイント **横波表示の変位を縦波の変位に戻したり，微小時間後の波形を描いたりして考える。同じ波形になるのは，1周期後で，1波長進んだとき。**

解き方 (1) 波は速さ 10 m/s で進むので，0.20 s 間で $10\ \text{m/s} \times 0.20\ \text{s} = 2.0$ m だけ進む。したがって，$t=0.20$ s での波は右図のようになる。

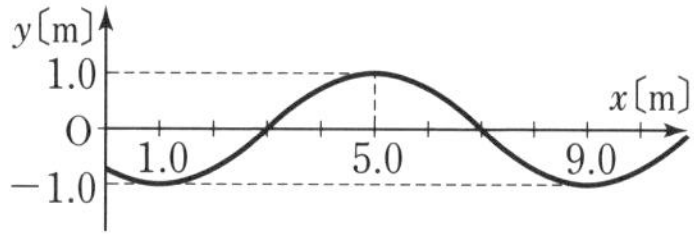

(ア) 右図より，最も密な位置は，

$x=7.0$ m

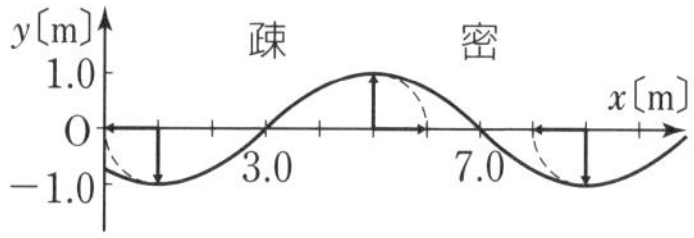

(イ) 媒質の速さが 0 の位置は，変位の大きさが最大の位置だから，

$x=1.0,\ 5.0,\ 9.0$ m

(ウ) 速さが最大の位置は，変位が 0 m の位置である。負の向きの速度が最大の位置は，微小時間後の波形を描いた右図より，

$x=3.0$ m

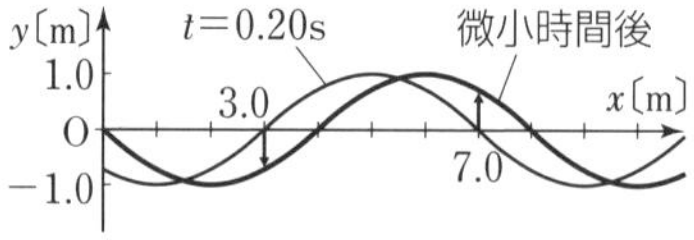

(2)　波の波長8.0 m，速さ10 m/sより，周期を T とすると，

$$T=\frac{8.0\ \mathrm{m}}{10\ \mathrm{m/s}}=0.80\ \mathrm{s}$$

である。$x=1.0$ m の媒質は，$t=0$ s に変位0 m，その後に負の向きに変位していくので，$x=1.0$ m における y-t グラフは図のようになる。

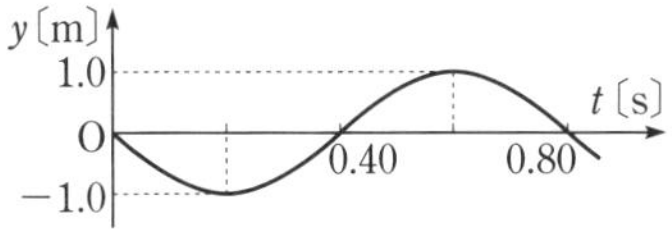

答 (1)　(ア)　**7.0 m**，(イ)　**1.0，5.0，9.0 m**，(ウ)　**3.0 m**

(2)　**解き方** の図参照

❸ 波動実験器

関連：教科書 p.154

全長1.2 mの波動実験器の端Bを上下に振動させ続けると，端Aで波が反射し，AB間に定常波ができた。図は，端A，Bの変位が最大の瞬間における状態を表す。次の各問に答えよ。

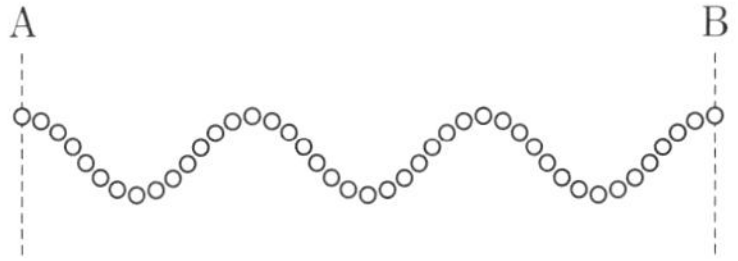

(1)　定常波の波長は何mか。

(2)　端Bでの振動数を2倍にすると，定常波の波長はもとの何倍になるか。ただし，波の伝わる速さは変わらないものとする。

ポイント　**隣りあう山どうし，または谷どうしの間隔が1波長分になる。**
波の速さ　$v=f\lambda$

解き方 (1)　定常波の波長を λ とすると，1.2 mのAB間に3波長分あるので，

$$3\times\lambda=1.2\ \mathrm{m}\qquad ゆえに，\lambda=\frac{1.2\ \mathrm{m}}{3}=0.40\ \mathrm{m}$$

(2)　はじめの振動数を f，波の伝わる速さを v とし，振動数を $2f$ としたときの波の波長を λ' とすると，

$$v=f\lambda=2f\lambda'\qquad ゆえに，\lambda'=\frac{1}{2}\lambda$$

よって，$\frac{1}{2}$ 倍になる。

答 (1)　**0.40 m**　(2)　$\frac{1}{2}$ **倍**

❹ 波の反射と定常波

関連：教科書 p.159 例題 3

x 軸の正の向きに，速さ 1.0 m/s で進む正弦波が，$x=3.0$ m にある固定端Pで反射し続けている。図は，時刻 $t=0$ における入射波のみを示したようすである。

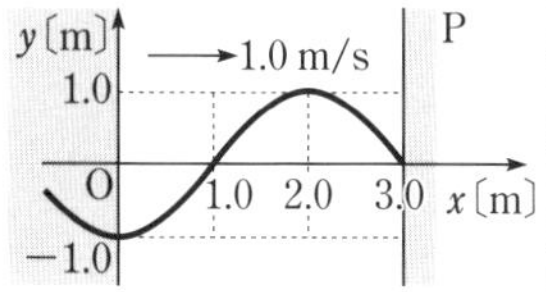

(1) $t=0$ における反射波の波形を描け。

(2) 入射波と反射波が干渉することで，定常波が生じる。$0 \leqq x \leqq 3.0$ m にできる定常波において，節と腹の位置を求めよ。

(3) $x=0$ において，媒質の変位 y〔m〕と t〔s〕との関係を示す y-t グラフを描け。

ポイント **(1) 端を通り抜けた波の部分を，上下に反転してから端に対して折り返すと，固定端で反射した反射波を描くことができる。**

解き方 (1) 反射波を描くと，右図のようになる。

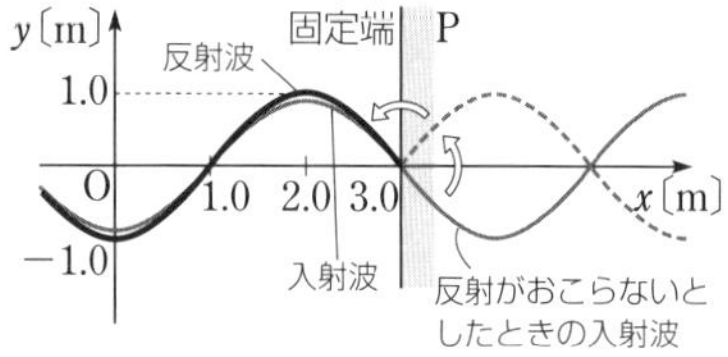

(2) 固定端では入射波と反射波は逆位相になるので，固定端Pの $x=3.0$ m には定常波の節ができる。また，問題の y-x グラフより，波長は 4.0 m であり，隣りあう節と節の間隔は $\frac{1}{2}$ 波長の 2.0 m であるから，$0 \leqq x \leqq 3.0$ m において，$x=1.0$ m も節である。

隣りあう節と腹の間隔は $\frac{1}{4}$ 波長の 1.0 m である。よって，$0 \leqq x \leqq 3.0$ m において，腹の位置は $x=0$，2.0 m である。

(3) (2)より，$x=0$ m の位置は定常波の腹である。また，上図の入射波と反射波の波形より，$t=0$ s において $x=0$ m での媒質の変位(合成波の変位)は $y=-2.0$ m であり，$t=0$ s の直後に $x=0$ m での媒質は y 軸の正の向きに動いていく。波の周期 T は，$1.0\ \text{m/s}=\frac{4.0\ \text{m}}{T}$ より $T=4.0$ s である。$x=0$ m での y-t グラフは右図のようになる。

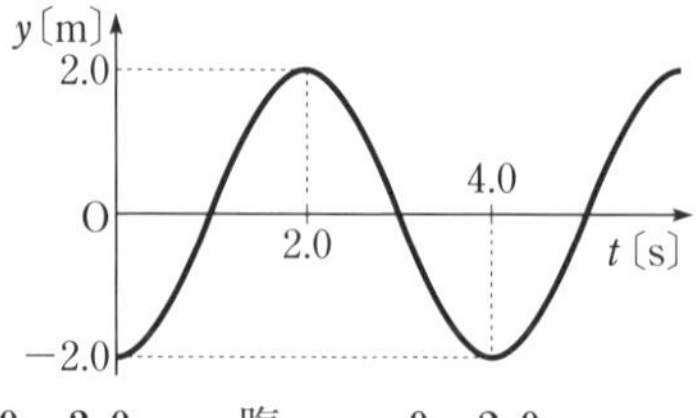

答 (1) **解き方** の図参照　(2) 節…$x=$**1.0，3.0 m**，腹…$x=$**0，2.0 m**

(3) **解き方** の図参照

第2節 音波

教科書の整理

① 音波の性質
教科書 p.170～175

A 音波
①**音波**　物質を伝わる縦波(疎密波)。

②**音源(発音体)**　振動することで音波を発するもの。

B 音の速さ
①**空気中の音速**　振動数や波長に関係なく，温度 t〔℃〕の空気中での音波の速さ(音速) V〔m/s〕は，

■ **重要公式 1-1**

$V = 331.5 + 0.6t$

C 音の３要素
①**音の３要素**　音を特徴づける音の高さ，音の大きさ，音色。

②**音の高さ**　音は，振動数が大きくなるほど，高く聞こえる。

③**超音波**　ヒトが聞き取ることのできない高い振動数の音波。

④**音の大きさ**　同じ高さの音では，大きい音ほど振幅が大きい。

⑤**音色**　同じ高さの音でも，音波の波形が異なると，音色が異なる。

D 音の伝わり方
①**音波の反射**　音波も障害物や媒質の境界面で反射する。

② **発展** **音波の屈折，回折**　音波でも，屈折の法則が成り立つ。また，音波も回折する。

③ **発展** **音波の干渉**　２つのスピーカーから同じ振動数で同位相の音波を出し，ゆっくりと移動しながらこの音を聞くと，強く聞こえる位置と弱く聞こえる位置が交互に現れる。これは，２つのスピーカーから出た音波が干渉し，強めあう位置と弱めあう位置ができるためである。

ここに注意
媒質のない真空中では，音波は伝わらない。

もっと詳しく
音速は媒質によって異なり，音速は一般に，気体＜液体＜固体 の順に大きくなる。

ここに注意
互いに逆位相のスピーカーを用いるときには，スピーカーの音を聞く位置と音の強・弱の条件が逆になる。

E うなり

①**うなり**　振動数が少しだけ異なる2つのおんさを同時に鳴らすと，音の大小が周期的に繰り返される。この現象をうなりといい，大きく鳴ってから次に大きく鳴るまでの時間を，うなりの周期という。

②**うなりの回数**　1秒間あたりのうなりの回数 f は，

■ **重要公式 1-2**

$f=|f_1-f_2|$　　f_1，f_2：少し異なる2つの音の振動数

⚠ここに注意
うなりは，2つの振動数の差が大きい場合には観測しにくい。

② 物体の振動

教科書 p.176～185

A 物体の固有振動

①**固有振動**　振動する物体は，その物体固有の振動数で振動する。これを**固有振動**といい，その振動数を**固有振動数**という。

B 弦の固有振動

①**弦の固有振動**　はじいた弦の両端で反射した波が互いに逆向きに進む波となり，弦の両端が節となる定常波ができる。

②**弦の固有振動の波長，振動数**　長さ L〔m〕の弦にできる定常波の腹の数が m のとき，その波長を λ_m〔m〕とすると，

■ **重要公式 2-1**

$$\lambda_m=\frac{2L}{m}\qquad (m=1,\ 2,\ 3,\ \cdots)$$

弦を伝わる波の速さ v〔m/s〕，固有振動数 f_m〔Hz〕のとき，

■ **重要公式 2-2**

$$f_m=\frac{v}{\lambda_m}=\frac{m}{2L}v\qquad (m=1,\ 2,\ 3,\ \cdots)$$

$m=1$ の振動を**基本振動**，音を**基本音**，$m=2$ の振動を**2倍振動**，音を**2倍音**という。

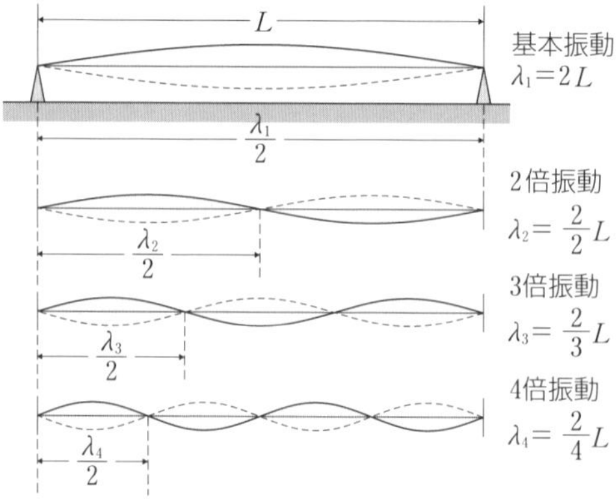

⚠ここに注意
弦の両端は固定端であり，定常波ができているとき，弦の両端は節である。

テストに出る
隣りあう節と節(腹と腹)の間隔は $\frac{1}{2}$ 波長，隣りあう節と腹の間隔は $\frac{1}{4}$ 波長と等しい。

③**弦を伝わる波の速さ**　弦を伝わる波の速さ v〔m/s〕は，弦の張力の大きさ S〔N〕が大きいほど速く，弦の単位長さあたりの質量(**線密度**) ρ〔kg/m〕が小さいほど速い。

■ **重要公式 2-3**　**発展**

$$v=\sqrt{\frac{S}{\rho}}$$

もっと詳しく
弦が同じ素材であれば，弦が細いほど線密度は小さいので，弦を伝わる波の速さは速くなる。

C 気柱の固有振動

①**気柱の振動**　管の中の空気(気柱)が固有振動をすると，決まった高さの音が鳴る。

②**閉管の振動**　閉管(一端だけが閉じた管)の閉じた端(閉口端)では音波は固定端反射をし，定常波の節になる。開いた端(開口端)では音波は自由端反射をし，定常波の腹となる。定常波の節の数を m，閉管の長さを L〔m〕，波長を λ_m〔m〕，音速を V〔m/s〕，固有振動数を f_m〔Hz〕とすると，

■ **重要公式 2-4**

$$\lambda_m=\frac{4L}{2m-1} \qquad f_m=\frac{V}{\lambda_m}=\frac{2m-1}{4L}V \quad (m=1,\ 2,\ 3,\ \cdots)$$

テストに出る
閉口端は固定端，開口端は自由端であり，定常波ができているとき，閉口端は節，開口端は腹となる。

③**開管の振動**　開管(両端が開いた管)の両端は定常波の腹となる。定常波の節の数を m，開管の長さを L〔m〕，波長を λ_m〔m〕，音速を V〔m/s〕，固有振動数を f_m〔Hz〕とすると，

■ **重要公式 2-5**

$$\lambda_m=\frac{2L}{m} \qquad f_m=\frac{V}{\lambda_m}=\frac{m}{2L}V \quad (m=1,\ 2,\ 3,\ \cdots)$$

④**開口端補正**　実際には，開口端の少し外側に腹ができる。その腹から管の端までの距離を開口端補正という。

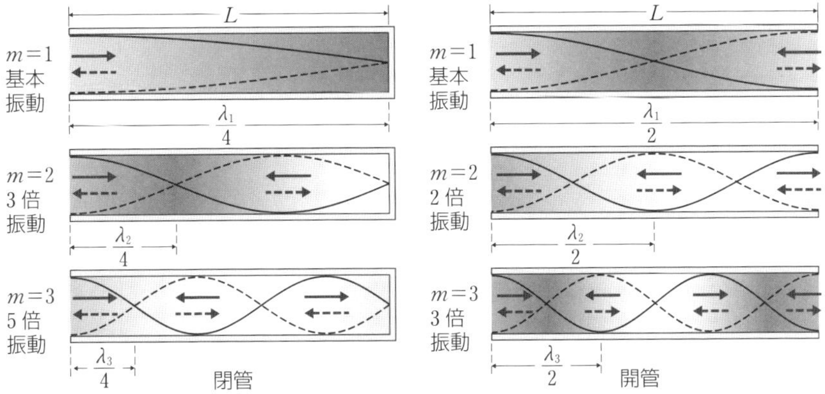

D 共振・共鳴

①**共振，共鳴** 物体は，その固有振動数に等しい振動数の周期的な力を受けると，大きく振動する。この現象を共振，または共鳴という。

③ 発展 ドップラー効果

教科書 p.186~189

A ドップラー効果の観察

①**ドップラー効果** 音源や観測者が移動することで，音源の振動数と異なる振動数の音が観測される現象。

②**波源の移動と波長の変化** 波源が移動するとき，波源の前方では波長が短く，振動数が大きくなり，後方では波長が長く，振動数が小さくなる。

B 音源が移動する場合

①**音源が移動する場合** 移動する音源の振動数を f〔Hz〕，速度を v_S〔m/s〕，音速を V〔m/s〕とすると，静止している観測者が観測する音波の波長 λ'〔m〕，振動数 f'〔Hz〕は音源→観測者の向きを正として，

■ 重要公式 3-1

$$\lambda' = \frac{V - v_S}{f} \qquad f' = \frac{V}{V - v_S} f$$

C 観測者が移動する場合

①**観測者が移動する場合** 静止した音源の振動数を f〔Hz〕，音速を V〔m/s〕，観測者の速度を v_O〔m/s〕とすると，観測者が観測する音波の振動数 f'〔Hz〕は音源→観測者の向きを正として，

■ 重要公式 3-2

$$f' = \frac{V - v_O}{V} f$$

⚠ここに注意
振動数が大きいと高い音に，振動数が小さいと低い音に聞こえる。

⚠ここに注意
観測者が移動しても，音源が静止していれば，観測される音波の波長は変化しない。

⚠ここに注意
音源→観測者の向きを正とするので，逆の向きに動くときには速度の符号を－にする。

教科書の整理 第2節

D 音源・観測者の両方が移動する場合

①**ドップラー効果の式**　移動する音源の振動数を f〔Hz〕，速度を v_S〔m/s〕，音速を V〔m/s〕，観測者の速度を v_0〔m/s〕とすると，観測者が観測する音波の振動数 f'〔Hz〕は音源→観測者の向きを正として，

■ **重要公式 3-3**

$$f'=\frac{V-v_0}{V-v_S}f$$

実験・探究のガイド

教科書 p.171　ぽけっとラボ　18. 音波の波形

ガイド　教科書 p.171 図 35 (a)，(b)からもわかるとおり，おんさの音の波形は正弦曲線で表される。これを純音という。一方，リコーダーやギター，人間の声などの音は，複数の波が重なりあった複雑な波形になる。

教科書 p.173　TRY　音に関する現象を考えよう

ガイド　塀の向こう側の音を聞くことができるのは，音の回折によるものである。回折とは，障害物があっても波は障害物の背後に回り込む性質である。したがって，塀を回り込んで音波が伝わり，音が聞こえる。

教科書 p.174　ぽけっとラボ　19. うなりの観測

ガイド　2つのおんさの一方に金属製のクリップをつけると，振動する部分の質量が増えて振動の周期が長くなる。そのため，1秒間に振動する回数(おんさの振動数)は小さくなる。

2つのおんさは振動数が少し異なるので，同時に鳴らすと，うなりを観測することができる。もとのおんさの振動数を f_1〔Hz〕，クリップをつけたおんさの振動数を f_2〔Hz〕($f_2<f_1$)とすると，1秒間あたりのうなりの回数 f〔回/s〕は，

$$f=|f_1-f_2|=f_1-f_2$$

である。

教科書 p.177 TRY ギターのしくみを説明しよう

ガイド ギターは，弦を指で押さえて振動する弦の長さを変え，弦の固有振動数を変化させて異なる高さの音を出す。また，弦を張る強さを変えることで弦を伝わる波の速さを変え，弦の固有振動数を変化させて弦をはじいたときに出る音の高さを調節する。

教科書 p.179 TRY 閉管と開管の違いを考えよう

ガイド 教科書 p.178 図 45 と p.179 図 46 より，基本振動のとき，閉管では音波の波長は管の長さの 4 倍($4L$)であり，開管では 2 倍($2L$)である。開管のほうが基本振動での音波の波長が短く，教科書 p.142「$v=f\lambda$」より，音速 v が一定のとき波長 λ が短いほど振動数 f が大きくなる。したがって，開管のほうが鳴る音の振動数が大きい(音が高い)。

教科書 p.182 ぽけっとラボ 20. おんさの共鳴

ガイド 一方のおんさを鳴らすと，共鳴箱で閉管による気柱が振動して，大きな音が鳴る。2 つのおんさは振動数(固有振動数)が等しいので，もう一方のおんさが共鳴して大きな音が鳴る。

教科書 p.183 TRY 共鳴箱の長さを考えよう

ガイド 共鳴箱はおんさの音を大きくするための装置である。共鳴箱は閉管であり，おんさを鳴らしたときに出る音の振動数のとき，共鳴箱で固有振動がおこって音が強めあうような長さになっている必要がある。

教科書 p.184　探究　6. 弦の固有振動

ガイド ｜データの処理｜ ❶ おもりの個数をNとして，f-Nグラフ，f^2-Nグラフを描くと，例えば次図のようになる。

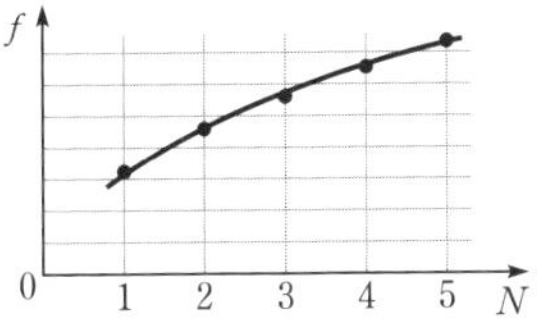

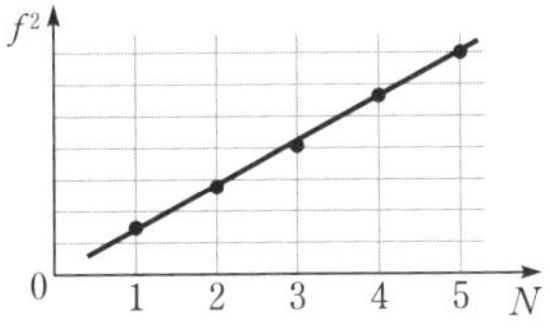

❷ 糸の本数をmとして，f-mグラフ，f^2-mグラフ，$f^2-\dfrac{1}{m}$グラフを描くと，例えば次図のようになる。

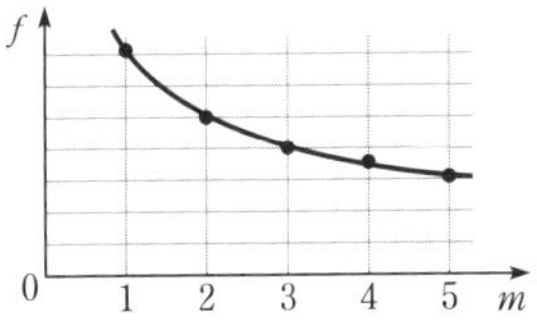

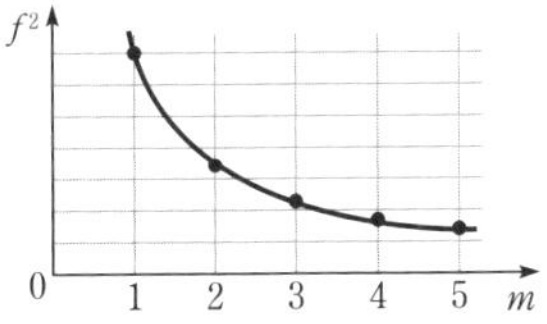

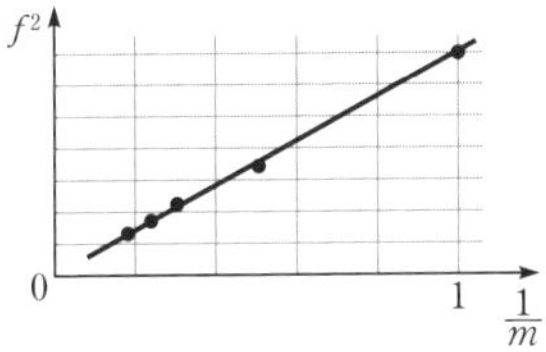

｜考察｜ ❶ f^2-Nグラフは，ほぼ原点を通る直線になっていて，f^2とNは比例することがわかる。おもりの個数Nと糸の張力の大きさSは比例するので，f^2とSは比例することになる。

また，f^2-$\dfrac{1}{m}$グラフは，ほぼ原点を通る直線になっていて，f^2とmは反比例することがわかる。糸の本数mと糸全体の線密度ρ（単位長さあたりの質量）は比例するので，f^2とρは反比例することになる。これらのことより，比例定数をkとして，

$$f^2=k\frac{S}{\rho}$$

❷ 糸を伝わる波の波長をλとすると，糸を伝わる波の速さvは，$v=f\lambda$から計算できる。

教科書 p.185

探究　7. 気柱の共鳴

ガイド

データの処理　❶　測定値の例は，次のようになる。

はじめの気温 $t_1=25.2$ ℃，終わりの気温 $t_2=25.8$ ℃ とすると，

平均気温 $t=\dfrac{25.2\text{℃}+25.8\text{℃}}{2}=25.5$ ℃

❷　音速 $V=(331.5+0.6\times25.5)\,\mathrm{m/s}=346.8\,\mathrm{m/s}\fallingdotseq347\,\mathrm{m/s}$

❸

測定回数	L_1〔m〕	L_2〔m〕	L_2-L_1〔m〕
1	0.195	0.608	0.413
2	0.196	0.607	0.411
3	0.194	0.609	0.415
4	0.193	0.606	0.413
5	0.196	0.609	0.413
平均値	0.195	0.608	0.413

❹　音波の波長 $\lambda=2(L_2-L_1)=2\times0.413\,\mathrm{m}=0.826\,\mathrm{m}$

❺　おんさの振動数 $f=\dfrac{V}{\lambda}=\dfrac{346.8\,\mathrm{m/s}}{0.826\,\mathrm{m}}=419.8\cdots\mathrm{Hz}\fallingdotseq420\,\mathrm{Hz}$

考察　❶　$4L_1=4\times0.195\,\mathrm{m}=0.780\,\mathrm{m}$ である。

❷　$4L_1=0.780\,\mathrm{m}$ は，$\lambda=0.826\,\mathrm{m}$ より小さい値であり，$4L_1$ を波長とすることはできない。これは，管口付近の定常波の腹が管口より少し外側にできるためである。

❸　第3共鳴点までの管口からの距離 L_3 を測定すれば，$2(L_3-L_2)=2(L_2-L_1)$ となることが確かめられる。

発展課題　この実験において，気温が高くなると，音速 V が大きくなる。おんさの振動数は変化しないので，$V=f\lambda$ の関係より，音速 V が大きくなると，音波の波長が長くなる。音波の波長が長くなると，共鳴点の管口からの距離は大きくなる。

教科書 p.189　TRY　スピード測定器のしくみを調べよう

ガイド　スピード測定器はドップラー効果を利用して，反射した音波の振動数から速さを測定する装置である。

投手が投げた速さ v のボールに対して，後ろからスピード測定器で振動数 f の音波を当てる。音速が V のとき，ボールで観測される音波の振動数を f' とすると，ドップラー効果より $f'=\dfrac{V-v}{V}f$ となる。次に，ボールを振動数 f' の音源と考えて，ボールで反射された音波をスピード測定器で観測したときの振動数を f'' とすると，$f''=\dfrac{V}{V+v}f'=\dfrac{V-v}{V+v}f$ となる。

v について解くと $v=\dfrac{f-f''}{f+f''}V$ となり，f と f'' から v が求められる。

問・類題・練習のガイド

教科書 p.170　問 15

打ち上げ花火が開いてから，5.0 秒後に音が聞こえた。花火までの距離は何mか。ただし，気温を 25℃とする。

ポイント　空気中での音速　$V=331.5+0.6t$

解き方　音速 V は，$V=(331.5+0.6\times25)\,\mathrm{m/s}=346.5\,\mathrm{m/s}$

花火までの距離は，$346.5\,\mathrm{m/s}\times5.0\,\mathrm{s}\fallingdotseq1.7\times10^3\,\mathrm{m}$

答 $1.7\times10^3\,\mathrm{m}$

教科書 p.171　問 16

音速を $3.4\times10^2\,\mathrm{m/s}$ とすると，可聴音(20～20000 Hz)の波長の範囲は，何mから何mとなるか。

ポイント　$v=f\lambda$

解き方　振動数 20 Hz の音の波長は，$\dfrac{3.4\times10^2\,\mathrm{m/s}}{20\,\mathrm{Hz}}=17\,\mathrm{m}$

振動数 20000 Hz の音の波長は，$\dfrac{3.4\times10^2\,\mathrm{m/s}}{20000\,\mathrm{Hz}}=1.7\times10^{-2}\,\mathrm{m}$

答 1.7×10^{-2}～$17\,\mathrm{m}$

教科書 p.172 問 17

海上に静止している船が，前方の崖に向かって汽笛を鳴らすと，3.0 秒後に反射音が聞こえた。音速を 3.4×10^2 m/s とすると，船から崖までの距離は何 m か。

ポイント **音波は船から崖に達し，崖で反射して戻ってくる。**

解き方 船から崖までの距離を l とすると，

$2l=3.4\times10^2\text{ m/s}\times3.0\text{ s}$ よって，$l=5.1\times10^2\text{ m}$

答 5.1×10^2 m

教科書 p.173 類題 4

例題 4 において，振動数 5.0×10^3 Hz の音を用いると，C を何 cm 引き出すごとにBで聞こえる音が大きくなるか。

ポイント **一方の経路が 1 波長分だけ長くなるごとに，音波は強めあう。**

解き方 ACB の長さは，C を引き出す長さの 2 倍だけ増加する。よって，C を半波長分だけ引き出すごとに，B で聞こえる音は大きくなる。音速は 3.4×10^2 m/s なので，半波長の長さより，

$$\frac{3.4\times10^2\text{ m/s}}{5.0\times10^3\text{ Hz}}\times\frac{1}{2}=0.034\text{ m}=3.4\text{ cm}$$

答 3.4 cm

教科書 p.175 問 18

おんさを，258 Hz の音源と同時に鳴らすと毎秒 2 回，253 Hz の音源と鳴らすと毎秒 3 回のうなりを生じた。このおんさの振動数は何 Hz か。

ポイント **1 秒間あたりのうなりの回数 $f=|f_1-f_2|$**

解き方 おんさの振動数を f とすると，

2 回/s$=|f-258\text{ Hz}|$ より，$f=260$ Hz または 256 Hz

3 回/s$=|f-253\text{ Hz}|$ より，$f=256$ Hz または 250 Hz

よって，$f=256$ Hz

答 256 Hz

教科書 p.177 問 19

両端を固定した，長さ 0.75 m の弦を伝わる波の速さを測定したところ，70 m/s であった。この弦に腹が 3 個の定常波をつくりたい。弦に与える振動数を何 Hz にすればよいか。

ポイント

隣りあう節から節までの長さは半波長で，この中に腹が 1 個あることから波長がわかる。

解き方　両端を固定した弦に定常波ができるとき，両端は節となる。弦の長さは 0.75 m，腹は 3 個なので，弦を伝わる波の波長を λ とすると，

$$\frac{\lambda}{2}\times 3=0.75\text{ m}\qquad \text{よって，}\lambda=0.50\text{ m}$$

弦を伝わる波の速さを v，弦の振動数を f とすると，$v=f\lambda$ より，

$$f=\frac{v}{\lambda}=\frac{70\text{ m/s}}{0.50\text{ m}}=1.4\times10^2\text{ Hz}$$

答 **1.4×10^2 Hz**

教科書 p.177 問 20

長さ 1.0 m，質量 0.20 g の弦が，大きさ 0.72 N の張力となるように張られている。この弦の線密度は何 kg/m か。また，弦を横波が伝わるとき，その速さは何 m/s か。

ポイント

弦を伝わる波の速さ　$v=\sqrt{\dfrac{S}{\rho}}$

解き方　線密度は単位長さあたりの質量なので，

$$\frac{0.20\times10^{-3}\text{ kg}}{1.0\text{ m}}=2.0\times10^{-4}\text{ kg/m}$$

波の速さ v は，$v=\sqrt{\dfrac{0.72\text{ N}}{2.0\times10^{-4}\text{ kg/m}}}=\sqrt{36\times10^2}\text{ m/s}=60\text{ m/s}$

答 線密度…**2.0×10^{-4} kg/m**，速さ…**60 m/s**

教科書 p.178 問 21

長さ 0.30 m の閉管に図のような定常波ができているとき，この気柱から出ている音の振動数は何 Hz か。ただし，音速を 3.4×10^2 m/s とし，管口と定常波の腹の位置は一致するものとする。

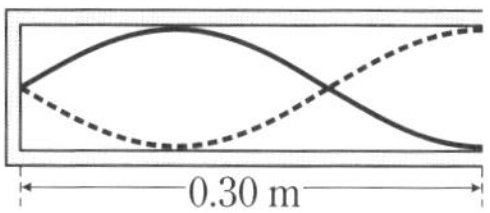

ポイント

図より，$\dfrac{\lambda}{4}$ の 3 倍は気柱の長さと等しい。また，$V=f\lambda$ である。

解き方 音の波長をλとすると，図より，

$$0.30\ \mathrm{m}=\frac{\lambda}{4}\times 3 \qquad \text{よって，}\lambda=0.40\ \mathrm{m}$$

音の振動数をf，音速を $V=3.4\times10^2\ \mathrm{m/s}$ とすると，$V=f\lambda$ より，

$$f=\frac{V}{\lambda}=\frac{3.4\times10^2\ \mathrm{m/s}}{0.40\ \mathrm{m}}=8.5\times10^2\ \mathrm{Hz}$$

答 8.5×10^2 Hz

教科書 **p.179** **問 22**

長さ 0.40 m の開管に図のような定常波ができているとき，この気柱から出ている音の振動数は何 Hz か。ただし，音速を 3.4×10^2 m/s とし，管口と定常波の腹の位置は一致するものとする。

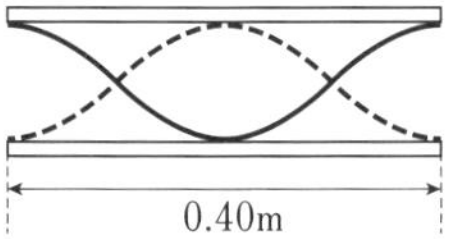

ポイント **図より，$\dfrac{\lambda}{2}$ の2倍は気柱の長さと等しい。また，$V=f\lambda$ である。**

解き方 音の波長をλとすると，図より，

$$0.40\ \mathrm{m}=\frac{\lambda}{2}\times 2 \qquad \text{よって，}\lambda=0.40\ \mathrm{m}$$

音の振動数をf，音速を $V=3.4\times10^2\ \mathrm{m/s}$ とすると，$V=f\lambda$ より，

$$f=\frac{V}{\lambda}=\frac{3.4\times10^2\ \mathrm{m/s}}{0.40\ \mathrm{m}}=8.5\times10^2\ \mathrm{Hz}$$

答 8.5×10^2 Hz

教科書 **p.181** **問 a**

閉管に図のような定常波が生じている。圧力変化が最大となる点はどこか。また，定常波が図の実線の状態のとき，最も密になっている点はどこか。A～D の記号で答えよ。ただし，管口と定常波の腹の位置は一致するものとする。

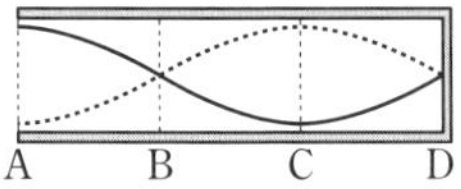

ポイント **横波表示の変位を縦波の変位に戻して考える。**

解き方 横波表示の上向きの変位を右向きの変位に，下向きの変位を左向きの変位に戻すと，図のようになる。節の位置(B，D)で圧力変化は最大である。

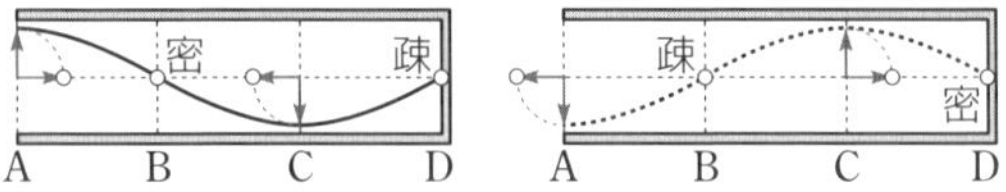

答 圧力変化最大…**B，D**，最も密…**B**

教科書 p.183 **類題 5**

ピストンをつけたガラス管(閉管)の管口付近にスピーカーを置き，ある振動数の音を出し続けた。まず，ピストンを管口から 58.0 cm の位置にすると，共鳴がおこった。この状態から，ピストンをしだいに管口に近づけると，管口から 41.0 cm の位置になったときに，再び共鳴がおこった。音速を 3.4×10^2 m/s として，次の各問に答えよ。

(1) スピーカーから出している音の振動数は何 Hz か。

(2) この実験における開口端補正は何 cm か。

ポイント

(1) 管口から共鳴した位置までの距離の差で，音の波長が求められる。

(2) 管口から 41.0 cm で共鳴したとき，何倍振動かを考える。

解き方 (1) 音の波長を λ とすると，

$$\frac{\lambda}{2}=58.0\ \text{cm}-41.0\ \text{cm}=17.0\ \text{cm}$$

よって，$\lambda=2\times17.0\ \text{cm}=34.0\ \text{cm}=0.34\ \text{m}$

音の振動数を f，音速を $V=3.4\times10^2\ \text{m/s}$ とすると，$V=f\lambda$ より，

$$f=\frac{V}{\lambda}=\frac{3.4\times10^2\ \text{m/s}}{0.34\ \text{m}}=1.0\times10^3\ \text{Hz}$$

(2) 開口端補正を Δx，管口から 41.0 cm の位置での気柱の共鳴を $(2m-1)$ 倍振動とすると，

$$41.0\ \text{cm}+\Delta x=\frac{\lambda}{4}\times(2m-1)$$

$\frac{\lambda}{4}\times3=25.5\ \text{cm}$，$\frac{\lambda}{4}\times5=42.5\ \text{cm}$ より，

$2m-1=5$　　よって，$m=3$ (5 倍振動)

とわかるので，

$$\Delta x=\frac{\lambda}{4}\times5-41.0\ \text{cm}=42.5\ \text{cm}-41.0\ \text{cm}=1.5\ \text{cm}$$

答 (1) **1.0×10^3 Hz**　　(2) **1.5 cm**

教科書 p.187 **問 23**

速さ 20 m/s で直線の道路を走行する救急車が，振動数 7.2×10^2 Hz の音を連続して出しており，その前方に人が静止している。この人が音を観測するものとして，次の各問に答えよ。ただし，音速を 3.4×10^2 m/s とする。

(1) 救急車が通過する前に，人が観測する音の波長は何 m か。

(2) 救急車が通過した後に，人が観測する音の振動数は何 Hz か。

ポイント $\lambda'=\dfrac{V-v_S}{f}$ $f'=\dfrac{V}{V-v_S}f$ **v_S は音源→観測者の向きを正**

解き方 (1) 救急車の出す音の振動数を f，音速を V，救急車の速さを v_S，経過時間を t とすると，救急車の前方では $Vt-v_St$ の距離の中に ft 個の波がある。音波の波長を λ' とすると，

$$\lambda'=\frac{Vt-v_St}{ft}=\frac{V-v_S}{f}=\frac{3.4\times10^2\text{ m/s}-20\text{ m/s}}{7.2\times10^2\text{ Hz}}\fallingdotseq0.44\text{ m}$$

(2) 救急車は観測者から遠ざかっているので，人が観測する音波の振動数を f'' とすると，

$$f''=\frac{V}{V-(-v_S)}f=\frac{3.4\times10^2\text{ m/s}}{3.4\times10^2\text{ m/s}+20\text{ m/s}}\times7.2\times10^2\text{ Hz}$$
$$=6.8\times10^2\text{ Hz}$$

答 (1) **0.44 m** (2) **6.8×10^2 Hz**

教科書 p.188 **問 24**

救急車が，振動数 6.8×10^2 Hz の音を出して静止している。次の(1)，(2)の自動車に乗っている人が観測する音の振動数は何 Hz か。ただし，音速を 3.4×10^2 m/s とする。

(1) 速さ 10 m/s で救急車から遠ざかる自動車。

(2) 速さ 20 m/s で救急車に近づく自動車。

ポイント $f'=\dfrac{V-v_O}{V}f$ **v_O は音源→観測者の向きを正**

解き方 (1) 人は救急車から遠ざかっているので，観測する音の振動数 f' は，

$$f'=\frac{3.4\times10^2\text{ m/s}-10\text{ m/s}}{3.4\times10^2\text{ m/s}}\times6.8\times10^2\text{ Hz}=6.6\times10^2\text{ Hz}$$

(2) 人は救急車に近づいているので，観測する音の振動数 f'' は，

$$f''=\frac{3.4\times10^2\text{ m/s}-(-20\text{ m/s})}{3.4\times10^2\text{ m/s}}\times6.8\times10^2\text{ Hz}=7.2\times10^2\text{ Hz}$$

答 (1) **6.6×10^2 Hz** (2) **7.2×10^2 Hz**

教科書 p.189 類題 6　振動数 576 Hz の音源がある。音源と観測者がそれぞれ 20 m/s と 10 m/s で直線上を互いに逆向きに移動し，すれ違う。音速を 3.40×10^2 m/s とする。

(1) すれ違う前に，観測者が聞く音の振動数は何 Hz か。

(2) すれ違った後に，観測者が聞く音の振動数は何 Hz か。

ポイント

$$f'=\frac{V-v_\mathrm{O}}{V-v_\mathrm{S}}f$$　v_S，v_O **は音源→観測者の向きを正**

解き方 (1)　観測する音の振動数 f' は，

$$f'=\frac{3.40\times10^2\ \mathrm{m/s}-(-10\ \mathrm{m/s})}{3.40\times10^2\ \mathrm{m/s}-20\ \mathrm{m/s}}\times576\ \mathrm{Hz}=630\ \mathrm{Hz}$$

(2)　観測する音の振動数 f'' は，

$$f''=\frac{3.40\times10^2\ \mathrm{m/s}-10\ \mathrm{m/s}}{3.40\times10^2\ \mathrm{m/s}-(-20\ \mathrm{m/s})}\times576\ \mathrm{Hz}=528\ \mathrm{Hz}$$

答 (1)　**630 Hz**　　(2)　**528 Hz**

節末問題のガイド

教科書 p.190

❶ うなりと調弦

関連：教科書 p.174〜177

振動数が 440 Hz のおんさAと，振動数が未知のおんさBがある。AとBを同時に鳴らすと，1 秒間に 6 回のうなりが生じた。次の各問に答えよ。

(1) おんさBに針金を少しずつ巻きながら，おんさAと同時に鳴らすと，最初はうなりの数が減少した。もとのおんさBの振動数は何 Hz か。

(2) あるギターの弦の基本振動は，おんさAと 1 秒間に 2 回，もとのおんさBと 1 秒間に 8 回のうなりが生じる。この弦の基本振動の振動数は何 Hz か。

ポイント **1 秒間あたりのうなりの回数　$f=|f_1-f_2|$**
おんさに針金を巻くと，振動数は小さくなる。

解き方 (1) おんさAの振動数を f_A，おんさBの振動数を f_B とすると，

$$6\text{ 回/s}=|f_A-f_B|=|440\text{ Hz}-f_B|$$

よって，$f_B=446$ Hz または 434 Hz

Bに針金を巻くと，Bの振動数は f_B より小さくなる。Aと振動数が小さくなったBを同時に鳴らすと，1 秒間あたりのうなりの回数 f が 6 回/s より減少したことから，もとのBの振動数は $f_B=446$ Hz であったことがわかる。

(2) この弦の基本振動の振動数を f とすると，

$$2\text{ 回/s}=|f_A-f|=|440\text{ Hz}-f|$$

よって，$f=442$ Hz または 438 Hz

$$8\text{ 回/s}=|f_B-f|=|446\text{ Hz}-f|$$

よって，$f=454$ Hz または 438 Hz

したがって，$f=438$ Hz

答 (1) **446 Hz**　　(2) **438 Hz**

❷ 弦の振動

関連：教科書 p.176～177

線密度が一様で，長さ 0.80 m の両端を固定された弦がある。この弦に，ある振動数の振動を与え，腹が 4 つの定常波をつくりたい。弦に与える振動数を何 Hz にすればよいか。ただし，弦を伝わる波の速さは，1.4×10^2 m/s とする。

ポイント **弦に定常波ができているとき，両端は節になる。定常波のようす（腹の数）から，弦を伝わる波の波長がわかる。**

解き方 弦に定常波ができているとき，両端は節になる。弦には腹が 4 つの定常波ができているので，弦を伝わる波の波長を λ とすると，

$$0.80\text{ m}=\frac{\lambda}{2}\times4 \qquad \text{よって，}\lambda=0.40\text{ m}$$

弦に与える振動数を f とすると，

$$1.4\times10^2\text{ m/s}=f\times0.40\text{ m}$$

$$\text{よって，}f=\frac{1.4\times10^2\text{ m/s}}{0.40\text{ m}}=3.5\times10^2\text{ Hz}$$

答 3.5×10^2 **Hz**

❸ 開管と閉管

関連：教科書 p.178～181

図のように，長さ 0.85 m の開管がある。管口付近でスピーカーから振動数 2.0×10^2 Hz の音を出すと，管内に基本振動の定常波が生じた。次の各問に答えよ。ただし，管口と定常波の腹の位置は一致するものとする。

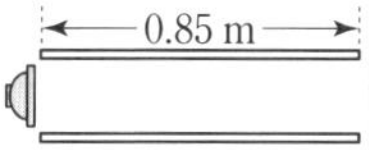

(1) この実験結果から，音速は何 m/s となるか。

(2) 管の一端をふさいで閉管とし，スピーカーの振動数を 2.0×10^2 Hz から徐々に大きくすると，管内に定常波がはじめて生じるのは，振動数が何 Hz のときか。

(3) 管の一端をふさいで閉管にしたまま，ヘリウムガスを満たした十分に大きな容器に装置全体を入れる。音源の振動数を 0 から徐々に大きくすると，はじめて共鳴がおこるのは，振動数が何 Hz のときか。ただし，ヘリウムガス中の音速は，空気中の 3 倍であるとする。

ポイント (1) **開管の基本振動では，気柱の長さは半波長と等しい。**
(2) **振動数を大きくすると波長は短くなるので，はじめて閉管内に定常波が生じるのは，3 倍振動となる場合である。**

解き方 (1) 開口端補正が無視できるので，開管での基本振動では，管の長さ(気柱の長さ)は半波長と等しい。よって，波長は，

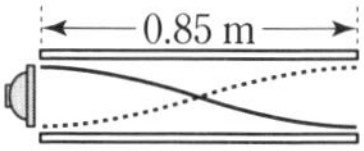

$$0.85\ \mathrm{m}\times 2 = 1.7\ \mathrm{m}$$

である。音速を V とすると，

$$V = 2.0\times 10^2\ \mathrm{Hz}\times 1.7\ \mathrm{m} = 3.4\times 10^2\ \mathrm{m/s}$$

(2) 振動数を大きくすると，波長は短くなるので，振動数を 2.0×10^2 Hz から大きくしていったときに閉管内にはじめて定常波が生じるのは，3 倍振動である。よって，このときの波長は $\dfrac{0.85\ \mathrm{m}}{3}\times 4$ である。

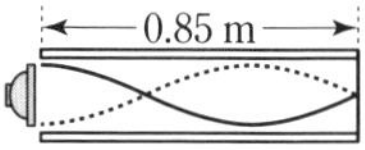

振動数を f とすると，

$$f = \frac{V}{\dfrac{0.85\ \mathrm{m}}{3}\times 4} = \frac{3.4\times 10^2\ \mathrm{m/s}\times 3}{0.85\ \mathrm{m}\times 4} = 3.0\times 10^2\ \mathrm{Hz}$$

(3) 振動数を 0 から大きくしていったときに，はじめて共鳴がおこるのは基本振動のときであり，このときの音の波長を λ' とすると，

$$\frac{\lambda'}{4} = 0.85\ \mathrm{m} \qquad \text{よって，}\lambda' = 4\times 0.85\ \mathrm{m} = 3.4\ \mathrm{m}$$

である。また，ヘリウムガス中の音速は $3V$ なので，振動数を f' とすると，

$$f' = \frac{3V}{\lambda'} = \frac{3\times 3.4\times 10^2\ \mathrm{m/s}}{3.4\ \mathrm{m}} = 3.0\times 10^2\ \mathrm{Hz}$$

答 (1) **3.4×10^2 m/s** (2) **3.0×10^2 Hz** (3) **3.0×10^2 Hz**

思考力UP↑

音速＝振動数×波長($V = f\lambda$)と表されることを忘れないようにしよう。(2)では，音速は変化しないので，振動数を大きくすると，波長は短くなることがわかる。

❹ 弦の振動と気柱の共鳴

関連：教科書 p.176～178

図のように，長さ s の弦を張り，その真下には，底の閉じたガラス管が置かれている。ガラス管の中の気柱の長さを L とする。弦をはじいて基本振動で振動させたところ，気柱も基本振動で共鳴した。音速を V とし，管口と定常波の腹の位置は一致するものとする。

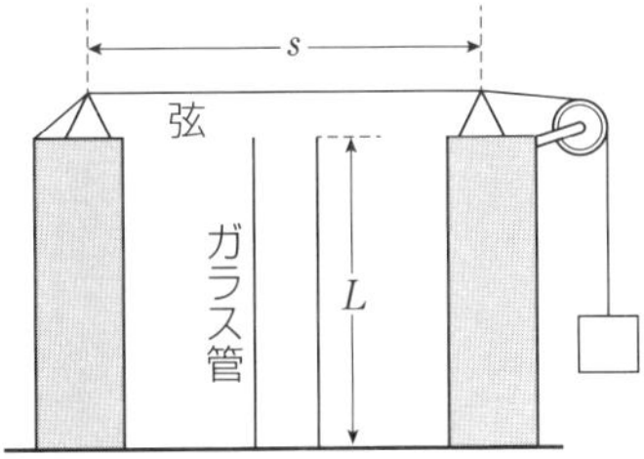

(1)　このときの気柱の基本振動数を求めよ。

(2)　弦を伝わる波の速さを求めよ。

(3)　弦の張力をそのままにして，長さをしだいに短くしていくと，s' で次の共鳴がおこった。s' を，s を用いて表せ。

ポイント (1)　**ガラス管(閉管)内の気柱の基本振動で，音波の波長は $4L$ である。また，$V=f\lambda$ の関係がある。**

(2)　**弦と気柱が共鳴しているとき，弦と気柱の振動数は等しい。弦の基本振動で，弦を伝わる波の波長は $2s$ である。**

(3)　**弦を短くすると，弦の基本振動の振動数が大きくなる。**

解き方 (1)　気柱の基本振動数を f とする。ガラス管(閉管)内の気柱に基本振動の定常波をつくる音波の波長は $4L$ であるから，

$$V=f\times4L \qquad \text{よって，} f=\frac{V}{4L}$$

(2)　弦の基本振動と気柱の基本振動で共鳴しているので，弦と気柱の基本振動数は等しい。弦に基本振動の定常波をつくる波の波長は $2s$ であるから，弦を伝わる波の速さを v とすると，

$$v=f\times2s=\frac{V}{4L}\times2s=\frac{s}{2L}V$$

(3)　弦の張力は一定なので，弦を伝わる波の速さも一定である。弦を短くしていくと，基本振動をつくる波の波長が短くなるため，弦の振動数は大きくなる。そのため，ガラス管内の気柱の振動数は(1)の f より大きくなり，音速は一定なので，音波の波長は短くなる。よって，次に共鳴がおこったとき，ガラス管内の気柱には3倍振動の定常波ができている。

気柱に3倍振動の定常波をつくる音波の波長は $\frac{L}{3}\times4=\frac{4L}{3}$ だから，3倍振動の振動数を f' とすると，

$$V=f'\times\frac{4L}{3} \qquad \text{よって，} f'=\frac{3V}{4L}$$

共鳴がおこったとき，弦に基本振動の定常波をつくる波の波長は $2s'$ だから，

$$v=f'\times 2s' \qquad \text{よって，} s'=\frac{v}{2f'}=\frac{\frac{s}{2L}V\times 4L}{2\times 3V}=\frac{s}{3}$$

答 (1) $\frac{V}{4L}$ (2) $\frac{s}{2L}V$ (3) $\frac{s}{3}$

❺ 気柱の共鳴

関連：教科書 p.178，182，185

図のように，水を入れた気柱共鳴用のガラス管の管口近くで，スピーカーから振動数 8.5×10^2 Hz の音を出しながら水面を下げていくと，管口から 9.0 cm の位置になったときに最初の共鳴がおこった。さらに水面を下げていくと，管口から 29.0 cm の位置になったときに再び共鳴がおこった。

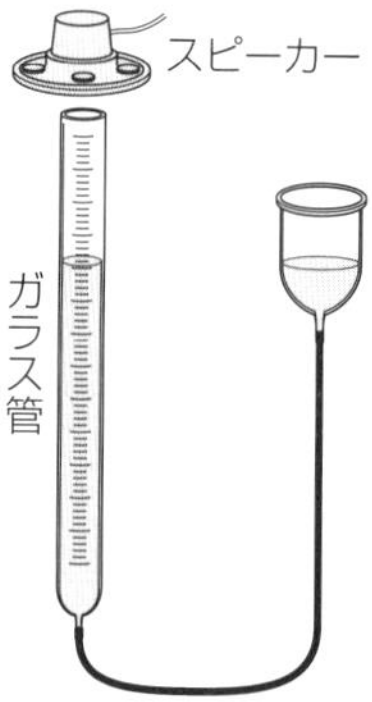

(1) この実験では，最初の共鳴点だけでは音波の波長を正確に求めることができない。2 番目の共鳴点が必要な理由を説明せよ。

(2) 音速は何 m/s になるか。

(3) 実験するときの気温が高くなると，共鳴がおこる水面の位置はどのように変化するか。理由とともに説明せよ。

ポイント (1) **開口端補正のため，管口は定常波の腹と一致しない。**

(2) **1 番目と 2 番目の共鳴点から音波の波長が求められる。**

(3) **波長が長くなると，共鳴するときの水面は下がる。**

解き方 (1) 気柱が共鳴しているとき，管口付近の定常波の腹は開口端補正のため管口には一致せず，最初の共鳴点だけでは正確な音波の波長を求められない。一方，水面の位置は定常波の節になるので，2つの共鳴点の位置から正確な音波の波長を求められる。

(2) 音の波長を λ とする。2 つの共鳴点の距離が半波長分になるので，

$$\frac{\lambda}{2}=29.0\text{ cm}-9.0\text{ cm}=20.0\text{ cm}$$

よって，$\lambda=2\times20.0\text{ cm}=40\text{ cm}=0.40\text{ m}$

音速を V とすると，振動数 $f=8.5\times10^2$ Hz より，

$$V=f\lambda=8.5\times10^2\,\mathrm{Hz}\times0.40\ \mathrm{m}=3.4\times10^2\,\mathrm{m/s}$$

(3)　気温が高くなると音速が大きくなる。音の振動数が一定のとき，音速と音波の波長は比例するので波長は長くなり，気柱が共鳴する水面の高さは管口からよりはなれた位置となる。

答　(1)　解き方 参照　　(2)　**3.4×10^2 m/s**

(3)　**管口からよりはなれた位置となる。**理由…解き方 参照

❻ 試験管の気柱とグラスの振動　関連：教科書 p.178，182

次のような振動で出る音について，以下の各問に答えよ。

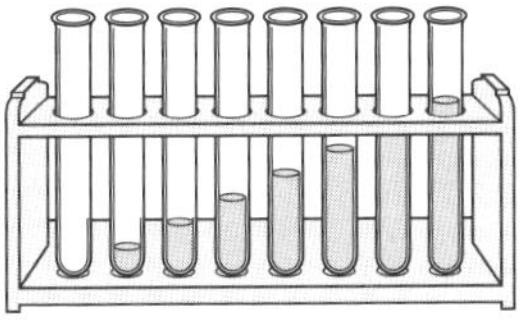

(1)　試験管に水を入れて息を吹きこむと，試験管内部の気柱が振動して音が鳴る。試験管に入れる水の量を増やしていくと，音の高さはどのように変化するか。簡潔に説明せよ。

(2)　ワイングラスのふちを軽く濡らし，ふちに沿って指でまわすようにこすると，グラスが振動して音が鳴る。このとき，グラスに少し水を入れておくと，水面に細かい波ができ，グラスとともに水が振動しているようすがわかる。グラスに入れる水の量を増やしていくと，音の高さはどのように変化するか。簡潔に説明せよ。

ポイント　**(1)　水の量を増やすと，試験管の管口と水面の距離が短くなる。**

(2)　グラスに入れる水を増やすと，グラスが振動しにくくなる。

解き方　(1)　水の量を増やすと，試験管の管口と水面の間の距離が短くなり，気柱が共鳴するときの音波の波長も短くなる。ここでは音速は一定としてよいので，音波の波長と振動数は反比例して振動数は大きくなり，音の高さは高くなる。

(2)　グラスに入れる水を増やすとグラスが振動しにくくなるため，グラスが振動する周期が大きくなり，グラスの振動数は小さくなる。音の振動数も小さくなるので，音の高さは低くなる。

答　(1)　**音の高さは高くなる。**　　(2)　**音の高さは低くなる。**

第Ⅳ章 電気

第1節 静電気と電流

教科書の整理

① 静電気

教科書 p.194〜196

A 電荷と帯電

①**静電気** 異なる物質をこすりあわせると，物質は電気(摩擦電気)を帯びる。この現象を**帯電**といい，生じた電気を静電気という。

②**静電気力** 静電気どうしの間ではたらく力を静電気力といい，静電気力がはたらく空間を**電場**(**電界**)という。

③**電荷と電気量** 静電気力の原因になるものを**電荷**という。電荷の量を**電気量**といい，単位にはクーロン(C)を用いる。電荷には，**正電荷**と**負電荷**があり，同種の電荷の間では斥力(せきりょく)(反発力)が，異種の電荷の間では引力がはたらく。

> **ここに注意**
> 単に「電荷」という場合でも，電気量を示すことがある。

B 帯電のしくみ

①**原子** 原子は，中心の**原子核**とそれをとりまく負電荷をもつ**電子**で構成されている。一般に，原子核は正電荷をもつ**陽子**と電荷をもたない中性子からなる。

> **もっと詳しく**
> 原子は，同じ数の陽子と電子をもち，電気的に中性である。

②**電気素量** 陽子と電子の電気量の大きさは等しく，これを**電気素量**という。電気素量 e は，$e=1.6\times10^{-19}$ C である。帯電は，一方の物体から他方の物体に電子が移動することによっておこる。

③ 発展 **電気量保存の法則(電荷保存の法則)** 物体間で電荷のやりとりがあっても，電気量の総和は変わらない。

> **もっと詳しく**
> 塩化ビニル管と毛皮をこすりあわせると，毛皮から塩化ビニル管に電子が移動する。

④**導体・不導体・半導体** 金属は，その内部に自由に動くことができる電子(**自由電子**)をもち，電気をよく通す。電気をよく通す物質を導体，電気をほとんど通さない物質を不導体(絶縁体)という。電気の通しやすさが導体と不導体の中間程度の物質を半導体という。

⑤ **発展** **静電誘導**　帯電した物体(帯電体)を導体に近づけると，帯電体に近い側の導体の表面には，帯電体と異種の電荷が現れ，遠い側の表面には，帯電体と同種の電荷が現れる。この現象を静電誘導という。静電誘導を利用して電荷を検出する装置に，箔検電器(はくけんでんき)がある。

⑥ **発展** **誘電分極**　帯電体を不導体に近づけると，不導体を構成する原子や分子の内部で，電荷の分布がずれることによって，帯電体に近い側の不導体の表面には，帯電体と異種の電荷が現れ，遠い側の表面には，帯電体と同種の電荷が現れる。このような不導体における静電誘導を，特に誘電分極といい，不導体を**誘電体**ともいう。

② 電流と抵抗

教科書 p.197～208

A 電荷と電流

①**電流**　電流の大きさは導線の(任意の)断面を単位時間に通過する電気量で，単位はアンペア(A)。

■ **重要公式 2-1**

$$I=\frac{q}{t}$$

I：電流の大きさ〔A〕
q：通過する電気量の大きさ〔C〕　t：時間〔s〕

⚠ここに注意
電流の向きは正電荷が移動する向きである。自由電子の移動による電流では，電子の移動と電流の向きは逆向きである。

B 電流と電子の運動

①**電子と電流**　導線の断面積を S〔m^2〕，電子の電気量を $-e$〔C〕，1 m^3 あたりの自由電子の数を n 個，電子の平均の速さを v〔m/s〕とすると，電流の大きさ I〔A〕は，

■ **重要公式 2-2**

$$I=envS$$

⚠ここに注意
一定の向きに流れる電流を直流電流といい，直流電流を流そうとする電圧を直流電圧という。

C 電圧

①**電圧**　電流を流そうとするはたらきの大きさを電圧(電位差)という。単位はボルト(V)。

D オームの法則

①**オームの法則**　導体の両端に加える電圧 V〔V〕と流れる電流 I〔A〕は比例する。定数 R は電流の流れにくさを表し，**電気抵抗**，または単に**抵抗**とよばれる。単位はオーム(Ω)。

■ **重要公式 2-3**

$$I=\frac{V}{R} \quad \text{または} \quad V=RI$$

E 抵抗率

①**抵抗率**　物質の抵抗 R〔Ω〕は，同じ材質であれば長さ L〔m〕に比例し，断面積 S〔m^2〕に反比例する。比例定数の ρ を抵抗率といい，単位はオームメートル(Ω･m)。

もっと詳しく　導体の抵抗は，長いほど大きく，太いほど小さい。

■ **重要公式 2-4**

$$R=\rho\frac{L}{S}$$

②**物質の抵抗率**　導体の抵抗率は非常に小さく，不導体の抵抗率は非常に大きい。半導体の抵抗率は，導体と不導体の中間の値を示す。

③**導体の抵抗率の温度変化**　金属の導体に加える電圧を大きくしていくと，導体の抵抗は大きくなっていく。一般に，導体の抵抗率は，温度が高くなるほど大きくなる。

もっと詳しく　導体に電流が流れて温度が上昇すると，原子の熱運動(振動)が激しくなって自由電子の移動が妨げられるため，抵抗率は大きくなる。

④ 発展 **抵抗率の温度係数**　温度 t〔℃〕での導体の抵抗率 ρ〔Ω･m〕は，0℃での抵抗率を ρ_0〔Ω･m〕として，

■ **重要公式 2-5**

$$\rho=\rho_0(1+\alpha t) \qquad \alpha\text{：抵抗率の温度係数}$$

F 抵抗の接続

①**直列接続**　R_1〔Ω〕，R_2〔Ω〕の抵抗を直列に接続したとき，**合成抵抗** R〔Ω〕は，

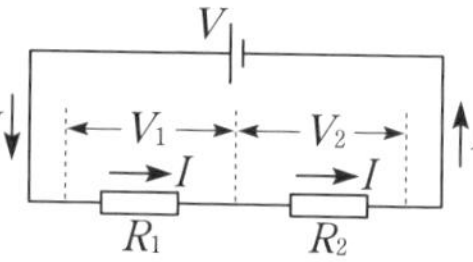

もっと詳しく　接続した抵抗をあわせて1つの抵抗とみなしたとき，これを合成抵抗という。

■ **重要公式 2-6**

$$R=R_1+R_2$$

直列接続された各抵抗に流れる電流は等しく，各抵抗に加わる電圧の和は全体に加わる電圧と等しい。

②**並列接続**　R_1〔Ω〕，R_2〔Ω〕の抵抗を並列に接続したとき，合成抵抗 R〔Ω〕は，

■ **重要公式 2-7**

$$\frac{1}{R}=\frac{1}{R_1}+\frac{1}{R_2}$$

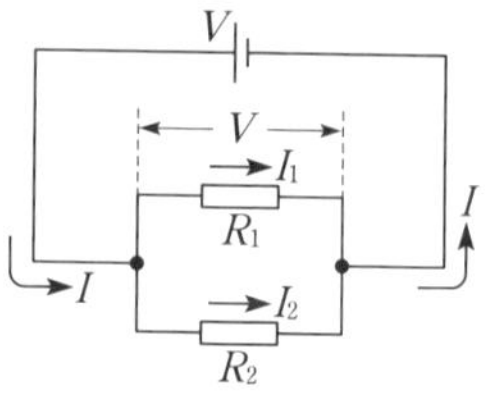

並列接続された各抵抗に加わる電圧は等しく，各抵抗に流れる電流の和は全体に流れる電流と等しい。

③ 電気エネルギー

教科書 p.209~211

A 電流と熱

①**ジュールの法則**　抵抗で発生する熱をジュール熱という。R〔Ω〕の抵抗に V〔V〕の電圧を加え，I〔A〕の電流を t〔s〕間流したとき，発生したジュール熱 Q〔J〕は次式で表され，この関係を**ジュールの法則**という。

■ 重要公式 3-1

$$Q=VIt=RI^2t=\frac{V^2}{R}t$$

②**ジュール熱が発生するしくみ**　導体の両端に電圧を加えると，自由電子は電圧によって加速され，原子に衝突して運動エネルギーを失う。このとき，原子の熱運動のエネルギーが増加し，ジュール熱が生じる。

テストに出る

ジュールの法則を使って，未知の値を求めることができるようにしておこう。

B 電力量と電力

①**電力量**　電流がする仕事。R〔Ω〕の抵抗に V〔V〕の電圧を加え，I〔A〕の電流を t〔s〕間流したとき，発生したジュール熱は電流がした仕事(電力量 W〔J〕)と等しい。

■ 重要公式 3-2

$$W=VIt=RI^2t=\frac{V^2}{R}t$$

②**電力**　電流が単位時間にする仕事(仕事率)を電力という。単位はワット(W)。電力を P〔W〕とすると，

■ 重要公式 3-3

$$P=VI=RI^2=\frac{V^2}{R}$$

③**電力量の単位**　電力量の単位には，ジュール以外に，1 W の電力で1時間にする仕事の量を単位とする1ワット時(じ)(Wh)や，その1000倍の1キロワット時(kWh)などが用いられる。

もっと詳しく

1 kWh は，1 kW の電力で1時間にする電力量である。

$$1\,\mathrm{kWh}=1000\,\mathrm{W}\times3600\,\mathrm{s}=3.6\times10^6\,\mathrm{J}$$

測定機器の使い方

教科書 p.212~215

A 電流計

①**電流計** 電流の大きさを測定する装置。回路内の測定する箇所に直列に接続して電流を測定する。電流計の内部には抵抗(**内部抵抗**)があるが，その内部抵抗は非常に小さくしてある。

② 発展 **分流器** 電流計の測定範囲を広げるために，電流計に並列に接続する抵抗。内部抵抗が r_A の電流計の測定範囲を n 倍にするには，$\dfrac{r_A}{n-1}$ の抵抗(分流器)を並列に接続すればよい。

B 電圧計

①**電圧計** 電圧の大きさを測定する装置。回路内の測定する2点間に並列に接続して電圧を測定する。電圧計の内部抵抗は非常に大きくしてある。

② 発展 **倍率器** 電圧計の測定範囲を広げるために，電圧計と直列に接続する抵抗。内部抵抗が r_V の電圧計の測定範囲を n 倍にするには，$(n-1)r_V$ の抵抗(倍率器)を直列に接続すればよい。

C 検流計

①**検流計** 非常に感度の高い電流計。おもに電流の有無とその向きを調べるために用いられる。

D すべり抵抗器

①**すべり抵抗器** 抵抗値を変化させることができる抵抗器。

もっと詳しく
すべり抵抗器の抵抗値を変化させると，回路の電圧や電流の大きさを調整できる。

E 直流電源装置

①**直流電源装置** 電圧の大きさを設定できる電源装置。

F テスター(デジタルマルチメーター)

①**テスター** スイッチを切り換えることで，電圧，電流，抵抗などを測定できる装置。

G オシロスコープ

①**オシロスコープ** 時間的に変化する電圧を測定し，画面に映し出すことができる装置。

実験・探究のガイド

教科書 p.195　ぽけっとラボ　22. 静電気力

ガイド　2本のストローは同種の電荷が帯電しているので，斥力がはたらき，つまようじに刺したストローは手でもったストローから離れていく。

教科書 p.197　TRY　バッテリーが流す電気量を計算しよう

ガイド　1 mAh は 1 mA(＝10^{-3} A＝10^{-3} C/s) の電流を1時間(＝3600 s)流したときに移動する電気量なので，

$$10000\ \mathrm{mAh}=10000\times10^{-3}\ \mathrm{C/s}\times3600\ \mathrm{s}=3.6\times10^{4}\ \mathrm{C}$$

教科書 p.199　TRY　抵抗を計算しよう

ガイド　教科書 p.199 図8(b)において，太い電熱線の抵抗 R_1〔Ω〕は電圧 6.0 V のときに 0.30 A の電流が流れているので，オームの法則より，

$$R_1=\frac{6.0\ \mathrm{V}}{0.30\ \mathrm{A}}=20\ \Omega$$

細い電熱線の抵抗 R_2〔Ω〕は電圧 10.0 V のときに 0.10 A の電流が流れているので，オームの法則より，

$$R_2=\frac{10.0\ \mathrm{V}}{0.10\ \mathrm{A}}=1.0\times10^{2}\ \Omega$$

教科書 p.200　実験　5. ニクロム線の抵抗の測定

ガイド　**データの処理**　① 直径 0.2 mm のニクロム線の R-L グラフを描くと，教科書 p.201 図11(a)のようになり，R-L グラフはほぼ原点を通る直線になる。したがって，一定の太さのニクロム線の抵抗Rは，長さLに比例することがわかる。

② 長さ 1.0 m のニクロム線の R-S グラフを描くと，教科書 p.201 図11(b)のようになる。また，R-$\frac{1}{S}$ グラフは教科書 p.201 図12のようになり，ほぼ原点を通る直線になる。したがって，一定の長さのニクロム線の抵抗Rは，断面積Sに反比例することがわかる。

考察　抵抗Rは長さLに比例し，断面積Sに反比例するといえる。

教科書 p.201 TRY グラフを読み取ろう

ガイド ニクロムの抵抗率を ρ〔Ω·m〕とすると，$R=\rho\dfrac{L}{S}$ となる。直径 0.2 mm (半径 0.1×10^{-3} m) のニクロム線の断面積 S〔m²〕は，

$$S=3.14\times(0.1\times10^{-3}\ \mathrm{m})^2=3.14\times10^{-8}\ \mathrm{m^2}$$

また，教科書 p.201 図 11 (a) より，$L=0.60$ m のとき $R=20.0$ Ω と読み取れて，

$$\rho=\frac{RS}{L}=\frac{20.0\ \Omega\times3.14\times10^{-8}\ \mathrm{m^2}}{0.60\ \mathrm{m}}\fallingdotseq1.0\times10^{-6}\ \Omega\cdot\mathrm{m}$$

教科書 p.203 TRY 豆電球の明るさを考えよう

ガイド フィラメントを加熱するとフィラメントの抵抗率が増加するので，回路を流れる電流の大きさが小さくなる。豆電球を流れる電流の大きさも小さくなるので，フィラメントを加熱する前と比べて豆電球は暗くなる。

教科書 p.205 TRY 合成抵抗を考えよう

ガイド 抵抗値 R〔Ω〕の 2 つの抵抗を直列につないだ場合の合成抵抗を R_1〔Ω〕とすると，

$$R_1=R+R=2R\ 〔\Omega〕$$

また，抵抗値 R〔Ω〕の 2 つの抵抗を並列につないだ場合の合成抵抗を R_2〔Ω〕とすると，

$$\frac{1}{R_2}=\frac{1}{R}+\frac{1}{R}=\frac{2}{R} \qquad よって，R_2=\frac{R}{2}\ 〔\Omega〕$$

$R_1>R_2$ より，直列接続の合成抵抗のほうが大きい。

教科書 p.208 TRY 流れる電流について考えよう

ガイド スイッチ S を開いているとき，抵抗 R_1，R_2 には等しい電流が流れる。電流の大きさを I_1〔A〕とすると，回路の合成抵抗は $2.0\ \Omega+3.0\ \Omega=5.0\ \Omega$ なので，

$$I_1=\frac{3.0\ \mathrm{V}}{5.0\ \Omega}=0.60\ \mathrm{A}$$

スイッチ S を閉じているとき，抵抗のないスイッチ S 側を電流が流れるので，電流は抵抗 R_2 には流れず，0 A である。また，抵抗 R_1 を流れる電流の大きさを I_2〔A〕とすると，

$$I_2 = \frac{3.0\ \mathrm{V}}{2.0\ \Omega} = 1.5\ \mathrm{A}$$

教科書 p.210　実験　6. ジュール熱で焼くケーキ

ガイド **考察** ①　ホットケーキミックスには電解質(水に溶けると電気を通す物質)が含まれるため，水を加えて混ぜると電気を通す。２枚のチタン板に電圧をかけると，生地(水に溶かしたホットケーキミックス)に電流が流れ，ジュール熱が発生する。

②　熱によって水分が少なくなり，生地が固まると電流が流れにくくなり，ジュール熱が発生しにくくなる。

教科書 p.211　TRY　豆電球の明るさを比較しよう

ガイド　電池の電圧を V〔V〕，豆電球の抵抗を R〔Ω〕とする。豆電球２つを並列に接続したときの豆電球１つの消費電力を P_1〔W〕とすると，

$$P_1 = \frac{V^2}{R}\ 〔\mathrm{W}〕$$

豆電球２つを直列に接続したときの豆電球１つの消費電力を P_2〔W〕とすると，豆電球１つにつき電圧 $\frac{V}{2}$〔V〕が加わるので，

$$P_2 = \frac{\left(\frac{V}{2}\right)^2}{R} = \frac{V^2}{4R}\ 〔\mathrm{W}〕$$

$P_1 > P_2$ より，並列に接続した回路の豆電球が明るく点灯する。

教科書 p.213　TRY　回路を組み立てよう

ガイド　図のように，各計器の端子間を導線でつなげばよい。

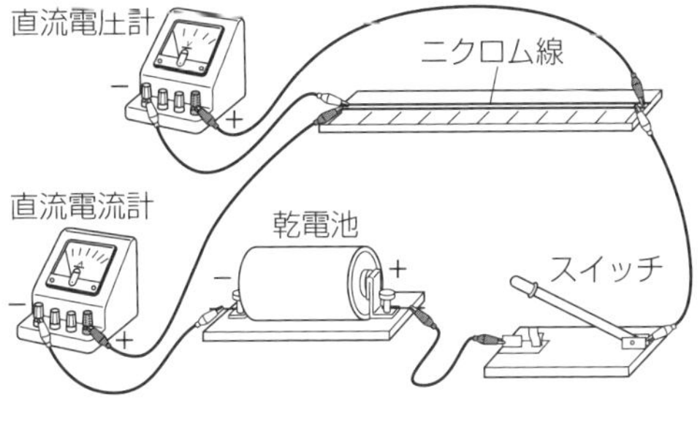

教科書 p.216 探究 8. ジュール熱の測定

ガイド

データの処理 ❶ 全体の質量 $M=349.3\,\mathrm{g}$，容器とかきまぜ棒の質量 $m_1=149.5\,\mathrm{g}$ より，水の質量 m_2 は $m_2=199.8\,\mathrm{g}$ となったとする。

❷ 1分ごとの電圧の平均値 $\overline{V}$〔V〕，電流の平均値 $\overline{I}$〔A〕，水温の変化 $\varDelta T$〔K〕は，次のようになったとする。

$\overline{V}=6.03\,\mathrm{V}$　　$\overline{I}=1.21\,\mathrm{A}$　　$\varDelta T=0.47\,\mathrm{K}$

❸ 水と水熱量計が1秒間あたりに得た熱量 Q を求めると，

$$Q=\{149.5\,\mathrm{g}\times 0.39\,\mathrm{J/(g\cdot K)}\times 0.47\,\mathrm{K} + 199.8\,\mathrm{g}\times 4.2\,\mathrm{J/(g\cdot K)}\times 0.47\,\mathrm{K}\}\div 60\,\mathrm{s}\fallingdotseq 7.03\,\mathrm{J/s}$$

❹ 1秒間あたりにニクロム線で消費されたエネルギー(発生したジュール熱) E を求めると，

$$E=\overline{V}\times\overline{I}=6.03\,\mathrm{V}\times 1.21\,\mathrm{A}\fallingdotseq 7.30\,\mathrm{J/s}$$

考察 ❶ E と Q を比較すると，ニクロム線で1秒間あたりに消費されたエネルギー E の方が水と水熱量計が1秒間あたりに得た熱量 Q より大きいことがわかる。これは，ニクロム線で消費されたエネルギーの一部が熱として水熱量計の外部に逃げてしまったり，水の蒸発に使われたりしたためと考えられる。

❷ はじめの水温が気温よりも2～3℃低い状態から測定を開始し，気温よりも2～3℃高くなったところで測定を終了させると，水の温度が気温と同じになるまでは外部から水や水熱量計に熱が流入し，水の温度が気温より高くなったあとは水や水熱量計から外部に熱が流出する。そのため，実験全体では水と水熱量計に外部から流入する熱と外部へ流出する熱が相殺されることになり，誤差を小さくすることができる。

問・類題・練習のガイド

教科書 p.195 **問 1**

ガラス棒を絹の布でこすりあわせて帯電させると，ガラス棒の電気量が 3.2×10^{-8} C になった。このとき，電子は何から何へ，何個移動したか。ただし，電気素量を 1.6×10^{-19} C とする。

ポイント **電子は負電荷をもち，電気量の大きさは 1.6×10^{-19} C。**

解き方 ガラス棒の電気量は正になったので，負電荷をもつ電子はガラス棒から絹の布に移動したことがわかる。電子の電気量の大きさ(電気素量)は 1.6×10^{-19} C であるから，移動した電子の個数は，

$$\frac{3.2\times10^{-8}\ \mathrm{C}}{1.6\times10^{-19}\ \mathrm{C}}=2.0\times10^{11}\ 個$$

答 ガラス棒から絹の布へ 2.0×10^{11} 個

教科書 p.197 **問 2**

導線のある断面を，30 秒間に 7.5 C の電気量が通過した。このときの電流の大きさは何Aか。

ポイント **電流の大きさは，単位時間に導線の断面を通過した電気量。**

解き方 電流の大きさは，1 秒間に導線の断面を通過した電気量であるから，電流の大きさを I〔A〕とすると，

$$I=\frac{7.5\ \mathrm{C}}{30\ \mathrm{s}}=0.25\ \mathrm{A}$$

答 0.25 A

教科書 p.198 **問 3**

断面積 2.0 mm^2 の導線に，3.2 A の電流が流れている。このとき，自由電子が移動する平均の速さは何 m/s か。ただし，電気素量を 1.6×10^{-19} C，導線 1 m^3 あたりの自由電子の数を 8.0×10^{28} 個とする。

ポイント **電子の運動による電流の大きさ　$I=envS$**

解き方 自由電子が移動する平均の速さを v とする。

1 mm^2＝$(1\times10^{-3}\ \mathrm{m})^2=1\times10^{-6}\ \mathrm{m^2}$ より断面積 $S=2.0\ \mathrm{mm^2}=2.0\times10^{-6}\ \mathrm{m^2}$ である。電流の大きさ $I=3.2$ A，電気素量 $e=1.6\times10^{-19}$ C，導線 1m^3 あたりの自由電子の数 $n=8.0\times10^{28}$ 個なので，$I=envS$ より，

$$v=\frac{I}{enS}=\frac{3.2\ \mathrm{A}}{1.6\times10^{-19}\ \mathrm{C}\times8.0\times10^{28}\times2.0\times10^{-6}\ \mathrm{m^2}}$$

$$=1.25\times10^{-4}\ \mathrm{m/s}\fallingdotseq1.3\times10^{-4}\ \mathrm{m/s}$$

答 $\mathbf{1.3\times10^{-4}\ m/s}$

教科書 p.199 **問 4**

電熱線に 1.5 V の電圧をかけると，0.10 A の電流が流れた。電熱線の抵抗は何 Ω か。

ポイント **オームの法則　$V=RI$**

解き方 抵抗を R とすると，$R=\dfrac{1.5\ \mathrm{V}}{0.10\ \mathrm{A}}=15\ \Omega$

答 **15 Ω**

教科書 p.201 **問 5**

抵抗 6.0 Ω，長さ 1.0 m，断面積 5.0×10^{-7} m^2 の導体の抵抗率は何 Ω·m か。

ポイント **抵抗と抵抗率　$R=\rho\dfrac{L}{S}$**

解き方 導体の抵抗率を ρ とする。抵抗 $R=6.0\ \Omega$，長さ $L=1.0$ m，断面積 $S=5.0\times10^{-7}\ \mathrm{m^2}$ であり，$R=\rho\dfrac{L}{S}$ より，

$$\rho=\frac{RS}{L}=\frac{6.0\ \Omega\times5.0\times10^{-7}\ \mathrm{m^2}}{1.0\ \mathrm{m}}=3.0\times10^{-6}\ \Omega\cdot\mathrm{m}$$

答 $\mathbf{3.0\times10^{-6}\ \Omega\cdot m}$

教科書 p.203 **問 6**

アルミニウムの 0℃ における抵抗率を $2.5\times10^{-8}\,\Omega\cdot\mathrm{m}$，温度係数を 4.2×10^{-3}/K とする。温度 40℃ におけるアルミニウムの抵抗率は何 Ω·m か。

ポイント　**抵抗率の温度変化　$\rho=\rho_0(1+\alpha t)$**

解き方　40℃ における抵抗率 ρ は，

$$\rho=2.5\times10^{-8}\times(1+4.2\times10^{-3}\times40)\,\Omega\cdot\mathrm{m}\fallingdotseq2.9\times10^{-8}\,\Omega\cdot\mathrm{m}$$

答 $\mathbf{2.9\times10^{-8}\,\Omega\cdot m}$

教科書 p.204 **問 7**

20 Ω と 30 Ω の 2 個の抵抗を直列に接続して，全体に 6.0 V の電圧を加えた。このとき，合成抵抗は何 Ω か。また，2 つの抵抗を流れる電流の大きさは何 A か。

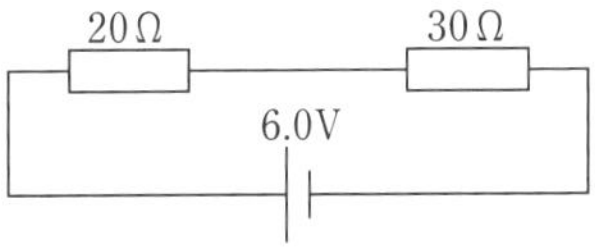

ポイント　**抵抗の直列接続　$R=R_1+R_2$**

解き方　合成抵抗を R とすると，

$$R=20\,\Omega+30\,\Omega=50\,\Omega$$

2 つの抵抗を流れる電流の大きさを I とすると，オームの法則より，

$$I=\frac{6.0\,\mathrm{V}}{R}=\frac{6.0\,\mathrm{V}}{50\,\Omega}=0.12\,\mathrm{A}$$

答 合成抵抗…**50 Ω**，電流…**0.12 A**

教科書 p.205 **問 8**

20 Ω と 30 Ω の 2 個の抵抗を並列に接続して，6.0 V の電圧を加えた。このとき，合成抵抗は何 Ω か。また，2 個の抵抗を流れる電流の和は何 A か。

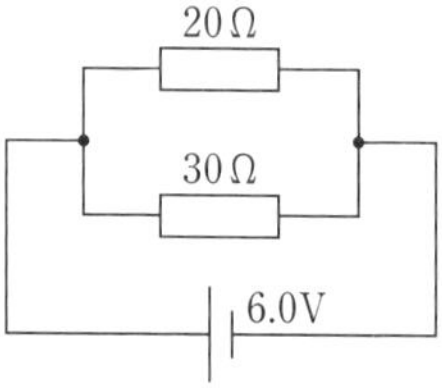

ポイント **抵抗の並列接続** $\dfrac{1}{R}=\dfrac{1}{R_1}+\dfrac{1}{R_2}$

解き方 合成抵抗を R とすると，

$$\frac{1}{R}=\frac{1}{20\ \Omega}+\frac{1}{30\ \Omega}$$ よって，$R=12\ \Omega$

2 個の抵抗を流れる電流の和を I とすると，オームの法則より，

$$I=\frac{6.0\ \mathrm{V}}{R}=\frac{6.0\ \mathrm{V}}{12\ \Omega}=0.50\ \mathrm{A}$$

答 合成抵抗…**12 Ω**，電流…**0.50 A**

教科書 p.207 **練習 1**

直列接続 次のように抵抗が接続されている。それらの合成抵抗は何 Ω か。

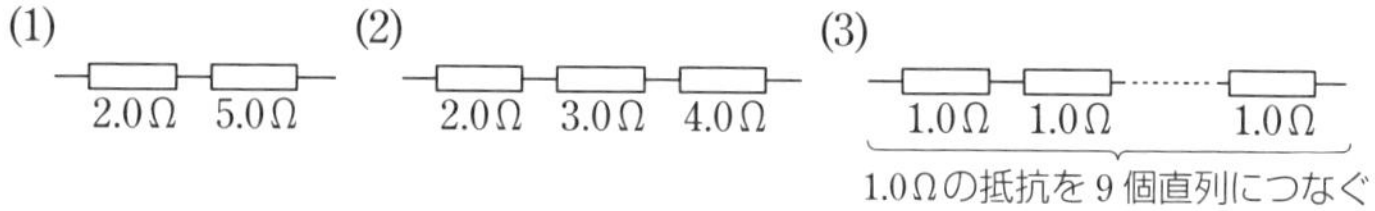

ポイント **抵抗の直列接続** $R=R_1+R_2+\cdots+R_n$

解き方 (1) 合成抵抗 R は，$R=2.0\ \Omega+5.0\ \Omega=7.0\ \Omega$

(2) 合成抵抗 R は，$R=2.0\ \Omega+3.0\ \Omega+4.0\ \Omega=9.0\ \Omega$

(3) 合成抵抗 R は，$R=1.0\ \Omega+1.0\ \Omega+1.0\ \Omega+1.0\ \Omega+1.0\ \Omega+1.0\ \Omega$
$+1.0\ \Omega+1.0\ \Omega+1.0\ \Omega=9.0\ \Omega$

答 (1) **7.0 Ω** (2) **9.0 Ω** (3) **9.0 Ω**

教科書 p.207 練習2

並列接続　次のように抵抗が接続されている。それらの合成抵抗は何Ωか。

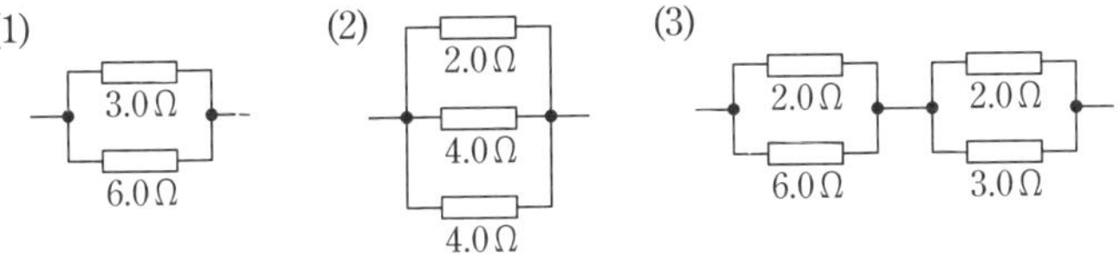

ポイント　**抵抗の並列接続**　$\dfrac{1}{R}=\dfrac{1}{R_1}+\dfrac{1}{R_2}+\cdots+\dfrac{1}{R_n}$

解き方 (1)　合成抵抗 R は，$\dfrac{1}{R}=\dfrac{1}{3.0\,\Omega}+\dfrac{1}{6.0\,\Omega}$　　よって，$R=2.0\,\Omega$

(2)　合成抵抗 R は，$\dfrac{1}{R}=\dfrac{1}{2.0\,\Omega}+\dfrac{1}{4.0\,\Omega}+\dfrac{1}{4.0\,\Omega}$　　よって，$R=1.0\,\Omega$

(3)　2.0 Ω，6.0 Ω の抵抗の合成抵抗 R_1，2.0 Ω，3.0 Ω の抵抗の合成抵抗 R_2 は，$\dfrac{1}{R_1}=\dfrac{1}{2.0\,\Omega}+\dfrac{1}{6.0\,\Omega}$　　$\dfrac{1}{R_2}=\dfrac{1}{2.0\,\Omega}+\dfrac{1}{3.0\,\Omega}$

よって，$R_1=1.5\,\Omega$，$R_2=1.2\,\Omega$

全体の合成抵抗 R は，$R=R_1+R_2=1.5\,\Omega+1.2\,\Omega=2.7\,\Omega$

答 (1)　**2.0 Ω**　　(2)　**1.0 Ω**　　(3)　**2.7 Ω**

教科書 p.207 練習3

抵抗を流れる電流　R_1 の抵抗に，図のような電流が流れている。次の各場合において，R_2 の抵抗に流れる電流は何 A か。

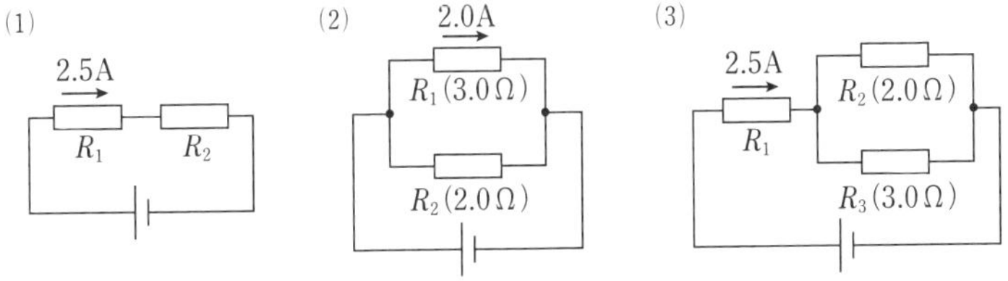

ポイント　**直列接続では，各抵抗に流れる電流は等しい。**
並列接続では，各抵抗に加わる電圧は等しい。

解き方 (1)　各抵抗に流れる電流は等しいので，2.5 A

(2)　R_2 の電流 I_2 は，$3.0\,\Omega\times2.0\,\text{A}=2.0\,\Omega\times I_2$ より，$I_2=3.0\,\text{A}$

(3)　R_2，R_3 の抵抗に流れる電流をそれぞれ I_2，I_3 とすると，

$I_2+I_3=2.5\,\text{A}$　　$2.0\,\Omega\times I_2=3.0\,\Omega\times I_3$　　よって，$I_2=1.5\,\text{A}$

答 (1)　**2.5 A**　　(2)　**3.0 A**　　(3)　**1.5 A**

教科書 p.207 **練習 4**

抵抗に加わる電圧 図のような電流が流れている。次の各場合において，R_2 の抵抗に加わる電圧は何 V か。

(1)

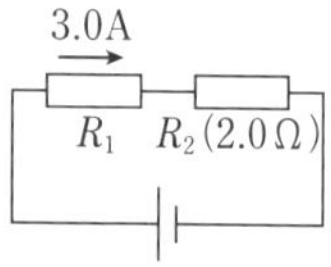

(2)

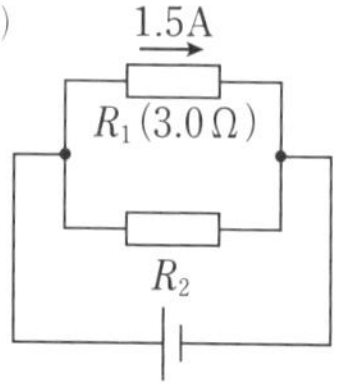

(3)

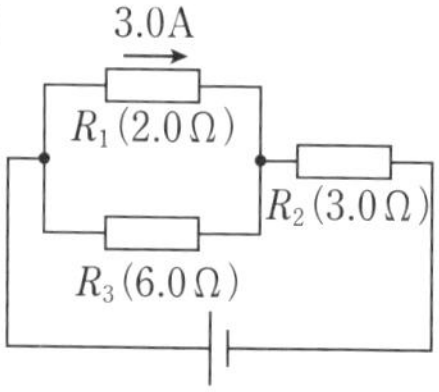

(4)

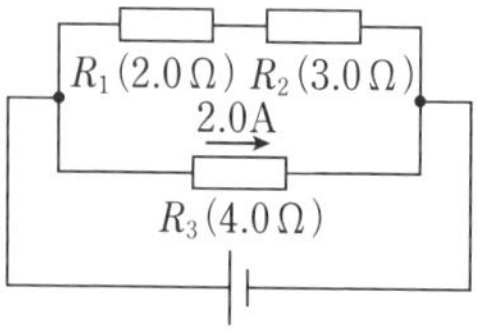

(5)

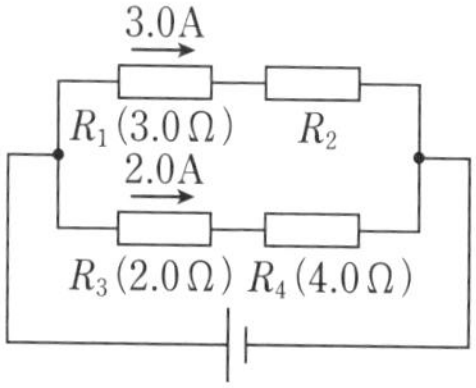

ポイント

直列接続では，各抵抗に加わる電圧の和は，全体の電圧に等しい。
並列接続では，各抵抗に流れる電流の和は，全体の電流に等しい。

解き方 (1) $2.0\ \Omega\times3.0\ \mathrm{A}=6.0\ \mathrm{V}$

(2) R_1 と R_2 の抵抗に加わる電圧は等しいので，$3.0\ \Omega\times1.5\ \mathrm{A}=4.5\ \mathrm{V}$

(3) R_3 の抵抗に流れる電流を I_3 とすると，

$2.0\ \Omega\times3.0\ \mathrm{A}=6.0\ \Omega\times I_3$ よって，$I_3=1.0\ \mathrm{A}$

R_2 の抵抗に加わる電圧は，$3.0\ \Omega\times(3.0\ \mathrm{A}+1.0\ \mathrm{A})=12\ \mathrm{V}$

(4) R_2 の抵抗に流れる電流を I_2 とすると，

$2.0\ \Omega\times I_2+3.0\ \Omega\times I_2=4.0\ \Omega\times2.0\ \mathrm{A}$ よって，$I_2=1.6\ \mathrm{A}$

R_2 の抵抗に加わる電圧は，$3.0\ \Omega\times I_2=3.0\ \Omega\times1.6\ \mathrm{A}=4.8\ \mathrm{V}$

(5) R_2 の抵抗に加わる電圧を V_2 とすると，

$3.0\ \Omega\times3.0\ \mathrm{A}+V_2=2.0\ \Omega\times2.0\ \mathrm{A}+4.0\ \Omega\times2.0\ \mathrm{A}$

よって，$V_2=3.0\ \mathrm{V}$

答 (1) **6.0 V** (2) **4.5 V** (3) **12 V** (4) **4.8 V** (5) **3.0 V**

教科書 p.208 **類題 1**

右図の回路において，AB 間の合成抵抗は何Ωか。また，AB 間に 1.8 V の電圧を加えたとき，点Aに流れる電流は何Aか。

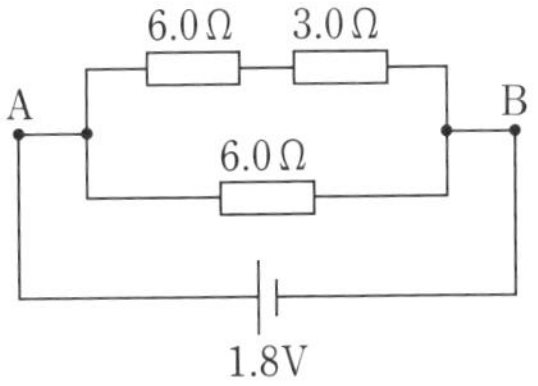

ポイント **抵抗の直列接続**　$\boldsymbol{R=R_1+R_2}$　**並列接続**　$\boldsymbol{\dfrac{1}{R}=\dfrac{1}{R_1}+\dfrac{1}{R_2}}$

解き方 6.0 Ω と 3.0 Ω が直列に接続された部分の合成抵抗は，

$6.0\ \Omega+3.0\ \Omega=9.0\ \Omega$

したがって，AB 間の合成抵抗を R とすると，

$\dfrac{1}{R}=\dfrac{1}{9.0\ \Omega}+\dfrac{1}{6.0\ \Omega}$　　よって，$R=3.6\ \Omega$

点Aに流れる電流を I とすると，オームの法則より，

$I=\dfrac{1.8\ \text{V}}{R}=\dfrac{1.8\ \text{V}}{3.6\ \Omega}=0.50\ \text{A}$

答 合成抵抗…**3.6 Ω**，電流…**0.50 A**

教科書 p.210 **類題 2**

容器に入れられた 10 ℃の水 1.5 kg がある。その中にニクロム線を入れ，100 V の電圧を加えて 10 A の電流を流したところ，10 分後に水の温度は 100 ℃に達した。ニクロム線で発生した熱の何%が，水に与えられたか。ただし，水の比熱を 4.2 J/(g·K)とし，この間に水は蒸発しないものとする。

ポイント **ジュール熱**　$\boldsymbol{Q=VIt=RI^2t=\dfrac{V^2}{R}t}$

解き方 10 ℃の水 1.5 kg$(1.5\times10^3\ \text{g})$の水を 100 ℃にするのに必要な熱量は，

$1.5\times10^3\ \text{g}\times4.2\ \text{J/(g·K)}\times(100-10)\text{K}$

10 分間$(10\times60\ \text{s}$ 間$)$にニクロム線で発生した熱量の x〔%〕が水に与えられたとすると，ジュール熱の式より，

$$100\ \text{V}\times10\ \text{A}\times(10\times60\ \text{s})\times\frac{x}{100}=1.5\times10^3\ \text{g}\times4.2\ \text{J/(g·K)}\times(100-10)\text{K}$$

よって，$x\fallingdotseq95$ %

答 95 %

教科書 p.211 問 9

100 V の電圧で，1.2 A の電流が流れるエアコンがある。エアコンで消費される電力は何Wか。また，1.0 時間使用したとき，消費される電力量は何 kWh か。それは何 J か。

ポイント **電力 $P=VI$　電力量 $W=VIt$**

解き方 エアコンは電圧 $V=100$ V で電流 $I=1.2$ A が流れるので，消費される電力を P とすると，

$$P=VI=100\ \mathrm{V}\times1.2\ \mathrm{A}=1.2\times10^2\ \mathrm{W}$$

1.0 時間(1.0 h)使用したときの消費電力量を W とすると，

$$W=VIt=100\ \mathrm{V}\times1.2\ \mathrm{A}\times1.0\ \mathrm{h}=1.2\times10^2\ \mathrm{Wh}=0.12\ \mathrm{kWh}$$

$1\ \mathrm{kWh}=1000\ \mathrm{Wh}=1000\ \mathrm{W}\times3600\ \mathrm{s}=3.6\times10^6\ \mathrm{J}$ より，

$$0.12\times3.6\times10^6\ \mathrm{J}\fallingdotseq4.3\times10^5\ \mathrm{J}$$

答 消費される電力…**1.2×10^2 W**

消費される電力量…**0.12 kWh，4.3×10^5 J**

教科書 p.212 問 a

最大目盛り 100 mA，内部抵抗 2.7 Ω の電流計を，最大目盛り 1000 mA の電流計として用いるには，何Ωの抵抗をどのように接続すればよいか。

ポイント **電流計に 100 mA の電流が流れるとき，抵抗に 900 mA の電流が流れるようになっていればよい。**

解き方 電流計に最大目盛りの 100 mA の電流が流れるとき，接続した抵抗(分流器)に 1000 mA－100 mA＝900 mA の電流が流れるようになれば，最大目盛り 1000 mA の電流計として用いることができる。そのため，抵抗は電流計に並列に接続する。抵抗の抵抗値を R_A とすると，電流計と抵抗に加わる電圧は等しいことから，

$$2.7\ \Omega\times100\ \mathrm{mA}=R_\mathrm{A}\times900\ \mathrm{mA}\qquad よって，R_\mathrm{A}=0.30\ \Omega$$

答 **0.30 Ω の抵抗を電流計と並列に接続**

教科書 p.213 問 b

内部抵抗 3.0 kΩ，最大目盛り 3 V の電圧計を，最大目盛り 30 V の電圧計にしたい。何 kΩ の抵抗をどのように接続すればよいか。

ポイント **電圧計に 3 V の電圧が加わるとき，抵抗に 27 V の電圧が加わるようになっていればよい。**

解き方 電圧計に最大目盛りの 3 V の電圧が加わるとき，接続した抵抗(倍率器)に 30 V−3 V=27 V の電圧が加わるようになればよい。そのため，抵抗は電圧計に直列に接続する。抵抗の抵抗値を R_V とすると，電圧計と抵抗に流れる電流は等しいことから，

$$\frac{3\,\text{V}}{3.0\times10^3\,\Omega}=\frac{27\,\text{V}}{R_V}$$　よって，$R_V=27\times10^3\,\Omega=27\,\text{k}\Omega$

答 27 kΩ の抵抗を電圧計と直列に接続

節末問題のガイド

教科書 p.217

❶ 抵抗の接続

関連：教科書 p.204，205，208 例題 1

図のように，$R_1=3.0\,\Omega$，$R_2=5.0\,\Omega$，$R_3=12\,\Omega$ の抵抗と，ある電圧の電源を接続した。このとき，R_1 の抵抗に 0.90 A の電流が流れた。次の各問に答えよ。

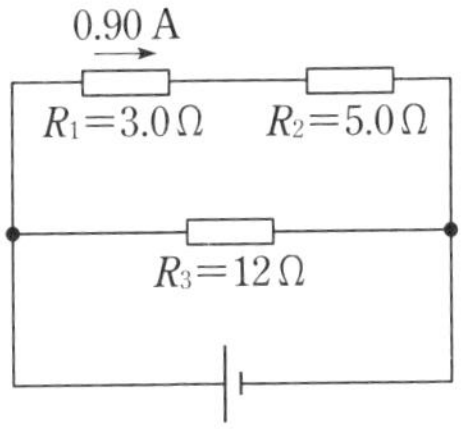

(1) 回路全体の合成抵抗は何 Ω か。

(2) 電源の電圧は何 V か。

(3) 抵抗 R_3 を流れる電流は何 A か。

ポイント **R_1 と R_2 に加わる電圧の和＝R_3 に加わる電圧(＝電源の電圧)**

オームの法則　$V=RI$

解き方 (1) R_1，R_2 の抵抗の合成抵抗は，3.0 Ω+5.0 Ω=8.0 Ω である。回路全体の合成抵抗を R とすると，

$$\frac{1}{R}=\frac{1}{8.0\,\Omega}+\frac{1}{12\,\Omega}$$　よって，$R=4.8\,\Omega$

(2) R_1 と R_2 の抵抗に加わる電圧の和は，電源の電圧と等しい。電源の電圧は，

$$3.0\,\Omega\times0.90\,\text{A}+5.0\,\Omega\times0.90\,\text{A}=7.2\,\text{V}$$

(3) R_3 の抵抗に流れる電流の大きさを I_3 とすると，オームの法則より，

$$I_3=\frac{7.2\ \mathrm{V}}{12\ \Omega}=0.60\ \mathrm{A}$$

答 (1) **4.8 Ω** (2) **7.2 V** (3) **0.60 A**

思考力UP↑

抵抗の回路の問題では，直列接続の抵抗にそれぞれ流れる電流は等しいことと，並列接続の抵抗にそれぞれ加わる電圧は等しいことから，電流や電圧の関係を把握しよう。

❷ 抵抗の形状

関連：教科書 p.201，205

同じ材質の2本の導体P，Qがある。PはQの3倍の長さで，断面積は $\frac{1}{3}$ である。PとQを図のようにつなぎ，電圧1.8 Vの電池につなぐと，点Rを1.0 Aの電流が流れた。P，Qの抵抗はそれぞれ何Ωか。

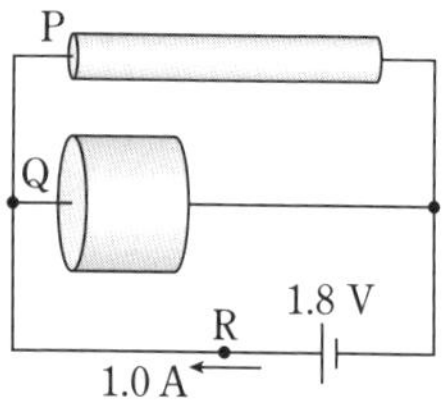

ポイント **抵抗と抵抗率** $R=\rho\dfrac{L}{S}$ **オームの法則** $V=RI$

解き方 抵抗率を ρ，長さを L，断面積を S とすると，抵抗 R は，

$$R=\rho\frac{L}{S}$$

この式からわかるように，R は長さ L に比例し，断面積 S に反比例する。

ここで，PはQの3倍の長さ，$\frac{1}{3}$ 倍の断面積であるから，Qの抵抗を r とすると，Pの抵抗は $9r$ と表される。

P，Qは電池と並列に接続されているので，P，Qに加わる電圧はともに1.8 Vである。また，P，Qに流れる電流の和は1.0 Aであるから，

$$\frac{1.8\ \mathrm{V}}{9r}+\frac{1.8\ \mathrm{V}}{r}=1.0\ \mathrm{A} \qquad よって，r=2.0\ \Omega$$

したがって，

Pの抵抗は，$9r=9\times2.0\ \Omega=18\ \Omega$ Qの抵抗は，$r=2.0\ \Omega$

答 P…**18 Ω**，Q…**2.0 Ω**

❸ 電池がもつ電気量

関連：教科書 p.197

図は，充電した電池を抵抗器につないだときの，流れる電流と時間との関係を表したものである。電流が流れている間，この電池の電圧は 2.4 V で一定であるとする。

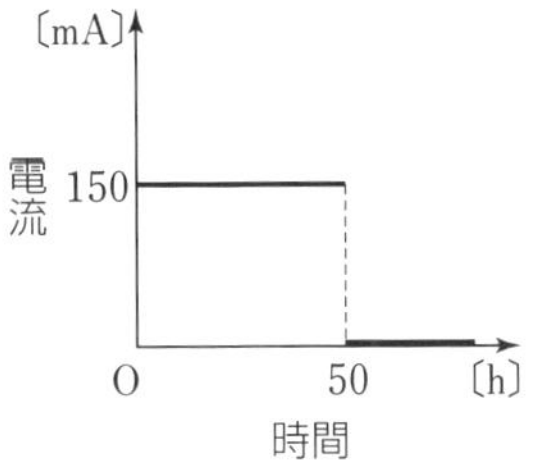

(1)　抵抗器の抵抗は何Ωか。

(2)　電池から流れた電気量は何Cか。

(3)　この電池を再び充電し，LED につなぐと，25 mA の電流が流れた。(2)と同じ電気量を使用したとすると，LED の点灯時間は何時間か。ただし，流れる電流は一定であるとする。

ポイント　電荷と電流　$I=\frac{q}{t}$

解き方　(1)　抵抗器の抵抗をRとすると，抵抗器に電圧 $V=2.4\ \mathrm{V}$ をかけたとき，電流 $I=150\ \mathrm{mA}=0.150\ \mathrm{A}$ が流れたので，オームの法則より，

$$R=\frac{V}{I}=\frac{2.4\ \mathrm{V}}{0.150\ \mathrm{A}}=16\ \Omega$$

(2)　電流 $I=0.150\ \mathrm{A}$ が時間 $t=50$ 時間$=50\times3600\ \mathrm{s}=1.8\times10^{5}\ \mathrm{s}$ だけ流れたので，電池にたくわえられていた電気量をqとすると，

$$q=It=0.150\ \mathrm{A}\times1.8\times10^{5}\ \mathrm{s}=2.7\times10^{4}\ \mathrm{C}$$

(3)　電流 $I'=25\ \mathrm{mA}=2.5\times10^{-2}\ \mathrm{A}$ が時間t'だけ流れて LED が点灯したとすると，$q=I't'$ より，

$$t'=\frac{q}{I'}=\frac{2.7\times10^{4}\ \mathrm{C}}{2.5\times10^{-2}\ \mathrm{A}}=1.08\times10^{6}\ \mathrm{s}$$

$$=\frac{1.08\times10^{6}}{3600}\text{時間}=3.0\times10^{2}\text{時間}$$

答　(1)　**16 Ω**　(2)　**2.7×10^{4} C**　(3)　**3.0×10^{2} 時間**

❹ 抵抗と消費電力

関連：教科書 p.201，211

ある長さの 100 V 用 500 W のニクロム線(100 V を加えると 500 W が消費されるニクロム線)がある。ニクロム線の長さをもとの半分にし，電圧 80 V を加えた。

(1)　半分にしたニクロム線の抵抗は何 Ω か。また，ニクロム線で消費される電力は何 W か。

(2)　5.0 分間に発生する熱量は何 J か。ただし，ニクロム線の抵抗は一定とする。

ポイント **「100 V 用 500 W」とは，100 V の電圧を加えたときに消費される電力が 500 W であることを示す。**
断面積が一定のニクロム線の抵抗は，長さに比例する。

電力 $P=VI=RI^2=\dfrac{V^2}{R}$　　**ジュール熱** $Q=VIt=RI^2t=\dfrac{V^2}{R}t=Pt$

解き方 (1)　長さを半分にして電圧を加えたニクロム線の抵抗を R とする。ニクロム線の抵抗は長さに比例するので，もとの 100 V 用 500 W のニクロム線の抵抗は $2R$ である。したがって，

$$500\ \mathrm{W}=\frac{(100\ \mathrm{V})^2}{2R}\qquad よって，R=10\ \Omega$$

80 V の電圧を加えた抵抗 $R=10\ \Omega$ のニクロム線で消費される電力を P とすると，

$$P=\frac{(80\ \mathrm{V})^2}{R}=\frac{(80\ \mathrm{V})^2}{10\ \Omega}=6.4\times10^2\ \mathrm{W}$$

(2)　$t=5.0$ 分間(5.0×60 s 間)に発生する熱量を Q とすると，これはニクロム線で消費された電力量に等しいので，

$$Q=Pt=6.4\times10^2\ \mathrm{W}\times5.0\times60\ \mathrm{s}=1.92\times10^5\ \mathrm{J}\fallingdotseq1.9\times10^5\ \mathrm{J}$$

答 (1)　抵抗…**10 Ω**，電力…**6.4×10^2 W**　　(2)　**1.9×10^5 J**

❺ スイッチの開閉と電流の大きさ

関連：教科書 p.205，208 例題 1

図のように，豆電球，スイッチS，2つの抵抗 R_1，R_2 と電池を用いて回路をつくる。スイッチSを閉じると，豆電球に流れる電流の大きさが変わる。スイッチを閉じる前後で，豆電球の明るさはどのように変化するか説明せよ。

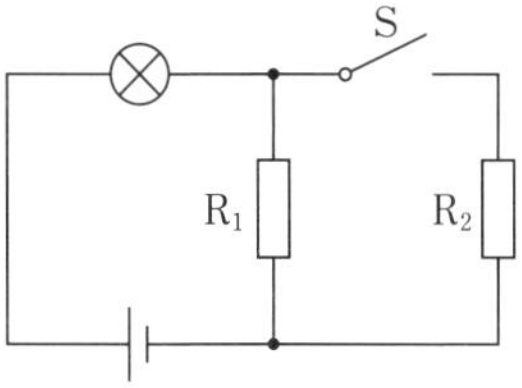

ポイント 並列接続のとき，$\dfrac{1}{R}=\dfrac{1}{R_1}+\dfrac{1}{R_2}$ より，$R=\dfrac{R_1R_2}{R_1+R_2}$

$R=\dfrac{R_2}{R_1+R_2}\times R_1$ より，$R<R_1$　　$R=\dfrac{R_1}{R_1+R_2}\times R_2$ より，$R<R_2$

解き方　スイッチSを閉じる前は抵抗 R_1 のみに電流が流れるが，スイッチSを閉じると，抵抗 R_1，R_2 に電流が流れ，豆電球を流れる電流は増加する。これは，並列接続の合成抵抗が，合成する前のそれぞれの抵抗よりも小さくなることからもわかる。

したがって，スイッチSを閉じると，閉じる前に比べて豆電球は明るくなる。

答 スイッチSを閉じると，閉じる前に比べて豆電球は明るくなる。

第2節 電流と磁場

教科書の整理

① 磁場

教科書 p.218~221

A 磁石と磁場

①**磁極** 磁石の両端にあるN極，S極は磁極である。同種の磁極は斥力を，異種の磁極は引力をおよぼしあう。この力を**磁気力**(**磁力**)という。

②**磁場(磁界)** 磁極に磁気力がはたらく空間。磁針のN極が受ける力の向きが磁場の向き。

もっと詳しく
磁力線は，N極から出てS極に向かう。磁場の強いところほど，磁力線は密となる。

B 磁力線

①**磁力線** 磁場の向きから得られた1本の線に，矢印をつけたもの。

C 電流がつくる磁場

①**直線電流がつくる磁場** 直線電流を中心とする同心円状に磁場ができる。磁場の強さは，電流が大きいほど強く，電流に近いほど強い。

②**右ねじの法則** 電流がつくる磁場の向きは，電流の向きに右ねじの進む向きをあわせるとき，右ねじのまわる向きである。

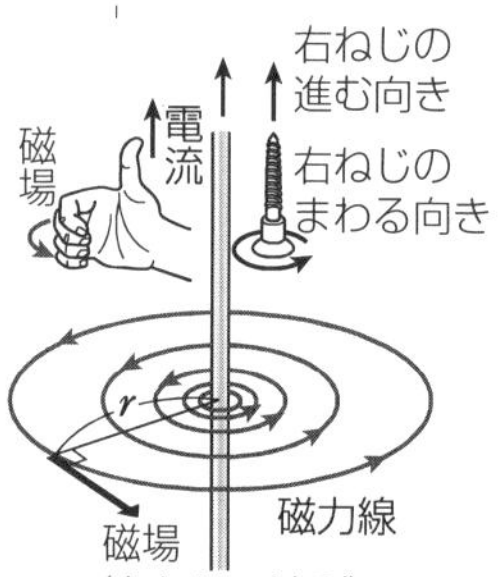

〈右ねじの法則〉

③**円形電流がつくる磁場，ソレノイドを流れる電流がつくる磁場** 円形電流の中心の磁場の向き，ソレノイド(導線をらせん状に巻いて円筒状にしたもの)の内部の磁場の向きは，右手の親指を立てて，ソレノイドを電流の向きに沿って残りの指で握ったときの，親指の向きとして示される。

② モーターと発電機　教科書 p.222～225

A 電流が磁場から受ける力

①**電流が磁場から受ける力**　電流は磁場から力を受ける。

② 発展 **フレミングの左手の法則**　左手の中指を電流の向き，人さし指を磁場の向きにあわせると，親指の向きが磁場から受ける力の向きを示す。

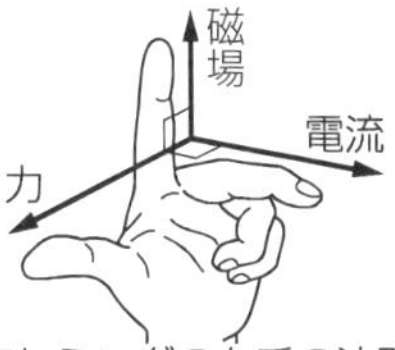

〈フレミングの左手の法則〉

B モーター

①**モーター**　電流が磁場から受ける力を利用して回転を得る装置。

C 電磁誘導

①**電磁誘導**　コイルを貫く磁力線の数が変化すると，コイルに電圧が発生する現象。生じる電圧を**誘導起電力**，流れる電流を**誘導電流**という。

②**誘導起電力**　誘導起電力の大きさは，磁力線の数の単位時間あたりの変化が大きくなるほど大きくなり，コイルの巻数が多くなるほど大きくなる。

③ 発展 **レンツの法則**　誘導電流は，コイルを貫く磁力線の数の変化を妨げる向きに流れる。

D 発電機

①**直流発電機**　モーターと同じような装置で，磁場中のコイルを回転させると，誘導電流が流れる。整流子のはたらきで一定の向きに流れる電流をつくる装置を直流発電機という。

もっと詳しく
直流モーターの整流子はコイルとともにまわり，半回転するごとにコイルの電流の向きを切り換える。

もっと詳しく
誘導電流の向きは，コイルに磁石を近づけるときと，遠ざけるときとで逆になる。また，N極かS極かで逆になる。

③ 交流と電磁波　教科書 p.226～231

A 直流と交流

①**直流**　一定の向きに流れる電流を**直流電流**(DC)，直流電流を流そうとする電圧を**直流電圧**という。

②**交流**　周期的に大きさと正負が変化する電圧を**交流電圧**，周期的に大きさと向きが変化する電流を**交流電流**という。

教科書の整理　第2節

B 交流の性質

①**実効値** 交流電圧や交流電流の大きさを示すときに，消費電力を直流と同じように計算できる値。

■ **重要公式 3-1**

消費電力 $P=V_eI_e$ V_e，I_e：交流電圧，交流電流の実効値

②**周期と周波数** 交流電圧や交流電流が，ある状態から変化して次に同じ状態になるまでの時間を交流の周期といい，1秒間あたりのこの変化の繰り返しの回数を交流の周波数という。交流の周期を T〔s〕，交流の周波数を f〔Hz〕とすると，

■ **重要公式 3-2**

$$f=\frac{1}{T}$$

C 交流の発生

①**交流発電機** 電磁誘導を利用して交流電圧を発生させる装置。

D 変圧器

①**変圧器(トランス)** 交流電圧を変換する装置。鉄心に2つのコイルを巻いたものである。変圧器の一次コイルに交流電圧 V_{1e} を加えたとき，二次コイルに発生する交流電圧 V_{2e} は，

■ **重要公式 3-3**

$$\frac{V_{1e}}{V_{2e}}=\frac{N_1}{N_2}$$ N_1，N_2：一次コイル，二次コイルの巻数

E 送電

①**送電** 電力を遠くまで輸送するとき，送電線の抵抗で生じるジュール熱によるエネルギー損失をできるだけ小さくするために，変圧器を用いて高電圧にして送電する。

F 整流

①**整流** 交流を直流に変換すること。ダイオードなどの整流作用をもつ素子が用いられる。

G 電磁波

①**電磁波** 電気と磁気の周期的な変化(電場と磁場の振動)が空間を伝わる波。光は電磁波の一種であり，真空中における電磁波の速さは，光の速さと等しく，約 3.0×10^8 m/s である。電磁波の周波数を f〔Hz〕，波長を λ〔m〕とすると，電磁波の速さ c〔m/s〕は，

もっと詳しく

実効値は最大値の $\frac{1}{\sqrt{2}}$ 倍である。

テストに出る

理想的な変圧器では，一次コイル側の電力と二次コイル側の電力は等しい。

■ **重要公式 3-4**

$c = f\lambda$

②**電磁波の分類**　電磁波は振動数の小さい順に(波長の長い順に)，電波，赤外線，可視光線，紫外線，X 線，γ 線などに分類される。

実験・探究のガイド

教科書 p.221　TRY　電流がつくる磁場の向きを調べよう

ガイド　教科書 p.220 図 26(a)の導線の各部分を流れる電流は，右ねじの法則より電流のまわりに磁場をつくり，合成すると円形電流の内側に上向きの磁場をつくる。したがって，磁力線は図 26(b)のようになる。

また，教科書 p.221 図 27(a)の導線の各部分を流れる電流は，右ねじの法則より電流のまわりに磁場をつくり，合成するとソレノイドの内側に右向きの磁場をつくる。したがって，磁力線は図 27(b)や教科書 p.221 図 28 のようになる。

教科書 p.223　実験　7. クリップモーターの製作

ガイド　**考察**　①　教科書 p.223 の図の状態のとき，左側の下半分だけ被覆をはがした部分がクリップに接しているので，コイルには電流が流れる。コイルに流れる電流は，フェライト磁石がつくる磁場から力を受ける。このとき，コイルの最上部を流れる電流と最下部を流れる電流が磁場から受ける力は，紙面に垂直で互いに逆向きになるので，コイルは回転する。図の状態から 180° 回転すると，左側の被覆をはがした部分がクリップに接しなくなるので，電流は流れていないが，慣性によってコイルの回転は続く。

②　コイルの両側ともエナメル線の被覆を全部はがすと，コイルには同じ向きの電流が流れ続ける。そのため，図の状態からコイルが 180° 回転すると，電流が磁場から受ける力は逆向き(回転を止めようとする向き)にはたらくことになり，回転は続かない。

教科書 p.225 ぽけっとラボ 23. 電磁誘導

ガイド 電磁調理器は，磁場を変化させて金属製の鍋などに電磁誘導による誘導電流を流し，ジュール熱を発生させる。電磁調理器の上にコイルを置いて電磁調理器の電源を入れると，コイルに誘導起電力が生じるので，コイルにつながれた電球に誘導電流が流れて，電球は点滅する。

教科書 p.225 TRY 手まわし発電機をまわそう

ガイド 同じ速さでハンドルをまわすと，手まわし発電機で発生する電圧 V が等しい。また，2本のリード線の間につないだものの抵抗を R とすると，リード線の間につないだものが消費する電力 P は，$P=\dfrac{V^2}{R}$ となる。したがって，抵抗 R が小さいほど消費する電力 P が大きい。

消費する電力 P は，手まわし発電機をまわす仕事の仕事率に等しいと考えてよいので，より大きな力を必要とする(仕事率が大きい)のは抵抗が小さい(a)豆電球である。

教科書 p.230 ぽけっとラボ 24. 赤外線の観察

ガイド テレビのリモコンの赤外線を発する部分をデジタルカメラやスマートフォンのカメラに向けてリモコンを操作すると，カメラには赤外線を発する部分が光っているように映る。ただし，赤外線をカットするフィルターがついているカメラでは映らない。

問・類題・練習のガイド

教科書 p.220 **問 10**

南北の方向を指す磁針の上に導線を張り，南から北に向かって電流を流すと，磁針のＮ極は東西のどちら向きに振れるか。

ポイント

磁場の向きは，電流の向きに右ねじの進む向きをあわせるとき，右ねじのまわる向きである(右ねじの法則)。
Ｎ極は磁場の向きを指す。

解き方 電流を流す前に，磁針のＮ極は北を向いている。

右ねじの法則より，南から北に流れる電流の真下で生じる磁場の向きは，東から西に向かう向きである。Ｎ極は磁場の向きを向くので，電流を流すと西向きに振れる。

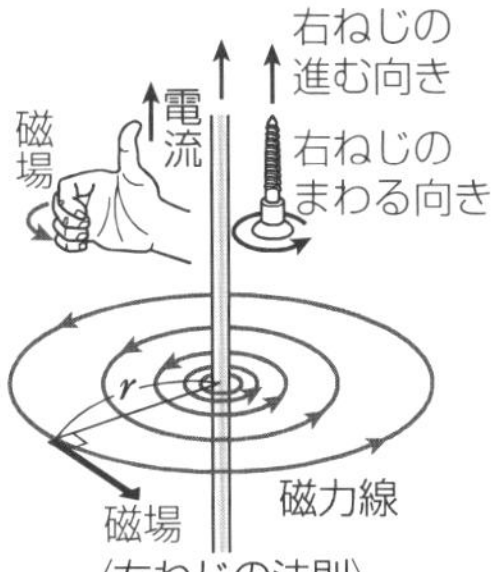

〈右ねじの法則〉

答 西向き

教科書 p.221 **問 11**

水平面上に置かれている円形の導線に電流を流すと，円の中心には鉛直上向きに磁場が生じた。導線を流れる電流の向きは，どちら向きか。図の**ア**，**イ**の記号で答えよ。

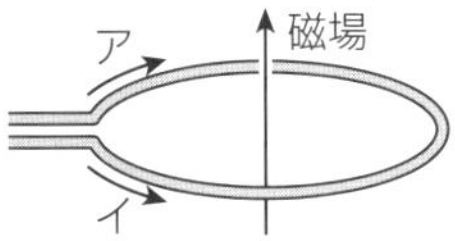

ポイント

右手の親指の向きを磁場の向きに合わせると，残りの指を握った向きに電流が流れている。

解き方 円形の導線の中心における磁場の向きを，右手の親指を立てた向きに合わせると，残りの指を握ったときの向きが電流の向きになるので，**イ**の向きに電流が流れている。

答 **イ**

教科書 p.221 **問 12**

右図のようなソレノイドに，bからaの向きに電流を流した。ソレノイドの内部に生じる磁場の向きは，どちら向きか。

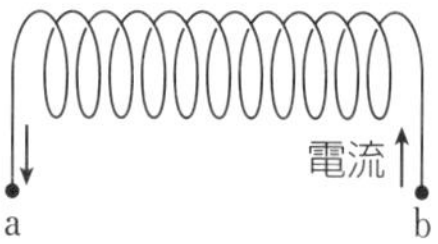

ポイント **右手を握ったときの指の向きを電流の向きに合わせると，立てた親指の向きに磁場が生じている。**

解き方 ソレノイドに流れる電流の向きを，右手を握ったときの指の向きに合わせると，立てた親指の向きに磁場が生じるので，磁場は左向きである。

答 左向き

教科書 p.224 **問 13**

次の(1)〜(3)で，コイルに流れる誘導電流の向きはどちら向きか。a，bの記号で答えよ。

(1) N極を近づける　(2) S極を近づける　(3) スイッチを入れた直後

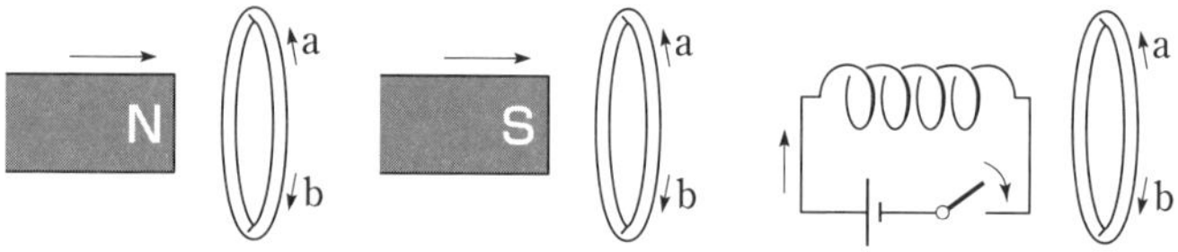

ポイント **磁力線はN極から出てS極に入る向きである。**
誘導電流は，コイルを貫く磁力線の数の変化を妨げる向きに流れる(レンツの法則)。

解き方 (3) スイッチを入れると，右向きの磁力線が増加する。

答 (1) **a**　(2) **b**　(3) **a**

教科書 p.228 問 14

一次コイルの巻数が 200 回，二次コイルの巻数が 400 回の変圧器がある。一次コイルに，実効値 100 V の交流電圧を加えた。変圧器で電力の損失はないものとする。

(1) 二次コイルに生じる交流電圧の実効値は何 V か。

(2) 一次コイルに流れる交流電流の実効値が 0.80 A のとき，二次コイルに流れる交流電流の実効値は何 A か。

ポイント

(1) **変圧器の電圧と巻数** $\boldsymbol{\dfrac{V_{1e}}{V_{2e}}=\dfrac{N_1}{N_2}}$

(2) **変圧器の電力** $\boldsymbol{V_{1e}I_{1e}=V_{2e}I_{2e}}$

解き方 (1) 二次コイルに生じる交流電圧の実効値を V_{2e} とすると，

$$\frac{100\ \mathrm{V}}{V_{2e}}=\frac{200}{400}\qquad よって，V_{2e}=\frac{400}{200}\times 100\ \mathrm{V}=200\ \mathrm{V}$$

(2) 二次コイルに流れる交流電流の実効値を I_{2e} とすると，変圧器での電力の損失がないので，

$$100\ \mathrm{V}\times 0.80\ \mathrm{A}=V_{2e}I_{2e}$$

$$よって，I_{2e}=\frac{100\ \mathrm{V}\times 0.80\ \mathrm{A}}{V_{2e}}=\frac{100\ \mathrm{V}\times 0.80\ \mathrm{A}}{200\ \mathrm{V}}=0.40\ \mathrm{A}$$

答 (1) **200 V** (2) **0.40 A**

教科書 p.230 問 15

周波数 1.5×10^9 Hz の電磁波の波長は何 m か。ただし，電磁波の速さを 3.0×10^8 m/s とする。

ポイント

電磁波の速さ $\boldsymbol{c=f\lambda}$

解き方 波長を λ とすると，

$$3.0\times 10^8\ \mathrm{m/s}=1.5\times 10^9\ \mathrm{Hz}\times\lambda\qquad よって，\lambda=0.20\ \mathrm{m}$$

答 **0.20 m**

第3節 エネルギーとその利用

教科書の整理

① 太陽エネルギーと化石燃料

教科書 p.232~234

A 太陽のエネルギー

①**太陽のエネルギー** 太陽がもつエネルギーは，光などの電磁波として放射される。

②**太陽定数** 地球が大気の表面で1秒間に受ける太陽からのエネルギーは，太陽光に垂直な面積1 m^2 あたり約1.4 kJである。1.4 kW/m^2 を太陽定数という。

③**エネルギーの移り変わり** 地球が受ける太陽のエネルギーは，おもに熱エネルギーに変換され，気象現象を引きおこす。

> **もっと詳しく** 太陽のエネルギーは，生物の光合成の源にもなる。

B 太陽エネルギーの利用

①**太陽光発電** 太陽電池を用いて，太陽光のエネルギーを電気エネルギーに変換している。

②**水力発電** 高い位置にたくわえられたダムの水を落下させ，発電機に接続されたタービンをまわして発電する。

③**風力発電** 大きい風車の回転を利用して発電する。

④**一次エネルギーと二次エネルギー** 得られた形態のまま利用するエネルギーを一次エネルギー，一次エネルギーを別の形態に変換したものを二次エネルギーという。

C 化石燃料の利用と環境保全

①**化石燃料** 石油，石炭，天然ガスなどは，光合成で太陽エネルギーを取りこんだ太古の生物の遺骸が起源と考えられており，化石燃料とよばれる。

②**火力発電** 化石燃料を燃焼させて高温・高圧の水蒸気をつくり，タービンをまわして発電する。

③**温室効果** 化石燃料の燃焼で生じる二酸化炭素は，大気中で地表から放出される赤外線を吸収し，一部を地表に放出する。この作用を温室効果という。化石燃料の消費増加で，地球の温暖化が進行するといわれている。

> **もっと詳しく** 化石燃料は輸送や貯蔵が容易で利便性にすぐれていて，人類の最も重要なエネルギー資源となっているが，埋蔵量に限りがある。

② 原子力エネルギー

教科書 p.235～241

A 原子と原子核

①**元素**　原子の種類(元素)は，陽子の数によって決まり，陽子の数を**原子番号**という。また，原子核を構成する陽子と中性子の数の和を**質量数**という。原子や原子核は $^{A}_{Z}X$ のように表され，X は元素記号，A は質量数，Z は原子番号である。

②**同位体(アイソトープ)**　同一元素の原子であるが，中性子の数が異なり，質量数が異なる原子核をもつ原子を互いに同位体であるという。同位体は化学的な性質がほぼ同じである。

もっと詳しく
原子核を構成する陽子と中性子を，総称して核子という。

B 原子核の崩壊と放射線

①**放射性崩壊**　原子核には，放射線(エネルギーの高い粒子や電磁波)を放射して，より安定な状態の別の原子核へ変化するものがある。このような変化を放射性崩壊，または単に崩壊(**壊変**)といい，放射性崩壊をおこす同位体を**放射性同位体**(**ラジオアイソトープ**)という。また，自然に放射線を出す性質を**放射能**といい，放射能をもつ物質を**放射性物質**という。

もっと詳しく
放射能をもつ物質を，放射性物質という。

②**放射線の種類とその性質**　原子核の放射性崩壊には **α(アルファ)崩壊**(α 線を放出)，**β(ベータ)崩壊**(β 線を放出)，**γ(ガンマ)崩壊**(γ 線を放出)がある。放射線には，ほかに中性子線やX線などがある。

放射線	実体	電離作用	透過力
α 線	$^{4}_{2}He$ の原子核	大	小
β 線	電子	中	中
γ 線・X 線	電磁波	小	大
中性子線	中性子	小	大

ここに注意
放射線が物質を構成する原子から電子をはじき出し，イオンをつくるはたらきを，電離作用という。また，物質を通り抜けるはたらきを，透過力という。

③**放射能・放射線の単位**　1ベクレル(Bq)は，1秒間に1個の割合で原子核が崩壊するときの放射能の強さを表す。1グレイ(Gy)は，物質1kgあたりに吸収される放射線のエネルギー(吸収線量)が1Jであることを示し，放射線の影響の大きさを表す。シーベルト(Sv)は，グレイの単位を放射線の種類による人体への影響で補正した**等価線量**で表したもの，または人体の組織などの影響度合いで補正した**実効線量**で表した単位である。

④**放射線の人体への影響** 日常生活の中でさまざまな放射線を浴びており，放射線を身体に受けることを**被曝**（ひばく）という。体外の放射性物質からの被曝を**外部被曝**，体内にとりこんだ放射性物質からの被曝を**内部被曝**という。

⑤**放射線の利用** 放射線は医療，農業，工業など幅広い分野で利用されている。

⑥ 発展 **半減期** 崩壊せずに残っている原子核の数が半分になるまでの時間を半減期という。

■ 重要公式 2-1

$$N = N_0\left(\frac{1}{2}\right)^{\frac{t}{T}}$$

N：時間 t だけ経過したときに崩壊せずに残っている原子核の数
N_0：はじめの原子核の数　T：半減期

テストに出る
放射能の強さや放射線の量を表す単位の，ベクレル（Bq），グレイ（Gy），シーベルト（Sv）を確認しよう。人体への影響はシーベルトの単位で表される。

C 原子力とその利用

①**核エネルギー** 原子核が別の原子核に変化することを**核反応**といい，このときエネルギーを放出または吸収する。このエネルギーを**核エネルギー**（**原子力エネルギー**）という。

②**核分裂** 原子核が複数の原子核に分裂すること。核分裂が次々におこることを核分裂の**連鎖反応**といい，核分裂の連鎖反応が一定の割合で継続する状態を**臨界**という。

③**原子力発電** 放射性同位体の核分裂の連鎖反応を制御しながら，生じる熱エネルギーで水を蒸発させ，水蒸気でタービンをまわして発電する。原子炉内の放射性同位体からは強い放射線が出ているため，厳しい管理のもとで行われる。

④ 発展 **質量とエネルギー** アインシュタインは質量とエネルギーは同等であることを示した。エネルギーを E〔J〕，質量を m〔kg〕，真空中の光速を c〔m/s〕とすると，

■ 重要公式 2-2

$$E = mc^2$$

⑤**核融合** 複数の原子核が衝突により融合して別の原子核ができること。太陽の中心部では水素の原子核どうしが核融合してヘリウム原子核に変化している。

もっと詳しく
核分裂や核融合で質量が減少する場合は，その質量に相当するエネルギーが放出される。

実験・探究のガイド

教科書 p.234　TRY　エネルギー資源について調べよう

ガイド　いずれ枯渇すると考えられているエネルギー資源(枯渇性エネルギー)には，石油，石炭，天然ガスなどの化石燃料や，ウラン，プルトニウムがある。

永続的に使えると考えられているエネルギー資源(再生可能エネルギー)には，水力，風力，太陽光，太陽熱，地熱などがある。

教科書 p.237　ぽけっとラボ　25. 放射線の測定

ガイド　日常生活において，人体に大きな影響のない範囲の自然放射線を浴びている。放射線測定器を用いると，自然放射線が測定できる。

教科書 p.237　TRY　放射線の利用について調べよう

ガイド　医療では，X 線による断層撮影検査，がん細胞に放射線を照射してがん細胞をなくす治療などがある。農業では，品種改良や発芽を抑えるために利用されている。工業では，非破壊検査などに利用されている。

教科書 p.240　TRY　発電電力量の推移を調べよう

ガイド　電気事業連合会のホームページによると，2010 年度は原子力発電の割合は約 25 %であったが，2019 年度は約 6 %になっている。2011 年におこった福島第一原子力発電所の事故で原子力発電の割合が大きく下がったが，原子力発電所の再稼働によって，少しずつ割合が増加している。

教科書 p.241　探究　9. 放射線の性質

ガイド　**考察**　❶　一般に，鉄や鉛などの重い物質は放射線をよく吸収し，透過する放射線を少なくするため，放射線源と放射線測定器の間に置くと測定値は小さくなる。また，放射線源から離れて測定するほど測定値は小さくなる。

❷　自然放射線には，宇宙から降り注ぐ放射線や岩石が発する放射線がある。これらの自然放射線が多い場所で測定値が大きくなる。

問・類題・練習のガイド

教科書 p.235 問 16

ウラン $^{235}_{92}U$ の原子核を構成する陽子と中性子は，それぞれいくつか。

ポイント **$^{A}_{Z}X$ で，X は元素記号，A は質量数，Z は原子番号**

解き方 元素は $^{A}_{Z}X$ のように表され，X は元素記号，A は質量数(原子核の陽子と中性子の数の和)，Z は原子番号(陽子の数)である。中性子の数は $A-Z$ である。ウラン $^{235}_{92}U$ の原子核では，

陽子の数は，92

中性子の数は，$235-92=143$

答 陽子…**92 個**，中性子…**143 個**

教科書 p.238 問 a

半減期が 30 年の放射性同位体は，90 年後にははじめの数の何分の一になるか。

ポイント

$$N=N_0\left(\frac{1}{2}\right)^{\frac{t}{T}}$$

解き方 半減期 $T=30$ 年の放射性同位体において，最初の数を N_0，$t=90$ 年後の数を N とすると，

$$\frac{N}{N_0}=\left(\frac{1}{2}\right)^{\frac{t}{T}}=\left(\frac{1}{2}\right)^{\frac{90}{30}}=\left(\frac{1}{2}\right)^{3}=\frac{1}{8}$$

よって，$\frac{1}{8}$ 倍になる。

答 $\frac{1}{8}$

終章　物理学が拓く世界

教科書の整理

教科書 p.242～249

A 橋の構造と力学

①**アーチ橋**　石の板を渡したような橋でも，たわみが生じる。それを防ぐようにアーチ橋へと発展してきた。アーチをつくる石の間には，押しあったり，圧縮したりする力だけがはたらき，ずれる力ははたらかない。

②**トラス橋**　三角形を基本として組みあわせた構造(トラス)の橋。

③**つり橋**　橋脚の上からケーブルで橋桁をつるした構造の橋。

④**斜張橋**　橋桁を橋脚からケーブルでつるのではなく，引っ張る構造の橋。

B 自動車が拓く世界

①**ガソリン自動車**　ガソリン燃料がもつ化学エネルギーを，ガソリンエンジンで熱エネルギー→力学的エネルギーと変換して動く自動車。ガソリンの原料となる石油はいずれ枯渇すると懸念され，また，ガソリンの燃焼では二酸化炭素が排出されて環境に影響を与えるため，将来的に利用が縮小される可能性が高まっている。

②**ハイブリッドカー(HV)**　動力源としてガソリンエンジンと電気モーターが併用される自動車。

③**電気自動車(EV)**　電気モーターを用いて走行する自動車。排ガスを発生しないが，電池の高性能化や給電設備の整備などの課題がある。

④**燃料電池自動車(FCV)**　水素を燃料とする電池を用いた自動車。走行時には水しか排出しないが，水素ステーションの整備が必要など課題が多い。

C コージェネレーションシステム

①**エネルギーの変換効率** もとのエネルギーに対して，別の形で取り出されたエネルギーの割合。変換前のエネルギーをすべて利用することはできない。

②**廃棄されるエネルギー** 火力発電所では，化石燃料を燃焼させ，化学エネルギーを熱エネルギーに変えて，さらに電気エネルギーに変換している。電気エネルギーに変換できなかった熱エネルギーを，給湯や暖房などに利用できれば，エネルギーの有効活用になる。

③**コージェネレーションシステム** コージェネレーションとは，発電機などの熱機関が放出する排熱を利用して，エネルギーの利用効率を高めることである。電気エネルギーと熱エネルギーを同時に利用するしくみを，コージェネレーションシステム(熱電併給)という。

D ICカードと電磁気学

①**IC カード** 情報の演算や記録などを処理するために，きわめて薄い集積回路(IC チップ)を組みこんだカードである。接触型と非接触型の 2 つのタイプがある。

②**接触型 IC カード** IC カードをリーダ／ライタ(読み取り／書きこみ装置)の端子と直接接触して，データのやりとりを行う。

③**非接触型 IC カード** IC カードをリーダ／ライタにかざしたり，タッチしたりするだけで，データのやりとりを行うことができる。

④**非接触型 IC カードのデータのやりとりのしくみ** リーダ／ライタからは微弱な電波が発信されており，これにカードをかざすと電波を受信し，電磁誘導によってコイル式のアンテナに誘導起電力が生じて，カード内部の IC チップが起動する。IC チップからのデータは，コイル式のアンテナから電波として発信され，リーダ／ライタがその電波を受信する。

総合問題のガイド

教科書 p.252〜259

※総合問題の問題文は省略しています。教科書でご確認ください。

❶ v-t グラフ

ポイント **v-t グラフの傾きは加速度，v-t グラフと t 軸で囲まれた面積は移動距離を表す。**

解き方 (1) ア　物体が出発点から正の向きに最もはなれるのは，速度 v が正から負になる時刻である。したがって，$t=4t_0$

イ　$t=0\sim 4t_0$ において，v-t グラフと t 軸で囲まれた面積より，

$$\frac{1}{2}v_0\cdot 4t_0=2v_0t_0$$

(2) ウ　もどってくる時刻を $t=t_1$ とすると，t 軸の上側と下側において v-t グラフと t 軸で囲まれた面積が等しくなるときなので，

$$\frac{1}{2}v_0\{(t_1-4t_0)+(t_1-6t_0)\}=2v_0t_0\qquad よって，t_1=7t_0$$

エ　$t=t_1$ での速度は，v-t グラフより，$v=-v_0$

(3) $t=0\sim 2t_0$ において，v-t グラフの傾きより加速度 $a=\dfrac{v_0}{2t_0}$ なので，

$$v=at=\frac{v_0}{2t_0}t,\quad x=\frac{1}{2}at^2=\frac{v_0}{4t_0}t^2$$

また，$t=2t_0\sim 6t_0$ において，v-t グラフの傾きより加速度 $a=-\dfrac{v_0}{2t_0}$ であり，$t=2t_0$ のとき，$v=v_0$，$x=\dfrac{v_0}{4t_0}(2t_0)^2=v_0t_0$ なので，

$$v=v_0+a(t-2t_0)=v_0-\frac{v_0}{2t_0}(t-2t_0)=2v_0-\frac{v_0}{2t_0}t$$

$$x=v_0t_0+v_0(t-2t_0)+\frac{1}{2}a(t-2t_0)^2$$

$$=v_0t_0+v_0(t-2t_0)-\frac{v_0}{4t_0}(t-2t_0)^2=-\frac{v_0}{4t_0}t^2+2v_0t-2v_0t_0$$

答 (1) ア…$\boldsymbol{4t_0}$　イ…$\boldsymbol{2v_0t_0}$　(2) ウ…$\boldsymbol{7t_0}$　エ…$\boldsymbol{-v_0}$

(3) $t=0\sim 2t_0$…$\boldsymbol{v=\dfrac{v_0}{2t_0}t}$，$\boldsymbol{x=\dfrac{v_0}{4t_0}t^2}$，$t=2t_0\sim 6t_0$…$\boldsymbol{v=2v_0-\dfrac{v_0}{2t_0}t}$，

$\boldsymbol{x=-\dfrac{v_0}{4t_0}t^2+2v_0t-2v_0t_0}$　式を導く過程…**解き方** 参照

❷ 等加速度直線運動

ポイント **v-t グラフの傾きが加速度を表す。**
物体に一定の力Fを加えたとき，質量 m と加速度 a は反比例する。

解き方 (1) 記録タイマーは 1 秒間に点を 50 回打つので，5 打点では $\frac{1}{50}\text{ s}\times5=\frac{1}{10}\text{ s}$ である。したがって，平均の速さは，

$$\frac{0.0074\text{ m}}{\frac{1}{10}\text{ s}}=0.074\text{ m/s}=7.4\times10^{-2}\text{ m/s}$$

また，区間 1 の中点である時刻 $\dfrac{\frac{1}{10}\text{ s}}{2}=0.05\text{ s}$ の瞬間の速さとみなせる。

(2) (1)と同様に区間 2〜4 の平均の速さを求めて，方眼に v-t グラフを描くと，右のようになる。

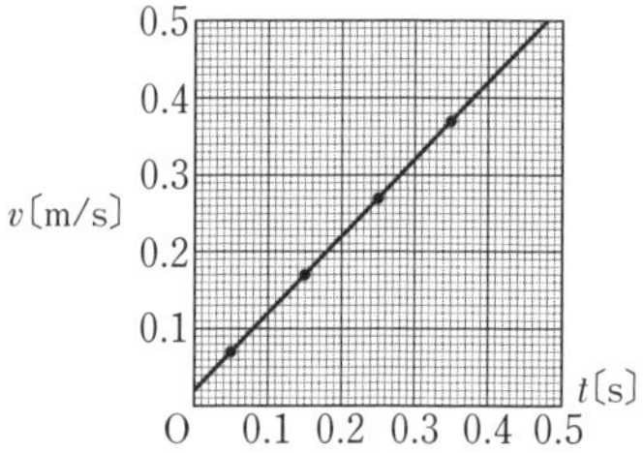

(3) v-t グラフの傾きが加速度 a なので，教科書 p.253 表 1 より，

$$a=\frac{0.76\text{ m/s}-0.074\text{ m/s}}{0.75\text{ s}-0.05\text{ s}}$$
$$=0.98\text{ m/s}^2$$

(4) 質量 m の物体に力 F を加えたときに加速度 a が生じたとすると，

$ma=F$ 　　よって，$a=F\dfrac{1}{m}$

したがって，加速度aと質量の逆数 $\dfrac{1}{m}$ は比例するので，④のようなグラフになる。

答 (1) **7.4×10^{-2} m/s，0.05 s** 　　(2) **解き方** 参照
(3) **0.98 m/s^2**，導く過程… **解き方** 参照 　　(4) ④

❸ 力学的エネルギーと仕事

ポイント **摩擦のない曲面の運動では，小物体の力学的エネルギーは一定に保たれる。摩擦のある水平面の運動では，小物体の力学的エネルギーは動摩擦力がした仕事の分だけ変化する。**

解き方 (1) 水平面 QR を重力による位置エネルギーの基準面とすると，点Aの基準面からの高さは $r(1-\sin\theta)$ である。点Aと点Qでの小物体の力学的エネルギー保存の法則より，

$0+mgr(1-\sin\theta)=K+0$　　よって，$K=mgr(1-\sin\theta)$

したがって，④のようなグラフになる。

(2) 水平面 QR での動摩擦力の大きさを F' とすると，水平面QRを進んでいるときに小物体が受ける垂直抗力の大きさ N は鉛直方向の力のつりあいより，$N=mg$ なので，

$F'=\mu' N=\mu' mg$

動摩擦力がした仕事を W とすると，

$W=F'L\cos 180°=-\mu' mgL$

小物体の力学的エネルギーは点Pで mgr，静止した点で 0 なので，

$0-mgr=-\mu' mgL$　　よって，$\mu'=\dfrac{r}{L}$

答 (1) ④　　(2) $\mu'\cdots\dfrac{r}{L}$

❹ 比熱と熱容量，熱量の保存

ポイント **比熱：単位質量の物質の温度を 1 K 上昇させるのに必要な熱量**
熱容量：物体の温度を 1 K 上昇させるのに必要な熱量

解き方 (1) 熱容量が小さいほうが温度 1 K を上昇させるのに必要な熱量が小さいので，同じ熱量を与えたとき，熱容量が小さいほうが温度上昇は大きい。したがって，AはBよりも熱容量が小さい。また，A，Bは質量が異なるので，比熱の大小関係はわからない。

(2) A，B の熱容量をそれぞれ C_A〔J/K〕，C_B〔J/K〕とする。単位時間あたり一定の熱量を与えたので，60 秒間でA，Bに与えた熱量は等しい。

グラフの温度変化と熱容量を用いて，

$C_A(80\,℃-20\,℃)=C_B(50\,℃-20\,℃)$　　よって，$C_B=2.0C_A$

混合後の温度をT〔℃〕とすると，熱量の保存より，

$C_A(80℃-T)=2.0C_A(T-50℃)$　　よって，$T=60℃$

答 (1)　④　　(2)　**60 ℃**

❺ 熱量計を用いた実験

ポイント　**熱量と温度変化の関係 $Q=mc\Delta T$ より考える。**

解き方 (1)　金属が失った熱量をQとすると，

$Q=m_0c_0(t_0-t_1)$

(2)　金属が失った熱量と水と熱量計が得た熱量は等しいので，

$m_0c_0(t_0-t_1)=C(t_1-t)$　　よって，$c_0=\dfrac{C(t_1-t)}{m_0(t_0-t_1)}$

(3)　ア　熱量計の熱容量を計算に含めないと熱量計に与えた熱量を考慮しないことになり，金属が与えた熱量を小さく見積もったといえる。

イ　温度変化はほぼ正確で金属が与えた熱量を小さく見積もったため，実験結果から出した金属の比熱は正しい値より小さくなる。

(4)　ウ　金属の温度が下がっているので，金属の温度変化を大きく見積もったといえる。

エ　金属が与えた熱量は水と熱量計の温度変化から計算してほぼ正確で，温度変化を大きく見積もったため，実験結果から出した金属の比熱は正しい値より小さくなる。

(5)　事例(a)　金属に付着した熱湯の熱容量の分だけ，金属の熱容量を正しい値よりも大きく見積もったことになる。したがって，実験結果から出した金属の比熱は正しい値より大きくなる。

事例(b)　金属が実際よりも小さな温度変化で，熱量計と内部の水に実際よりも大きな熱量を与えたことになる。したがって，実験結果から出した金属の比熱は正しい値より大きくなる。

答 (1)　$\boldsymbol{m_0c_0(t_0-t_1)}$　　(2)　c_0…$\boldsymbol{\dfrac{C(t_1-t)}{m_0(t_0-t_1)}}$

(3)　ア…**小さく**　イ…**小さく**　　(4)　ウ…**大きく**　エ…**小さく**

(5)　(a)　**大きい**　理由…**解き方**参照，(b)　**大きい**　理由…**解き方**参照

❻ パルス波の固定端反射

ポイント **固定端反射では，パルス波の波形は上下反転する。**

解き方 (1) パルス波は速さ $1.0\,\mathrm{m/s}$ で x 軸の負の向きに伝わるので，時刻 $t=0$ から $t=6.0\,\mathrm{s}$ の間に，

$$1.0\,\mathrm{m/s}\times6.0\,\mathrm{s}=6.0\,\mathrm{m}$$

だけ伝わる。固定端反射では，パルス波の波形は上下反転するので，入射波と反射波の合成波のグラフは右のようになる。

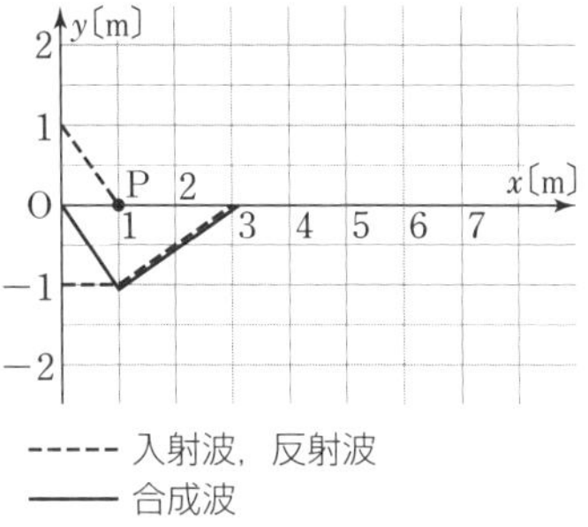

(2) パルス波は速さ $1.0\,\mathrm{m/s}$ で x 軸の負の向きに伝わるので，$x=1.0\,\mathrm{m}$ の位置にいる観測者Pがパルス波を初めて観測するのは，

$$\frac{3.0\,\mathrm{m}-1.0\,\mathrm{m}}{1.0\,\mathrm{m/s}}=2.0\,\mathrm{s}$$

である。観測者Pが x 軸の負の向きに伝わるパルス波を観測するとき，変位 y の時間変化は右上図のようになる。

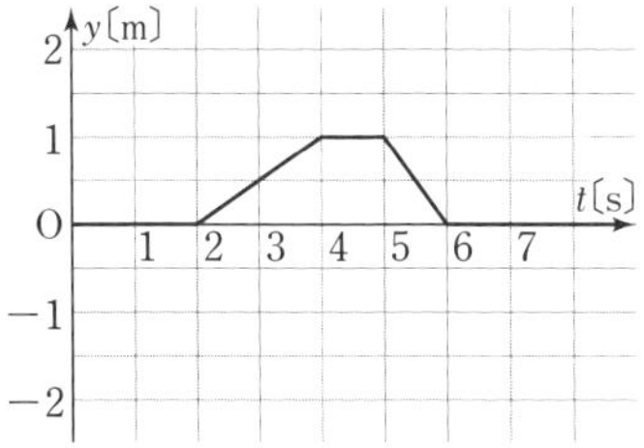

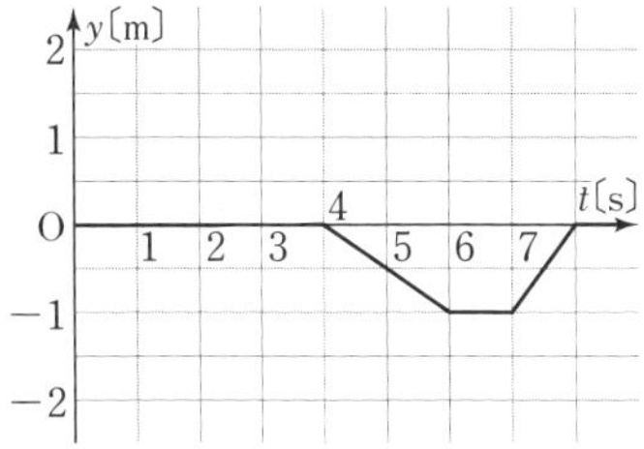

また，原点Oで固定端反射したパルス波を観測者Pが初めて観測するのは，

$$\frac{3.0\,\mathrm{m}+1.0\,\mathrm{m}}{1.0\,\mathrm{m/s}}=4.0\,\mathrm{s}$$

であり，固定端反射して上下反転するので，観測者Pが反射したパルス波を観測するとき，変位 y の時間変化は右中図のようになる。

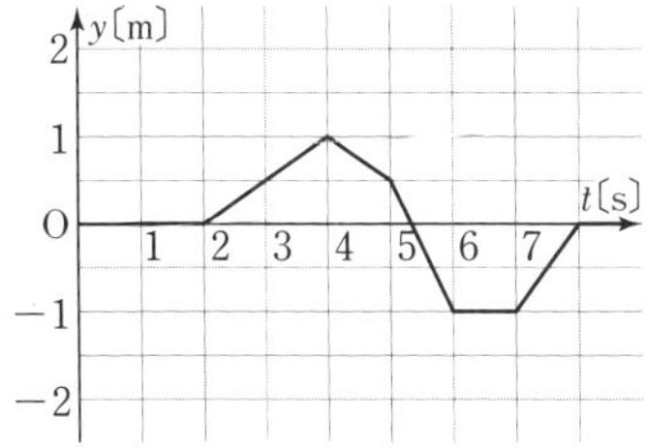

したがって，これらを合成したグラフ(右下図)が，観測者Pが観測する媒質の変位 y の時間変化になる。

答 (1) **解き方** 参照　(2) **解き方** 参照

❼ 弦の固有振動

ポイント **振動数と波の速さ　$v=f\lambda$**

解き方 (1) 弦を伝わる波の波長を λ_1 とすると,

$$\frac{\lambda_1}{2}=d \qquad \text{よって,} \ \lambda_1=2d=40\ \text{cm}=0.40\ \text{m}$$

弦を伝わる波の速さをv_1とすると, 振動数 $f_1=60\ \text{Hz}$ より,

$$v_1=f_1\lambda_1=60\ \text{Hz}\times0.40\ \text{m}=24\ \text{m/s}$$

(2) 弦を伝わる波の波長を λ_2 とすると,

$$2\times\frac{\lambda_2}{2}=\frac{1}{2}\times3d \qquad \text{よって,} \ \lambda_2=\frac{3}{2}d=30\ \text{cm}=0.30\ \text{m}$$

振動源の振動数をf_2とすると,

$$f_2=\frac{v}{\lambda_2}=\frac{24\ \text{m/s}}{0.30\ \text{m}}=80\ \text{Hz}$$

(3) ここでは, 基本振動での弦を伝わる波の波長λは一定であり, 弦を伝わる波の速さvと弦の振動数fは「$v=f\lambda$」より比例する。

弦の太さを細くすると, 弦を伝わる波の速さが速くなって高い音が出る(振動数が大きくなる)。また, 弦の張る力を大きくすると, 弦を伝わる波の速さが速くなって高い音が出る(振動数が大きくなる)。

(4) おもりの数を増やすと弦の張る力が大きくなり, (3)より弦を伝わる波の速さが速くなる。振動源の振動数は(1)と同じなので,「$v=f\lambda$」より弦を伝わる波の波長は波の速さに比例し, 長くなる。

(5) 弦の太さが太くなったのと同様に考えられるので, (3)より弦を伝わる波の速さが遅くなる。振動源の振動数は(1)と同じなので,「$v=f\lambda$」より弦を伝わる波の波長は波の速さに比例し, 短くなる。

答 (1) **24 m/s**　(2) **80 Hz**

(3) **弦の太さを細くする, また弦の張る力を大きくする**

(4) **長くなる**　理由…**解き方**参照　(5) **短くなる**　理由…**解き方**参照

❽ 気柱の固有振動

ポイント

開管の固有振動数(m 倍振動)　$f_m=\dfrac{m}{2L}V$

閉管の固有振動数($2m-1$ 倍振動)　$f_m=\dfrac{2m-1}{4L}V$

$m=1$ はともに基本振動。

解き方 (1)　音波の振動数を 0 Hz から増加させて，最初に共鳴するのは基本振動のときである。開管Aの基本振動での音波の振動数 f_{A1} は，

$$f_{A1}=\frac{1}{2\times0.45\ \mathrm{m}}\times342\ \mathrm{m/s}=3.8\times10^2\ \mathrm{Hz}$$

閉管Bの基本振動での音波の振動数 f_{B1} は，

$$f_{B1}=\frac{2\times1-1}{4\times0.45\ \mathrm{m}}\times342\ \mathrm{m/s}=1.9\times10^2\ \mathrm{Hz}$$

したがって，1.9×10^2 Hzのとき閉管Bが最初に共鳴する。

(2)　閉管Aの 2 倍振動の振動数 f_{A2} は，

$$f_{A2}=\frac{2}{2\times0.45\ \mathrm{m}}\times342\ \mathrm{m/s}=7.6\times10^2\ \mathrm{Hz}$$

閉管Bの 3 倍振動の振動数 f_{B2} は，

$$f_{B2}=\frac{2\times2-1}{4\times0.45\ \mathrm{m}}\times342\ \mathrm{m/s}=5.7\times10^2\ \mathrm{Hz}$$

したがって，2 番目に共鳴するのは開管Aの基本振動，3 番目に共鳴するのは閉管Bの 3 倍振動である。

答 (1)　**閉管 B，1.9×10^2Hz**　　(2)　**閉管 B，5.7×10^2Hz**

❾ 気柱の固有振動

ポイント

気柱が共鳴しているとき，
閉口端：定常波の節，開口端付近：定常波の腹
開口端補正　開口端と開口端付近の定常波の腹までの距離

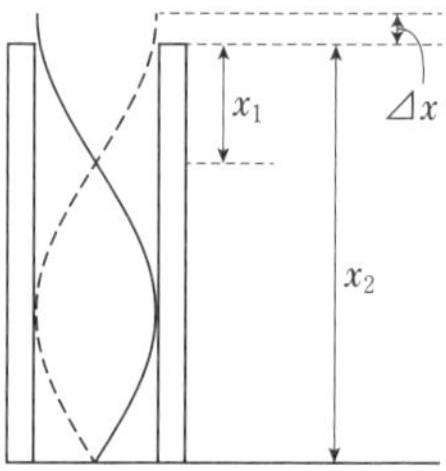

解き方 (1)　水面上の管の長さが x_2 のとき，管内に生じる音波(縦波)の定常波の横波表示は，図のようになる。縦波の横波表示では，変位 0 の点が密または疎になるので定常波では疎密をくり返し，圧力変化が最大である。したがって，開口端Aからの距離 x_1，x_2 の点となる。

(2)　ア　音波の波長を λ とすると，図より，

$$\frac{\lambda}{2}=x_2-x_1 \qquad \text{よって，} \lambda=2(x_2-x_1)$$

イ　おんさの発する音の振動数を f とすると，$f=\dfrac{V}{\lambda}=\dfrac{V}{2(x_2-x_1)}$

ウ　開口端補正を $\varDelta x$ とすると，図より，

$$\frac{\lambda}{4}=x_1+\varDelta x \qquad \text{よって，} \varDelta x=\frac{\lambda}{4}-x_1=\frac{x_2-x_1}{2}-x_1=\frac{x_2-3x_1}{2}$$

(3)(ア)　閉管では，管の長さが $\dfrac{\lambda}{2}$ だけ長くなるごとに共鳴が観測される。

長さが x_2 のとき 2 回目，x_4 のとき 4 回目の共鳴がおこるので，

$$x_4=x_2+\frac{\lambda}{2}\times 2=x_2+\frac{2(x_2-x_1)}{2}\times 2=3x_2-2x_1$$

(イ)　開口端Bが水面の上に出た後に共鳴が観測されたので，開口端B付近は定常波の腹であり，$L-x_4$ はおよそ $\dfrac{\lambda}{4}$ である。開口端補正 $\varDelta x$ を考慮すると，

$$\frac{\lambda}{4}=L-x_4+\varDelta x$$

$$\text{よって，} L=\frac{\lambda}{4}+x_4-\varDelta x=\frac{2(x_2-x_1)}{4}+(3x_2-2x_1)-\frac{x_2-3x_1}{2}$$

$$=3x_2-x_1$$

(ウ)　空気の温度が上昇すると音速は大きくなる。振動数が一定のとき，「$v=f\lambda$」より音波の波長は音速に比例して大きくなるので，管の長さ L を長くする必要がある。

答 (1)　$\boldsymbol{x_1}$，$\boldsymbol{x_2}$　(2)　ア　$\boldsymbol{2(x_2-x_1)}$　イ　$\boldsymbol{\dfrac{V}{2(x_2-x_1)}}$　ウ　$\boldsymbol{\dfrac{x_2-3x_1}{2}}$

(3)　(ア)　$\boldsymbol{3x_2-2x_1}$　(イ)　$\boldsymbol{3x_2-x_1}$　(ウ)　**長くする**　理由… **解き方** 参照

⑩ 直流回路

ポイント **直列接続では，各抵抗を流れる電流が共通である。**
並列接続では，各抵抗に加わる電圧が共通である。

解き方 (1) (ア) (a) 抵抗値が r，$2r$ の抵抗には共通の電圧 V が加わるので，

r は下向きに $\dfrac{V}{r}$，$2r$ は下向きに $\dfrac{V}{2r}$

(b) 抵抗値が r，$2r$ の抵抗には共通の電流 $\dfrac{V}{r+2r}=\dfrac{V}{3r}$ が流れるので，

r は上向きに $\dfrac{V}{3r}$，$2r$ は下向きに $\dfrac{V}{3r}$

(c) 抵抗値が r，$2r$ の抵抗には共通の電圧 V が加わるので，

r は下向きに $\dfrac{V}{r}$，$2r$ は下向きに $\dfrac{V}{2r}$

(イ) (a) 上向きに $\dfrac{V}{r}+\dfrac{V}{2r}=\dfrac{3V}{2r}$

(b) 共通の電流が流れるので，右向きに $\dfrac{V}{3r}$

(c) 上向きに $\dfrac{V}{r}+\dfrac{V}{2r}=\dfrac{3V}{2r}$

(ウ) (a) 合成抵抗を R_{a} とすると，

$\dfrac{1}{R_{\mathrm{a}}}=\dfrac{1}{r}+\dfrac{1}{2r}=\dfrac{3}{2r}$　　よって，$R_{\mathrm{a}}=\dfrac{2}{3}r$

(b) 合成抵抗を R_{b} とすると，

$R_{\mathrm{b}}=r+2r=3r$

(c) 合成抵抗を R_{c} とすると，

$\dfrac{1}{R_{\mathrm{c}}}=\dfrac{1}{r}+\dfrac{1}{2r}=\dfrac{3}{2r}$　　よって，$R_{\mathrm{c}}=\dfrac{2}{3}r$

(2) (ア) 図(d)は図の回路と等価である。抵抗値が $2r$ の抵抗には電圧 V が加わるので，

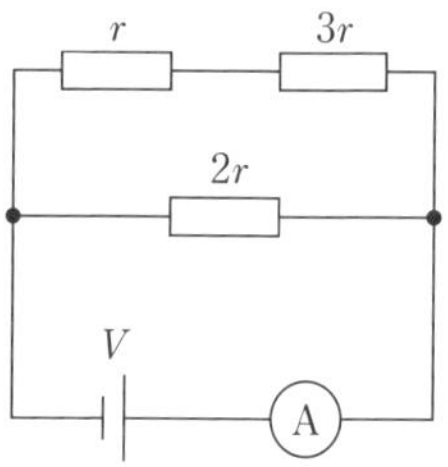

$2r$ は左向きに $\dfrac{V}{2r}$

抵抗値が r，$3r$ の抵抗には共通の電流 $\dfrac{V}{r+3r}=\dfrac{V}{4r}$ が流れるので，

r は上向きに $\dfrac{V}{4r}$，$3r$ は下向きに $\dfrac{V}{4r}$

(イ) 電流計を流れる電流を I とすると，(ア)より電流計を流れ出た電流が $2r$ の抵抗と $3r$ の抵抗に流れていくので，右向きに，

$$I=\frac{V}{2r}+\frac{V}{4r}=\frac{3V}{4r}$$

(ウ) 合成抵抗を R とすると，オームの法則より，

$$R=\frac{V}{I}=\frac{4}{3}r$$

答 (1) (ア) (a) r…**下向きに** $\boldsymbol{\dfrac{V}{r}}$，$2r$…**下向きに** $\boldsymbol{\dfrac{V}{2r}}$

(b) r…**上向きに** $\boldsymbol{\dfrac{V}{3r}}$，$2r$…**下向きに** $\boldsymbol{\dfrac{V}{3r}}$

(c) r…**下向きに** $\boldsymbol{\dfrac{V}{r}}$，$2r$…**下向きに** $\boldsymbol{\dfrac{V}{2r}}$

(イ) (a) **上向きに** $\boldsymbol{\dfrac{3V}{2r}}$　(b) **右向きに** $\boldsymbol{\dfrac{V}{3r}}$　(c) **上向きに** $\boldsymbol{\dfrac{3V}{2r}}$

(ウ) (a) $\boldsymbol{\dfrac{2}{3}r}$　(b) $\boldsymbol{3r}$　(c) $\boldsymbol{\dfrac{2}{3}r}$

(2) (ア) r…**上向きに** $\boldsymbol{\dfrac{V}{4r}}$，$2r$…**左向きに** $\boldsymbol{\dfrac{V}{2r}}$，$3r$…**下向きに** $\boldsymbol{\dfrac{V}{4r}}$

(イ) **右向きに** $\boldsymbol{\dfrac{3V}{4r}}$　(ウ) $\boldsymbol{\dfrac{4}{3}r}$

⑪ ジュール熱，熱容量と温度変化

ポイント

ジュール熱　$Q=VIt=RI^2t=\dfrac{V^2}{R}t$

熱容量と温度変化　$Q=C\Delta T$

解き方 (1)　AはBに対して長さ2倍，断面積 $\dfrac{1}{2}$ 倍と考えられるので，Aの抵抗値は $\dfrac{2}{\frac{1}{2}}r=4r$ である。

(2)　このとき，A，Bを流れる電流を I_1 とすると，オームの法則より，

$$I_1=\frac{V}{r+4r}=\frac{V}{5r}$$

A，Bの単位時間あたりに発生するジュール熱(消費電力)をそれぞれ P_{1A}，P_{1B} とすると，

$$P_{1A}=4rI_1{}^2=\frac{4V^2}{25r},\ P_{1B}=rI_1{}^2=\frac{V^2}{25r}\qquad よって，P_{1A}=4P_{1B}$$

A，Bで同じ時間に発生したジュール熱で，等量の水の温度を上昇させたので，Aにつけた水の温度上昇はBの4倍の $4\Delta t_1$ である。

(3)　このとき，A，Bの単位時間あたりに発生するジュール熱(消費電力)をそれぞれ P_{2A}，P_{2B} とすると，

$$P_{2A}=\frac{V^2}{4r},\ P_{2B}=\frac{V^2}{r}\qquad よって，P_{2A}=\frac{1}{4}P_{2B}$$

A，Bで同じ時間に発生したジュール熱で，等量の水の温度を上昇させたので，Aにつけた水の温度上昇はBの $\dfrac{1}{4}$ 倍の $\dfrac{\Delta t_2}{4}$ である。

(4)　Bをつけた水の熱容量を C とすると，Bで発生したジュール熱はすべて水が吸収して温度上昇に使われたので，

$$C\Delta t_1=\frac{V^2}{25r}\times(5\times60\ \mathrm{s}),\ C\Delta t_2=\frac{V^2}{r}\times(5\times60\ \mathrm{s})=25C\Delta t_1$$

よって，$\Delta t_2=25\Delta t_1$ となり，Δt_2 は Δt_1 の25倍である。

答 (1)　**$4r$**　(2)　**$4\Delta t_1$**　(3)　**$\dfrac{\Delta t_2}{4}$**　(4)　**25倍**

⑫ 電磁誘導

ポイント **コイルの巻数が多くなったときや，コイルを貫く磁力線の数の単位時間あたりの変化が大きくなったときに，誘導起電力は大きくなる。**

解き方 (1) ① 正しい。コイルの巻数を増やすとコイルの誘導起電力が大きくなるので，電流も大きくなる。

② 誤り。棒磁石を動かす速さをゆっくりにすると，コイルを貫く磁力線の数の単位時間あたりの変化が小さくなり，誘導起電力も小さくなるので，電流は小さくなる。

③ 正しい。棒磁石を増やすと，コイルを貫く磁力線の数の単位時間あたりの変化が大きくなり，誘導起電力も大きくなるので，電流は大きくなる。

④ 誤り。棒磁石ではなくコイルを同じ速さで動かしても，コイルを貫く磁力線の数の単位時間あたりの変化は変わらず，誘導起電力は変化しないので，電流も変化しない。

(2) 棒磁石がAの位置を通過するときに比べて，Bの位置を通過するときのほうが速い。したがって，コイルを貫く磁力線の数の単位時間あたりの変化が大きくなるので，電流の最大値はコイルがAの位置のときよりも増加する。一方，コイルを通過する時間は短くなるので，電流が流れる時間はコイルがAの位置のときよりも小さくなる。よって，②のようなグラフになる。

答 (1) ①，③　(2) ②

⑬ 発電機

ポイント **コイルを貫く磁力線の数の単位時間あたりの変化があると，コイルに誘導起電力が生じ，コイルを貫く磁力線の数の単位時間あたりの変化が大きくなると誘導起電力は大きくなる。**

解き方 (1) コイルを貫く磁力線の数の単位時間あたりの変化がおこっていないので，電圧(誘導起電力)は発生しない。

(2) コイルを貫く磁力線の数の単位時間あたりの変化がおこるため，電磁誘導によってab間に電圧(誘導起電力)が発生する。発生する電圧は，コイルの回転に合わせて周期的に向きや大きさが変化する。

(3) コイルを同じ速さで回転させるとき，実効値が一定の交流電圧が生じる。交流電圧の実効値をVとすると，ab間の抵抗値がRのとき，ab間で消費される電力は $\dfrac{V^2}{R}$ となる。

コイルを回転させた仕事の分だけab間で電力が消費されるので，消費される電力が大きいほどコイルを回転させるのに大きな力が必要である。したがって，Rが小さいほど大きな力が必要になり，③のab間を導線で接続する場合が最も大きな力が必要となる。

(4) コイルを貫く磁力線の数の単位時間あたりの変化が大きくなり，ab間に発生する電圧(誘導起電力)はより大きくなる。

答 (1) **電圧は発生しない**

(2) **周期的に向きや大きさの変化する電圧が発生する**

(3) ③，理由…**解き方** 参照　(4) **より大きくなる**

発展 剛体にはたらく力

① 剛体にはたらく力

教科書 p.260～265

教科書の整理

A 力のモーメント

①**平行移動(並進運動)，回転運動** ここまでは物体を大きさを無視できるもの(質点)とみなしてきたが，実際の物体は大きさをもち，平行移動(並進運動)だけでなく，回転運動も行う。

②**剛体** 大きさをもち，力を加えても変形しない理想的な物体。

③**うでの長さ** 回転軸上の点から力の作用線におろした垂線の長さ。

④**力のモーメント** ある点のまわりに物体を回転させる力のはたらきを表すもの。単位にはニュートンメートル(N･m)が用いられる。反時計まわりのときを正，時計まわりのときを負とすることが多い。

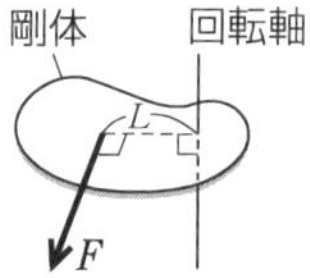

ここに注意
力の作用線が回転軸を通る場合，うでの長さは0になり，力のモーメントも0である。

■ **重要公式 1-1**

$M=FL$

(力のモーメント〔N･m〕＝力の大きさ〔N〕×うでの長さ〔m〕)

B 剛体のつりあい

①**剛体のつりあい** 剛体が静止しているとき，はたらく力のベクトル $\vec{F_1}$，$\vec{F_2}$，…，$\vec{F_n}$ の和が $\vec{0}$ で，力のモーメント M_1，M_2，…，M_n の和も0でなければならない。

■ **重要公式 1-2**

平行移動しない条件 $\vec{F_1}+\vec{F_2}+\cdots+\vec{F_n}=\vec{0}$

回転しない条件 $M_1+M_2+\cdots+M_n=0$

C 剛体にはたらく2力の合成

①**力の移動** 力の作用点を作用線上で移動させても，力のモーメントは変わらない。

②**平行でない2力の合成** 2力の作用線の交点に2力の作用点を移動し，平行四辺形の法則を用いて求める。

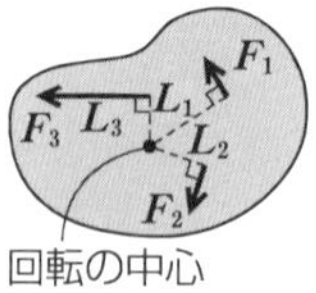

回転しないとき，
$F_1L_1-F_2L_2+F_3L_3=0$

③**平行で同じ向きの 2 力の合成**　合力 $\vec{F}$ の大きさ F は 2 力の大きさ F_1，F_2 の和に等しく，合力の向きは 2 力と同じ向きである。また，合力の作用線は，2 力の作用点間を $F_2:F_1$ に内分する点を通る。

④**平行で逆向きの 2 力の合成**　合力 $\vec{F}$ の大きさ F は 2 力の大きさ F_1，F_2 の差に等しく，合力の向きは 2 力のうち大きい方の力と同じ向きである。また，合力の作用線は，2 力の作用点間を $F_2:F_1$ に外分する点を通る。

〈同じ向きのとき〉

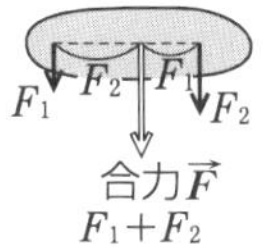

〈逆向きのとき〉

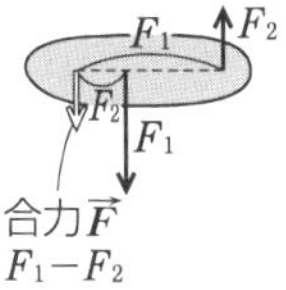

D 偶力

①**偶力**　同じ大きさで，互いに逆向きの平行な 2 つの力。

②**偶力のモーメント**　偶力の 2 力の大きさを F，2 力の作用線間の距離を a とすると，力のモーメントの和 M は $M=Fa$ となる。これを偶力のモーメントという。

> **ここに注意**
> 偶力には物体を移動させるはたらきはないが，物体を回転させるはたらきがある。

E 重心

①**重心**　剛体の物体を無数の小さい部分の集まりと考えると，重心は物体の各部分にはたらく重力の合力の作用点であり，物体を重心で支えると物体は回転せずにつりあう。

②**重心の座標**　軽い棒につけられた質量 m_1，m_2，…，m_n の小球の座標をそれぞれ $(x_1,\ y_1)$，$(x_2,\ y_2)$，…，$(x_n,\ y_n)$ とすると，全体の重心の座標 $(x_G,\ y_G)$ は，

■ **重要公式 1-3**

$$x_G=\frac{m_1x_1+m_2x_2+\cdots+m_nx_n}{m_1+m_2+\cdots+m_n}$$

$$y_G=\frac{m_1y_1+m_2y_2+\cdots+m_ny_n}{m_1+m_2+\cdots+m_n}$$

③**さまざまな形状をした物体の重心**　密度が一様で対称な形の物体の重心は，その中心にある。例えば，太さと密度が一様な棒の重心，円盤の重心，正方形の板の重心，球の重心などは，それぞれの中心にある。

物体の重心は，必ずしも物体の内部にあるとは限らない。

実験・探究のガイド

教科書 p.261 ぽけっとラボ 26. バットのひねりあい

ガイド 同じ大きさの力で互いに逆向きにバットをひねりあったとすると，回転軸から力の作用点までの距離が大きい方が力のモーメントも大きくなって，有利である。太い端の方が回転軸からの距離が大きいので，太い端をもつ方が勝つと予想される。

教科書 p.265 TRY バットの重心を求めよう

ガイド まずバットの長さLと重さWを測定する。次に，バットを水平な机に置いて，バットの一端に糸でばねばかりをつける。ばねばかりをゆっくりと鉛直にもち上げ，バットの端が机から浮いた直後のばねばかりの示す値Fを記録し，この測定を何度かくり返す。糸をつけた端から距離xの位置に重心があるとすると，糸をつけた端とは反対側の端のまわりの力のモーメントのつりあいより，

$$W(L-x)-FL=0 \qquad \text{よって，} x=\left(1-\frac{F}{W}\right)L$$

これから重心までの距離xを求められる。

問・類題・練習のガイド

教科書 p.260 **問 1**

図のように，スパナに力を加える。このとき，点Oのまわりの力のモーメントの大きさは，それぞれ何N·mか。

(1)

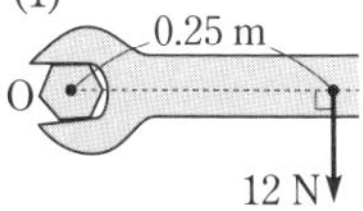

(2)

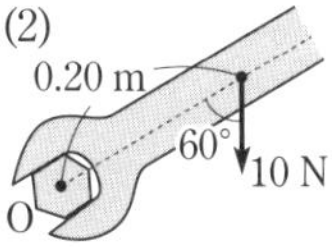

ポイント **力のモーメント　$M=FL$**

解き方 (1)　12 N×0.25 m＝3.0 N·m

(2)　10 N×0.20 m×sin60°≒10 N×0.20 m×1.73÷2≒1.7 N·m

答 (1)　**3.0 N·m**　(2)　**1.7 N·m**

教科書 p.261 **問 2**

長さ 0.50 m の軽い棒を，端Aから 0.30 m はなれた点Oに糸をつけてつるす。端Aに重さ 20 N のおもりをつるし，端Bに鉛直下向きの力を加えて棒を水平に静止させる。

(1)　端Bに加えている力の大きさは何Nか。

(2)　点Oにつけた糸の張力の大きさは何Nか。

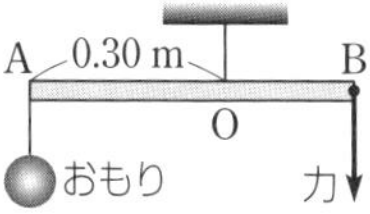

ポイント **力のモーメントの和＝0　力のベクトルの和＝$\vec{0}$**

解き方 (1)　点Oのまわりの力のモーメントのつりあいより，力の大きさFは，

$$20\ \text{N}\times0.30\ \text{m}-F\times(0.50\ \text{m}-0.30\ \text{m})=0\ \text{N·m}$$

よって，$F=30$ N

(2)　糸の張力の大きさをTとして，力のつりあいより，

$T-20\ \text{N}-F=0\ \text{N}$　　よって，$T=20\ \text{N}+30\ \text{N}=50\ \text{N}$

答 (1)　**30 N**　(2)　**50 N**

教科書 p.262 **問 3**

軽い棒に，図のように2つの力を加えたとき，それらの合力の向きと大きさを求め，その作用点を図示せよ。

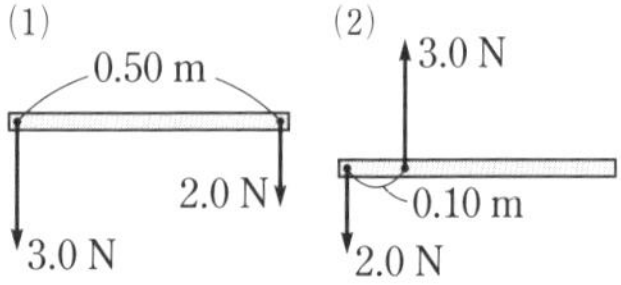

ポイント

平行で同じ向きの2力の合力の作用点は，$F_2 : F_1$ に内分。
平行で逆向きの2力の合力の作用点は，$F_2 : F_1$ に外分。

解き方 (1) 図の2力の合力の大きさは，

3.0 N＋2.0 N＝5.0 N

であり，合力の向きは下向きである。

また，合力の作用点は，2力の作用点間を2.0：3.0 に内分する点である。

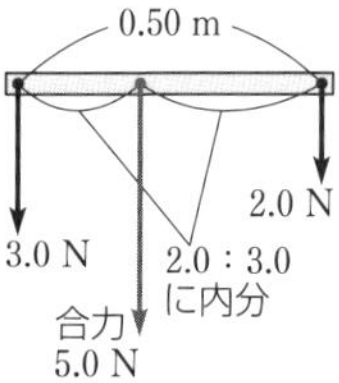

(2) 図の2力の合力の大きさは，

3.0 N－2.0 N＝1.0 N

であり，合力の向きは上向きである。

また，合力の作用点は，2力の作用点間を3.0：2.0 に外分する点である。

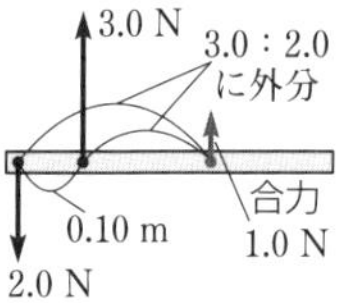

答 (1) **下向きに 5.0 N**，作用点…**解き方**参照

(2) **上向きに 1.0 N**，作用点…**解き方**参照

教科書 p.264 **問 4**

軽い棒に，質量が10 kg，20 kg，30 kg の3つの小球が固定されている。これらをまとめて1つの物体とみなすと，その重心の位置は，棒の左端から何mのところにあるか。

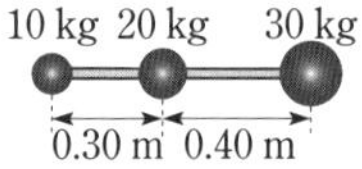

ポイント

重心 $x_G = \dfrac{m_1x_1 + m_2x_2 + \cdots + m_nx_n}{m_1 + m_2 + \cdots + m_n}$

解き方 棒の左端を原点Oとして，棒に沿って右向きに x 軸をとる。重心の座標を $x = x_G$ とすると，

$$x_G = \frac{10\ \mathrm{kg} \times 0\ \mathrm{m} + 20\ \mathrm{kg} \times 0.30\ \mathrm{m} + 30\ \mathrm{kg} \times 0.70\ \mathrm{m}}{10\ \mathrm{kg} + 20\ \mathrm{kg} + 30\ \mathrm{kg}} = 0.45\ \mathrm{m}$$

答 **0.45 m**

教科書 p.264 **問 5**

図のような，太さと密度が一様な針金をL字型に曲げた物体がある。この物体の重心Gの座標を求めよ。

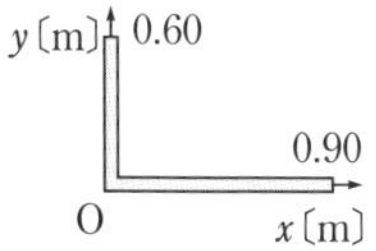

ポイント **L字型の物体を，2つの直線状の物体に分けて考える。**

$$x_G=\frac{m_1x_1+m_2x_2+\cdots+m_nx_n}{m_1+m_2+\cdots+m_n}\qquad y_G=\frac{m_1y_1+m_2y_2+\cdots+m_ny_n}{m_1+m_2+\cdots+m_n}$$

解き方 右図のように，L字型の物体を直線状の2つの物体に分けて考える。L字型の物体の質量を$15m$とすると，分けた2つの物体の質量はそれぞれ$6m$，$9m$と表され，分けた2つの物体の重心はそれぞれの物体の中心である。よって，点(0，0.30)に質量$6m$の物体の重心があり，点(0.45，0)に質量$9m$の物体の重心があるとすればよい。したがって，全体の重心$G(x_G,\ y_G)$は，

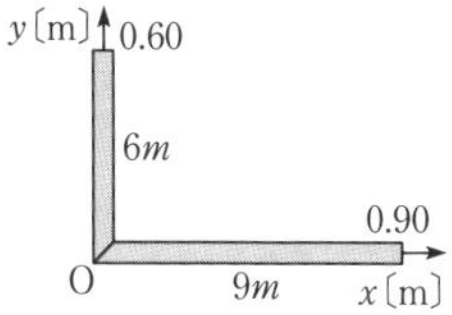

$$x_G=\frac{6m\times 0\,\mathrm{m}+9m\times 0.45\,\mathrm{m}}{6m+9m}=0.27\,\mathrm{m}$$

$$y_G=\frac{6m\times 0.30\,\mathrm{m}+9m\times 0\,\mathrm{m}}{6m+9m}=0.12\,\mathrm{m}$$

答 x…**0.27 m**，y…**0.12 m**

教科書 p.264 **問 6**

水平面上に重さ75 N，長さ2.0 mの太さが一様でない棒が置かれている。一方の端Aを少しもち上げるには，鉛直上向きに30 Nの力が必要であった。

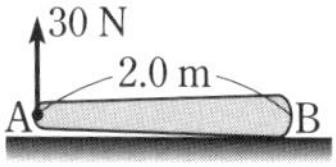

(1) 棒の重心は端Aから何mのところにあるか。

(2) もう一方の端Bを少しもち上げるには，鉛直上向きに何Nの力が必要か。

ポイント **重心に75 Nの重力が鉛直下向きにはたらいている**

解き方 (1) 端Aから重心までの距離をxとすると，端Bのまわりの力のモーメントのつりあいより，

$75\,\mathrm{N}\times(2.0\,\mathrm{m}-x)-30\,\mathrm{N}\times 2.0\,\mathrm{m}=0\,\mathrm{N\cdot m}$　　よって，$x=1.2\,\mathrm{m}$

(2) 力の大きさをFとし，端Aのまわりの力のモーメントのつりあいより，

$F\times 2.0\,\mathrm{m}-75\,\mathrm{N}\times 1.2\,\mathrm{m}=0\,\mathrm{N\cdot m}$　　よって，$F=45\,\mathrm{N}$

答 (1) **1.2 m**　(2) **45 N**

教科書 p.265 **類題 1**

図のように，太さと密度が一様な棒 AB の一端Aを粗い壁につけ，他端Bに糸をつけて，AB が水平となるように，糸を点Cで壁に固定した。棒の重さは W で，糸は水平と 30° の角度をなしている。端Aで棒が壁から受ける力の向きと，その大きさを求めよ。

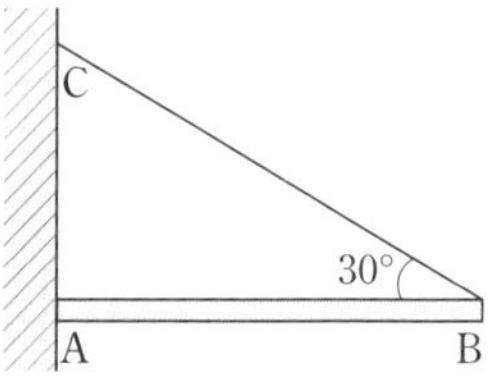

ポイント

静止した剛体では，水平方向，鉛直方向にはたらく力がそれぞれつりあっている。また，任意の点のまわりの力のモーメントもつりあっている。

解き方 糸の張力の大きさを T，端Aが壁から受ける垂直抗力の大きさを N，静止摩擦力の大きさを F とする。図より，水平方向，鉛直方向の力のつりあいの式は，

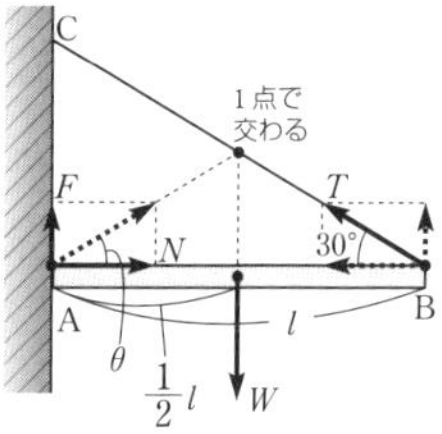

水平方向：$N-T\cos 30°=0$ …①

鉛直方向：$F+T\sin 30°-W=0$ …②

また，AB$=l$ とすると，端Aのまわりの力のモーメントのつりあいの式は，

$$T\sin 30°\times l-W\times\frac{l}{2}=0 \quad …③$$

式③より，$T=\dfrac{Wl}{2l\sin 30°}=W$

式①，②に代入して，$N=\dfrac{\sqrt{3}}{2}W$，$F=\dfrac{1}{2}W$

ここで，端Aで棒が壁から受ける力が水平となす角を θ とすると，

$$\tan\theta=\frac{F}{N}=\frac{\frac{1}{2}W}{\frac{\sqrt{3}}{2}W}=\frac{1}{\sqrt{3}}$$

よって，$\theta=30°$

また，端Aで棒が壁から受ける力の大きさは，

$$\sqrt{N^2+F^2}=\sqrt{\left(\frac{\sqrt{3}}{2}W\right)^2+\left(\frac{1}{2}W\right)^2}=W$$

答 右向きで水平から 30° 上向き　大きさ…W

思考力UP↑

剛体に互いに平行でない複数の力がはたらいて，剛体がつりあっているとき，力の作用線は1点で交わる。このことからも，棒が壁から受ける力の向きを考えてみよう。

発展 運動量の保存

教科書の整理

② 運動量と力積

教科書 p.266～268

A 運動量

①**運動量**　質量mの物体が速度$\vec{v}$で運動しているとき，運動量$\vec{p}$は，

■ **重要公式 2-1**

$$\vec{p}=m\vec{v}$$

運動量は運動の激しさを示す量の1つで，単位はkg･m/s。

B 運動量の変化と力積

①**力積**　力と，力が作用した時間の積。力積はベクトルであり，単位はニュートン秒(N･s)である。

②**運動量と力積の関係**　物体の運動量の変化は，その間に物体が受けた力積に等しい。質量mの物体が力$\vec{F}$を時間Δtの間だけ受けて，速度が$\vec{v}$から$\vec{v'}$に変化したとき，

■ **重要公式 2-2**

$$m\vec{v'}-m\vec{v}=\vec{F}\Delta t$$

③**力が変化する場合の力積**　物体が受けた力積をI，力を受けた時間をΔtとするとき，物体が受けた平均の力$\overline{F}$は$\overline{F}=\dfrac{I}{\Delta t}$である。

⚠ここに注意

物体が受ける平均の力は，単位時間あたりに受ける力積(単位時間あたりにおける運動量の変化)に等しい。

もっと詳しく

力の単位
$N=kg･m/s^2$
を用いると，力積の単位は
$N･s=(kg･m/s^2)\times s=kg･m/s$
となり，運動量の単位と等しいことがわかる。

もっと詳しく

きわめて短い時間にはたらく大きな力を撃力(衝撃力)という。

③ 運動量保存の法則

教科書 p.269～271

A 直線上の衝突と運動量の保存

①**物体系と内力，外力**　注目する物体のグループを物体系という。物体系の中で互いにおよぼしあう力を内力といい，物体系の外からおよぼされる力を外力という。

②**運動量保存の法則** 物体系が内力をおよぼしあうだけで，外力を受けなければ，物体系の運動量の総和は変化しない。

■ **重要公式 3-1**

直線上の衝突で，$m_1v_1+m_2v_2=m_1v_1'+m_2v_2'$

B 平面上の衝突

①**衝突と運動量の保存** 質量 m_1，m_2 の 2 物体の衝突で，運動量は保存される。

■ **重要公式 3-2**

$$m_1\vec{v_1}+m_2\vec{v_2}=m_1\vec{v_1}'+m_2\vec{v_2}'$$

平面上の衝突で，$m_1v_{1x}+m_2v_{2x}=m_1v_{1x}'+m_2v_{2x}'$

$$m_1v_{1y}+m_2v_{2y}=m_1v_{1y}'+m_2v_{2y}'$$

C 分裂する物体

①**分裂** 物体の分裂でも運動量保存の法則が成り立つ。

4 反発係数

教科書 p.272～275

A 床との衝突

①**床との衝突** 床に物体が衝突する直前と直後の速度を v，v' とすると，反発係数(はねかえり係数) e は，

■ **重要公式 4-1**

$$e=\frac{|v'|}{|v|}=-\frac{v'}{v}$$

B 2 球の衝突

① **2 球の衝突** 2 球が直線上で衝突するとき，衝突直前の速度を v_1，v_2，衝突直後の速度を v_1'，v_2' とすると，反発係数 e は，

■ **重要公式 4-2**

$$e=\frac{|v_1'-v_2'|}{|v_1-v_2|}=-\frac{v_1'-v_2'}{v_1-v_2}$$

もっと詳しく
左式より，反発係数は，衝突後の相対速度の大きさを衝突前の相対速度の大きさで割ったものである。

$e=1$ の衝突を**弾性衝突**，$0\leqq e<1$ の衝突を**非弾性衝突**という。$e=0$ の衝突を特に**完全非弾性衝突**といい，衝突後に一体となって運動する。

C 斜めの衝突と反発係数

①**面との斜めの衝突** なめらかな面に物体が斜めに衝突したとき，面に平行な方向の速度の成分は変化しない。面に垂直な方向の速度の成分で，反発係数の式を立てる。

D 衝突と力学的エネルギーの損失

①**衝突と力学的エネルギーの損失**　力学的エネルギーは，弾性衝突($e=1$)では保存され，非弾性衝突($0 \leqq e < 1$)では減少する。

実験・探究のガイド

教科書 p.268 TRY コップが受ける力積を考えよう

ガイド　コップは大きな力積を受けると割れる。コップの質量を m，上から落としたとき，衝突直前・直後のコップの速さをそれぞれ v，v'，鉛直上向きを正として衝突でコップが受けた力積を I とすると，運動量の変化と力積の関係より，

$$mv'-m(-v)=I \qquad \text{よって，} I=m(v'+v)$$

v を一定とすると，m は一定より v' が大きいほど I も大きくなり，コップは割れやすくなる。クッションの上に落としたときには $v' \fallingdotseq 0$ となるので，コンクリートの上に落としたときよりも割れにくい。

教科書 p.271 TRY ロケットの推進を考えよう

ガイド　ガスを噴射した後のロケットの質量を M，噴射したガスの質量を m，噴射直前・直後のロケットの速さをそれぞれ V，V'，後ろ向きに噴射したガスの速さを v とすると，ロケットの運動する向きを正として噴射直前・直後の運動量保存の法則より，

$$(M+m)V=MV'+m(-v) \qquad \text{よって，} V'=V+\frac{m(V+v)}{M}$$

$V'>V$ より，ガスを噴射後にロケットは速くなる。

教科書 p.275 TRY 合体する物体を考えよう

ガイド　粘土と小球の衝突直前・直後には水平方向に力積が作用していないので，運動量の和は保存される。

また，衝突後に一体となったので，粘土と小球の速度は等しくなる。反発係数の式より，粘土と小球の間の反発係数 $e=0$ なので非弾性衝突であり，力学的エネルギーは保存されない。

問・類題・練習のガイド

教科書 p.266 問 7

質量 7.0 kg の物体が，速さ 5.0 m/s で運動している。物体の運動量の大きさは何 kg·m/s か。

ポイント **運動量　$\vec{p}=m\vec{v}$**

解き方 7.0 kg×5.0 m/s＝35 kg·m/s

答 **35 kg·m/s**

教科書 p.267 問 8

速さ 20 m/s で質量 0.20 kg のボールを壁に垂直に衝突させると，衝突前の運動の向きと逆向きに，速さ 15 m/s ではねかえった。ボールが壁から受けた力積の大きさは何 N·s か。

ポイント **物体の運動量の変化＝その間に物体が受けた力積**

解き方 衝突前の運動の向きを正として，壁から受けた力積を I とすると，

$$I=0.20\,\mathrm{kg}\times(-15\,\mathrm{m/s})-0.20\,\mathrm{kg}\times 20\,\mathrm{m/s}=-7.0\,\mathrm{N\cdot s}$$

よって，壁から受けた力積の大きさは 7.0 N·s

答 **7.0 N·s**

教科書 p.268 類題 2

水平右向きに速さ 30 m/s で飛んできた質量 0.14 kg のボールが壁に垂直にあたり，飛んできた向きと逆向きに速さ 5.0 m/s ではね返った。ボールが受けた力積の大きさは何 N·s か。また，ボールと壁との接触時間を 1.0×10^{-2} s とすると，このときボールが受けた平均の力の大きさは何Nか。

ポイント **物体の運動量の変化＝その間に物体が受けた力積**
平均の力＝単位時間あたりに物体が受けた力積

解き方 ボールが受けた力積の大きさ I は運動量の変化と等しいので，

$$I=|0.14\,\mathrm{kg}\times(-5.0\,\mathrm{m/s})-0.14\,\mathrm{kg}\times 30\,\mathrm{m/s}|=4.9\,\mathrm{N\cdot s}$$

平均の力の大きさを $\overline{F}$，$\varDelta t=1.0\times10^{-2}\,\mathrm{s}$ とすると，$I=\overline{F}\varDelta t$ より，

$$\overline{F}=\frac{4.9\,\mathrm{N\cdot s}}{1.0\times10^{-2}\,\mathrm{s}}=4.9\times10^{2}\,\mathrm{N}$$

答 力積の大きさ…**4.9 N·s**，平均の力の大きさ…**4.9×10^{2} N**

教科書
p.270
類題 3

図のように，速度 4.0 m/s で転がってきた質量 1.0 kg の小球Aが，静止している質量 2.0 kg の小球Bに衝突した。衝突後の小球Bの速度は 1.5 m/s であった。このとき，小球Aの速度は何 m/s か。ただし，最初に小球Aが進む向きを正とする。

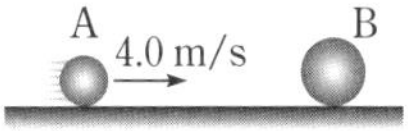

ポイント　**運動量保存の法則　$m_1v_1+m_2v_2=m_1v_1'+m_2v_2'$**

解き方　衝突の前後で運動量の和は保存されるので，衝突後のAの速度を v_A とすると，

$$1.0\ \text{kg}\times4.0\ \text{m/s}+2.0\ \text{kg}\times0\ \text{m/s}=1.0\ \text{kg}\times v_A+2.0\ \text{kg}\times1.5\ \text{m/s}$$

よって，$v_A=1.0\ \text{m/s}$

答 **1.0 m/s**

教科書
p.270
問 9

質量 1.0 kg の台車Aが速度 0.60 m/s で走ってきて，静止している質量 2.0 kg の台車Bに衝突し，一体となった。衝突後の台車の速度と，台車A，Bが受けた力積をそれぞれ求めよ。ただし，最初に台車Aが進む向きを正とする。

ポイント　**運動量保存の法則　$m_1v_1+m_2v_2=m_1v_1'+m_2v_2'$**
運動量の変化は，受けた力積に等しい。

解き方　AとBの衝突では，AとBで内力をおよぼしあうだけなので，運動量の総和は変化しない。最初にAが進む向きを正として，衝突直後の一体となったA，Bの速度を V' とすると，

$$1.0\ \text{kg}\times0.60\ \text{m/s}+2.0\ \text{kg}\times0\ \text{m/s}=(1.0\ \text{kg}+2.0\ \text{kg})\times V'$$

よって，$V'=0.20\ \text{m/s}$

運動量の変化は受けた力積に等しいので，Aが受けた力積 I_A，Bが受けた力積 I_B はそれぞれ，

$$\text{A}:I_A=1.0\ \text{kg}\times0.20\ \text{m/s}-1.0\ \text{kg}\times0.60\ \text{m/s}=-0.40\ \text{N·s}$$

$$\text{B}:I_B=2.0\ \text{kg}\times0.20\ \text{m/s}-2.0\ \text{kg}\times0\ \text{m/s}=0.40\ \text{N·s}$$

なお，A，Bがおよぼしあう力は作用と反作用の関係にあり，大きさは等しく逆向きなので，$I_A=-I_B$ である。

答 衝突後の速度…**0.20 m/s**，A…**−0.40 N·s**，B…**0.40 N·s**

教科書 p.271 **問 10**

なめらかな水平面上を，東向きに速さ 6.0 m/s で進む質量 0.10 kg の小球Aと，北向きに速さ 2.0 m/s で進む質量 0.20 kg の小球Bが衝突し，Bは速さ 1.0 m/s で東向きに進んだ。Aは，どの向きに何 m/s で進むか。

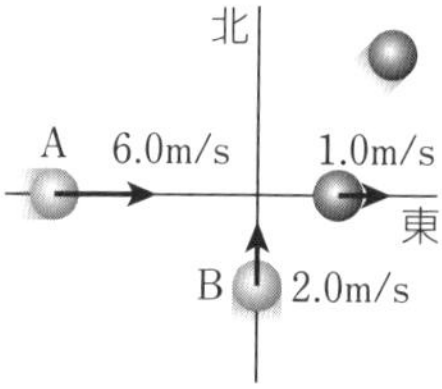

ポイント **平面上の衝突では，互いに垂直な 2 方向での運動量保存の法則の式を立てる。**

解き方 小球 A，B の運動量は保存される。西→東，南→北をそれぞれ正として，衝突後の小球Aの速度について東西方向，南北方向の成分をそれぞれ v_x，v_y とする。東西方向，南北方向の運動量保存の法則より，

東西方向：$0.10\ \text{kg}\times 6.0\ \text{m/s}+0.20\ \text{kg}\times 0\ \text{m/s}$
$=0.10\ \text{kg}\times v_x+0.20\ \text{kg}\times 1.0\ \text{m/s}$

南北方向：$0.10\ \text{kg}\times 0\ \text{m/s}+0.20\ \text{kg}\times 2.0\ \text{m/s}$
$=0.10\ \text{kg}\times v_y+0.20\ \text{kg}\times 0\ \text{m/s}$

よって，$v_x=4.0\ \text{m/s}$，$v_y=4.0\ \text{m/s}$

$v_x=v_y$ より，東から北に向かって 45° の向き(北東の向き)であり，速度の大きさは，

$$\sqrt{v_x{}^2+v_y{}^2}=\sqrt{(4.0\ \text{m/s})^2+(4.0\ \text{m/s})^2}=4.0\sqrt{2}\ \text{m/s}\fallingdotseq 5.6\ \text{m/s}$$

答 北東の向きに 5.6 m/s

教科書 p.271 **問 11**

なめらかな氷の上で，静止している質量 20 kg の子供が，静止している質量 80 kg の大人を右向きに押したところ，大人は右向きに 0.50 m/s で動き出した。子供が受けた力積と，子供の速度を求めよ。

ポイント

分裂の前後で，運動量は保存される。
運動量の変化は，受けた力積に等しい。

解き方 大人と子供の運動量の和は保存される。右向きを正として，押した後の子供の速度を v とすると，

$$0\ \mathrm{kg\cdot m/s} = 80\ \mathrm{kg} \times 0.50\ \mathrm{m/s} + 20\ \mathrm{kg} \times v$$

よって，$v = -2.0\ \mathrm{m/s}$　（左向き）

運動量の変化は受けた力積に等しいので，子供が受けた力積は，

$$20\ \mathrm{kg} \times (-2.0\ \mathrm{m/s}) - 0\ \mathrm{kg\cdot m/s} = -40\ \mathrm{N\cdot s}$$　（左向き）

答 力積…**左向きに 40 N・s**，速度…**左向きに 2.0 m/s**

教科書 p.272 **問 12**

速さ 4.0 m/s で水平面上を進む小球が，壁と垂直に衝突してはねかえり，その速さが 2.6 m/s となった。小球と壁との間の反発係数はいくらか。

ポイント

反発係数　$e = \dfrac{|\boldsymbol{v}'|}{|\boldsymbol{v}|} = -\dfrac{\boldsymbol{v}'}{\boldsymbol{v}}$

解き方 反発係数を e とすると，

$$e = \frac{2.6\ \mathrm{m/s}}{4.0\ \mathrm{m/s}} = 0.65$$

答 **0.65**

教科書 p.272 問 13

高さhの位置から，小球を静かに床に落下させたところ，h'の高さまではね上がった。小球と床との間の反発係数eを，h，h'を用いて表せ。

ポイント

反発係数 $e=\dfrac{|\boldsymbol{v}'|}{|\boldsymbol{v}|}=-\dfrac{\boldsymbol{v}'}{\boldsymbol{v}}$

解き方 床との衝突直前の小球の速さをvとすると，衝突直後の速さはevと表される。小球の質量をm，重力加速度の大きさをgとすると，力学的エネルギー保存の法則より，

$$mgh=\frac{1}{2}mv^2 \qquad \frac{1}{2}m(ev)^2=mgh'$$

この2式より，$\dfrac{mgh'}{mgh}=\dfrac{\frac{1}{2}m(ev)^2}{\frac{1}{2}mv^2}=e^2$

よって，$e=\sqrt{\dfrac{h'}{h}}$

答 $\boldsymbol{e=\sqrt{\dfrac{h'}{h}}}$

教科書 p.273 類題 4

質量mの等しい2つの球A，Bがある。静止しているBに，Aを速度vで正面衝突させる。弾性衝突の場合，衝突後のA，Bの速度はそれぞれいくらか。

ポイント

衝突では，運動量は保存される。
弾性衝突では，反発係数 $e=1$

解き方 A，Bの衝突で運動量の和は保存される。衝突前のAの速度の向きを正として，衝突後のA，Bの速度をv_A，v_Bとすると，

$$mv+0=mv_A+mv_B \quad \cdots①$$

弾性衝突での反発係数は1であるから，

$$1=-\frac{v_A-v_B}{v-0} \quad \cdots②$$

式①，②より，$v_A=0$，$v_B=v$

答 A…$\boldsymbol{0}$，B…$\boldsymbol{v}$

教科書 p.274
問 14

図は，なめらかな面に斜めに小球が衝突したときのようすを表している。$\theta=30°$ として，次の各問に答えよ。

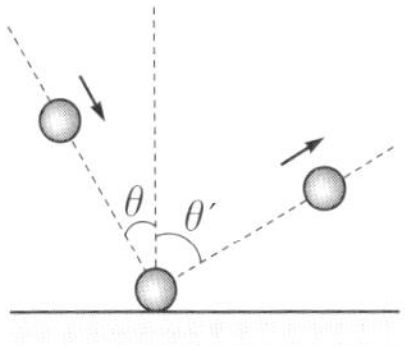

(1) 小球と面との間の反発係数 e が 0 のとき，θ' はいくらか。

(2) $\theta'=60°$ のとき，反発係数 e はいくらか。答えは分数のままでよい。

ポイント

なめらかな面との衝突で，面に平行な速度の成分は変化しない。
面に垂直な速度の成分を用いて，$e=-\dfrac{v'}{v}$

解き方 (1) なめらかな面との衝突では，面に平行な方向に力を受けないので，面に平行な方向の速度の成分は変化しない。

図の右向きを正として x 軸を，上向きを正として y 軸をとる。衝突直後の小球の速度の y 成分は，衝突直前の速度の y 成分の $-e$ 倍になる。$e=0$ のとき，衝突直後の小球の速度の y 成分は 0 になるので，衝突直後の速度は x 成分だけになる。そのため，図の θ' は 90° である。

(2) 衝突直前の小球の速度の大きさを v，衝突直後の速度の大きさを v' とする。衝突の前後で x 軸方向の速度の成分は変化しないので，

$$v\sin 30°=v'\sin 60° \qquad よって，\ v'=\frac{1}{\sqrt{3}}v \quad \cdots①$$

y 軸方向の速度の成分を考え，反発係数 e の式に式①を代入して，

$$e=-\frac{v'\cos 60°}{-v\cos 30°}=-\frac{\frac{1}{\sqrt{3}}v\cos 60°}{-v\cos 30°}=\frac{1}{3}$$

答 (1) **90°**　(2) $\mathbf{\dfrac{1}{3}}$

教科書 p.275 **問 15**

なめらかな水平面上に，同じ質量 2.0 kg の 2 つの小球 A，B がある。静止している B に，A が速度 2.0 m/s で正面衝突した。両球間の反発係数を 0.50 とし，衝突前の A の進む向きを正とすると，衝突後の A，B の速度はそれぞれ何 m/s か。また，衝突によって失われた力学的エネルギーは何 J か。

ポイント **運動量保存の法則の式と反発係数の式をそれぞれ立てる。運動エネルギーの変化が失われた力学的エネルギーになる。**

解き方 衝突後の A，B の速度を v_A，v_B とする。運動量保存の法則を表す式と反発係数の式は，

$$2.0\,\text{kg}\times2.0\,\text{m/s}+2.0\,\text{kg}\times0\,\text{m/s}=2.0\,\text{kg}\times v_A+2.0\,\text{kg}\times v_B$$

$$0.50=-\frac{v_A-v_B}{2.0\,\text{m/s}-0\,\text{m/s}}$$

この 2 式より，$v_A=0.50\,\text{m/s}$，$v_B=1.5\,\text{m/s}$

衝突によって重力による位置エネルギーは変化しないので，失われた力学的エネルギーは運動エネルギーの変化に等しい。よって，

$$\left\{\frac{1}{2}\times2.0\,\text{kg}\times(0.50\,\text{m/s})^2+\frac{1}{2}\times2.0\,\text{kg}\times(1.5\,\text{m/s})^2\right\}$$
$$-\frac{1}{2}\times2.0\,\text{kg}\times(2.0\,\text{m/s})^2+\frac{1}{2}\times2.0\,\text{kg}\times(0\,\text{m/s})^2=-1.5\,\text{J}$$

答 A…**0.50 m/s**，B…**1.5 m/s**，失われた力学的エネルギー…**1.5 J**